Herbert Schubert (Hrsg.)

Netzwerkmanagement

Herbert Schubert (Hrsg.)

Netzwerk- management

Koordination von professionellen Vernetzungen –
Grundlagen und Praxisbeispiele

VS VERLAG FÜR SOZIALWISSENSCHAFTEN

Bibliografische Information der Deutschen Nationalbibliothek
Die Deutsche Nationalbibliothek verzeichnet diese Publikation in der
Deutschen Nationalbibliografie; detaillierte bibliografische Daten sind im Internet über
http://dnb.d-nb.de abrufbar.

1. Auflage 2008

Alle Rechte vorbehalten
© VS Verlag für Sozialwissenschaften | GWV Fachverlage GmbH, Wiesbaden 2008

Lektorat: Stefanie Laux

VS Verlag für Sozialwissenschaften ist Teil der Fachverlagsgruppe
Springer Science+Business Media.
www.vs-verlag.de

Das Werk einschließlich aller seiner Teile ist urheberrechtlich geschützt. Jede Verwertung außerhalb der engen Grenzen des Urheberrechtsgesetzes ist ohne Zustimmung des Verlags unzulässig und strafbar. Das gilt insbesondere für Vervielfältigungen, Übersetzungen, Mikroverfilmungen und die Einspeicherung und Verarbeitung in elektronischen Systemen.

Die Wiedergabe von Gebrauchsnamen, Handelsnamen, Warenbezeichnungen usw. in diesem Werk berechtigt auch ohne besondere Kennzeichnung nicht zu der Annahme, dass solche Namen im Sinne der Warenzeichen- und Markenschutz-Gesetzgebung als frei zu betrachten wären und daher von jedermann benutzt werden dürften.

Umschlaggestaltung: KünkelLopka Medienentwicklung, Heidelberg
Satz: F.A.Z. Susanne Koch, Niedernhausen
Druck und buchbinderische Verarbeitung: Krips b.v., Meppel
Gedruckt auf säurefreiem und chlorfrei gebleichtem Papier
Printed in the Netherlands

ISBN 978-3-531-15444-2

Inhalt

Grundlagen

Herbert Schubert
Netzwerkkooperation – Organisation und Koordination von
professionellen Vernetzungen 7

Praxisbeispiele

Mira Kleinbauer
Kooperationsmodell im Maschinen- und Anlagenbau 106

René Böhmer, Markus Ziegler, Sascha Tilli
Netzwerkmanagement in der Transportlogistik 127

Günter Schicker
Praxisnetze im Gesundheitswesen 146

Tassilo Knauf
Netzwerk der Offenen Ganztagsschule in Herford 167

Holger Spieckermann
Netzwerkmanagement in einer „Lernenden Region" 179

Bernt-Michael Breuksch, Katja Engelberg
Netzwerkaufbau für die Weiterentwicklung von Kindertageseinrichtungen zu Familienzentren in Nordrhein-Westfalen 188

Ursula Müller-Brackmann, Bernd Selbach
Das „Netzwerk Frühe Förderung"(NeFF) 206

Vanessa Schlevogt
Das Mo.Ki Netzwerk – Verbesserung der Bildungs- und
Entwicklungschancen von Kindern 229

Alexandra Birkle, Andreas Hildebrand
Sozialraumkoordination in Köln Höhenberg/Vingst 241

Anhang

Autorinnen und Autoren 253

Literatur 258

Herbert Schubert

Netzwerkkooperation – Organisation und Koordination von professionellen Vernetzungen

Übersicht

1. *Auf dem Weg zur Netzwerkorganisation*
   1.1 Wirtschaftliche Perspektiven von Netzwerken
   1.2 Netzwerk als neue Organisationsform
   1.3 Organisatorische Evolution
   1.4 Cluster als regionale Wirtschaftsnetzwerke
2. *Kontext der Netzwerkorganisation in der Sozialwirtschaft*
   2.1 Institutionelle Zerstückelung der Lebenswelten
   2.2 Integriertes Prozessdenken
   2.3 Normative Standards des kommunalen Handlungsrahmens
3. *Theoretische Grundlagen der Netzwerkkooperation*
   3.1 Vernetzung von Akteuren
   3.2 Netzwerk als System
   3.3 Netzwerk als Institution
   3.4 Definitionen: Kooperation, Netzwerk, Vernetzung
   3.5 Systematik von Netzwerken und Netzwerksteuerung
4. *Handlungsrahmen für ein Netzwerkmanagement*
   4.1 Managementmodell für die Netzwerkkooperation
   4.2 Klärung von Stärken/Schwächen und Chancen/Risiken einer Netzwerkkooperation im Rahmen einer strategischen Situationsanalyse
   4.3 Stakeholderanalyse zur Identifikation geeigneter Kooperationspartner
   4.4 Diagnose des Vernetzungsstatus mit einer Netzwerkanalyse
   4.5 Managementbausteine und Steuerungselemente
5. *Ausblick: Netzwerkplanung*
6. *Überblick über die nachfolgenden Praxisbeispiele dieser Publikation*
   6.1 Netzwerkkooperation in der Erwerbswirtschaft
   6.2 Netzwerkkooperation zwischen Non-Profit-Organisationen der gemeinnützigen Sozialwirtschaft in der öffentlichen Daseinsvorsorge

1 Auf dem Weg zur Netzwerkorganisation

Die Metapher des Netzwerks, das aus Bändern und untereinander verbundenen Knoten besteht, ist in einer übertragenen Bedeutung zu einer dominanten rhetorischen Figur geworden, um aktuelle Gesellschaftsentwicklungen zu beschreiben. Manuel Castells prägte den Begriff der „Netzwerkgesellschaft", weil die gesellschaftlichen Prozesse und Funktionen vor allem von Inklusion und Exklusion aus Netzwerken und von der Architektur der Beziehungen zwischen Netzwerken – informationstechnologisch verstärkt – konfiguriert werden (2001: 528). Die besondere Qualität dieses Netzwerkverständnisses wird von offenen Strukturen repräsentiert, die expansionsfähig neue Knoten integrieren, wenn diese die Kommunikationscodes des Netzwerkes – wie z. B. Werte oder Leistungsziele – beherrschen. Insofern eignet sich die Netzwerkallegorie, um den dynamischen und offenen Systemcharakter der gegenwärtigen Organisationsstrukturen in der Gesellschaft zu skizzieren.

1.1 Wirtschaftliche Perspektiven von Netzwerken

Netzwerken wird ein besonderer instrumenteller Charakter für die kapitalistische Wirtschaft zugeschrieben. Forcierte Innovationsprozesse, die Globalisierung wirtschaftlicher Verflechtungen und dezentralisierte Konzentrationsprozesse basieren auf flexiblen Unternehmen und einer Neuorganisation der Machtbeziehungen zwischen ihnen. Den organisatorischen Wandel zu globalen Netzwerken von Kapital, Management und Information beschreibt Castells mit den folgenden Worten:

> „Wirtschaftsunternehmen und zunehmend auch Organisationen und Institutionen sind in Netzwerken mit variabler Geometrie organisiert, deren Verflechtung die traditionelle Unterscheidung zwischen Konzernen und Kleinunternehmen ersetzt, sich quer durch alle Sektoren erstreckt und sich entlang unterschiedlicher geografischer Konzentrationen ökonomischer Einheiten ausbreitet. Der Arbeitsprozess wird entsprechend zunehmend individualisiert, die Arbeit wird in ihrer Ausführung in ihre Bestandteile zerlegt und am Ende durch eine Vielzahl zusammenhängender Aufgaben an verschiedenen Standorten neu integriert." (ebd.: 529)

Wirtschaftliches Handeln in Netzwerken erfordert „weiche Steuerungsstrategien", über die sich die beteiligten Organisationen des Wirtschafts- und Arbeitssystems sowie darüber hinaus eingebundene Organisationen fortwährend abstimmen, ohne ihr eigenes Steuerungspotenzial aufzugeben (vgl. Heinze 2000: 33). Die neuen Informationstechnologien bilden dabei die grundlegende Infrastruktur zur Reduktion der mit der Vernetzung verbundenen Komplexität.

Die Ausbreitung des ‚world wide web' im Laufe der vergangenen Jahrzehnte symbolisiert den technisch-ökonomischen Paradigmenwechsel, der im Kontext von Fortschritten in Mikroelektronik und Telekommunikation den Übergang von einer Technologie auf der Grundlage billiger Energie zu einer Technologie auf der Basis billiger Informationen markiert. Die neuen Technologien nutzen bei der Bearbeitung von Informationen als Rohstoff eine „Netzwerklogik", die in der Folge für eine Vielzahl von Prozessen und Organisationsformen materiell verwirklicht wird, weil sie einerseits Strukturierungskraft hat, andererseits aber auch Flexibilität sichert, was das Re-Arrangement organisationaler und institutioneller Komponenten betrifft. Die Entstehung der informationell basierten globalen Ökonomie steht mit der Entwicklung dieser neuen Organisationslogik des Netzwerks in einem engen Zusammenhang (Castells 2001: 75ff.). Umgekehrt repräsentiert die Netzwerkorganisation auch eine Reaktion auf das dynamischer und komplexer gewordene Umfeld wirtschaftlicher Unternehmungen: Denn mit der Globalisierung der Wettbewerbsbedingungen beschleunigt sich auch der ökonomische und technologische Wandel, was beispielsweise in einer Verkürzung der Produktlebenszeiten erkennbar wird. Die damit verbundene wachsende Unsicherheit wird kompensiert mit Netzwerkkooperation, die den Akteuren mehr Flexibilität ermöglicht (Kraege 1997: 1).

Mit dem Wandel der Organisationsweise und den neuen Informationstechnologien bildet sich eine charakteristische Organisationsform zu Beginn des 21. Jahrhunderts heraus: das „Netzwerkunternehmen", dessen Teile sowohl autonom wie auch abhängig sind (Castells 2001: 198f.). Die Leistungsfähigkeit des Netzwerkunternehmens wird durch seinen „Verknüpfungsstatus" – als Fähigkeit einer störungsfreien Kommunikation zwischen seinen Elementen – und durch seine „Konsistenz" – als Übereinstimmung zwischen den Netzwerkzielen und den Zielen der Komponenten – geprägt (vgl. Windeler 2001). Netzwerkorganisationen sind danach erfolgreich, wenn sie Wissen und Prozessinformation effizient hervorbringen, flexibel ihre Mittel wechseln und innovativ mit kulturellem, technologischem und institutionellem Wandel umgehen können (vgl. Welter 2005).

1.2 Netzwerk als neue Organisationsform

Seit den 1990er Jahren setzen sich Netzwerke als neue Organisationsform durch. Ein bekanntes Beispiel ist das Management marktbasierter Netzwerke – wie z. B. Kooperationsnetzwerke in der Automobilproduktion der Mobilitätsindustrie. Mit der Definition von Schnittstellen, der kooperativen Entwicklung gemeinsamer Produkte in ‚Systempartnerschaft' und der gegenseitigen Abstimmung ihrer Beiträge hilft die Netzwerkorganisation, die Defizite traditioneller Organisationsmuster zu beseitigen (vgl. Scott 2003).

Den Kern der Netzwerkorganisation bildet eine „*Netzwerkkooperation*" mit folgenden konstitutiven Merkmalen (Kraege 1997: 51): (1) Der Kooperationsinhalt und die Koordination werden explizit auf der Grundlage eines gemeinsamen Zieles (informell oder vertraglich, für einen begrenzten oder unbegrenzten zeitlichen Horizont) vereinbart. (2) Die beteiligten Akteure bleiben rechtlich und wirtschaftlich selbständige Einheiten mit einer Mindestautonomie, die eine Option zum freiwilligen Ein- und Austritt enthält. (3) Die Kontrolle über das Zusammenwirken wird unter den Akteuren so aufgeteilt, dass die Leistungsbeiträge dezentral verantwortet werden. (4) Die Netzwerkorganisation wird durch die „Kommunikation von Entscheidungen" konfiguriert und ersetzt dadurch kontinuierlich Unsicherheit der einzelnen Organisation durch selbst erzeugte Sicherheiten des Netzverbunds (vgl. Luhmann 1998: 833). Killich (2007:21f.) erkennt darin die Chance, dass die Organisation ihre Selbständigkeit behalten und trotzdem Ergebnisse realisieren könne, die sie allein nicht bewerkstelligt hätte. Aber es sind auch mögliche Risiken zu diagnostizieren: So ist beispielsweise nicht auszuschließen, dass ein Partner nur einen kurzfristigen Vorteil aus der Kooperation zieht. Auch der hohe Aufwand für Abstimmungs- und Steuerungsvereinbarungen kann die Kooperationsvorteile beträchtlich einschränken. Rößl grenzt deshalb davon „nicht kooperative Netzwerke" ab, in denen das Verhalten der Akteure durch klassische hierarchische Managementinstrumente der hierarchischen Bürokratie (Anordnung, Kontrollen und nachfolgende Sanktionen) – nicht freiwillig – sichergestellt wird, während die Akteure in der Netzwerkkooperation freiwillig über die Möglichkeit entscheiden, ob sie durch ein nicht vereinbarungsgemäßes Verhalten kurzfristige Vorteile ziehen (Ausbeutung, betrügerisches Verhalten) oder ob sie darauf zugunsten eines langfristigen Bestandes der Beziehung verzichten wollen (1996: 311ff.)

Der Trend zur Bildung von Netzwerken als neue Organisationsform vollzieht sich international und global (vgl. Nadler/Gerstein/Shaw 1992). Die beteiligten Akteure ziehen daraus den Vorteil, ihre Ressourcen bündeln, ihre Kapazitäten verknüpfen und ihr Leistungsspektrum erweitern zu können. Die Netzwerkorganisation dient vor allem auch der Bewältigung des ökonomischen und technischen Wandels und den damit verbundenen Unsicherheiten und Risiken: Die kleinen und mittleren Betriebe der Zulieferungsnetzwerke in der Mobilitätsindustrie zum Beispiel reduzieren über Abstimmungen im Netzwerk die hohe Umweltkomplexität bei der Produktion von Fahrzeugen. Selbst die hierarchische Bürokratie der Kommunalverwaltung, die sich immer schon komplexen Umwelten ausgesetzt sah, aber in einer ‚stabilen Welt' bisher nur standardisierte Routinehandlungen vollzog, entwickelt sich in der Gegenwart in die Richtung der Netzwerkorganisation weiter. Denn die Maßnahmen der ‚öffentlichen Hand' können – angesichts der Vielfältigkeit und des fortwährenden Wandels von Lebenssituationen der Adressaten – nicht mehr nach einem immer und überall gleichen Schema erfolgen. Die Netzwerkkooperation wird in einem „postkompetitiven Strategieverständnis" als Handlungsalternative zur Erreichung einer fortschritts- und handlungsfähigen Organisation verstanden, indem nicht mehr eindeutige Organisationsgrenzen angestrebt werden, sondern kooperative Strukturen (Kraege 1997: 56).

Nach der reinen Orientierung an „effizienten Prozessen" (im Übereifer) zu Beginn der 90er Jahre verschiebt sich das Interesse der Netzwerkorganisation vermehrt zu „wirkungsvollen Prozessen" (Vahs 2003: 244). Statt sich am schlichten Modell der ‚schlanken Organisation' (Lean Management) zu orientieren, werden drei Orientierungsdimensionen von der Netzwerkkooperation integriert (vgl. Abbildung 1):
- die Kundenorientierung (bzw. Adressatenorientierung),
- die Produkt- inkl. Qualitätsorientierung und
- die Kompetenzorientierung.

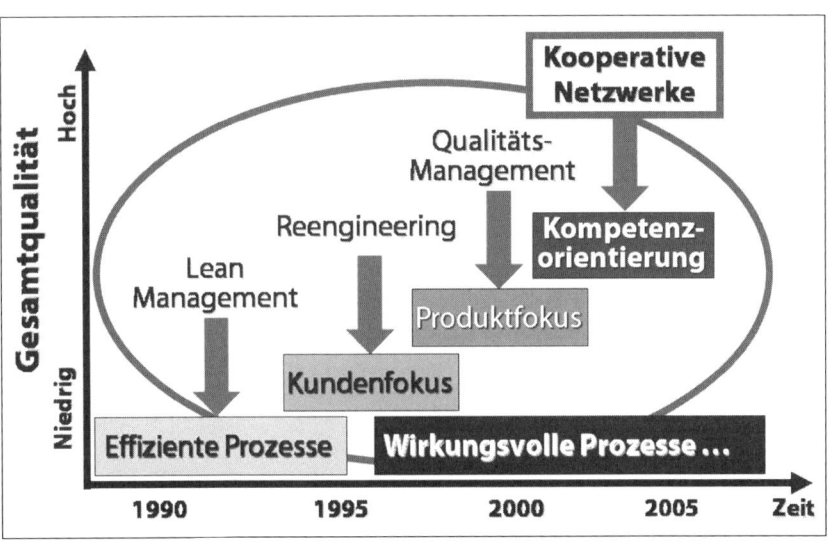

Quelle: nach Nadler/Gerstein/Shaw 1992: 33 und Vahs 2003: 244

Abbildung 1: Trend zur Netzwerkkooperation

Die Leitbilder der Organisationsentwicklung, die im Modernisierungsprozess seit den 90er Jahren eine Rolle spielen, verdichten sich parallel dazu über mehrere Stufen. In der kommunalen Daseinsvorsorge sind zum Beispiel die folgenden Aspekte festzustellen: (a) Neuorganisation des Planungs- und Handlungssystems (Sozialraumorganisation als ‚Reengineering' der Kommunalverwaltung aus der Anforderungsperspektive des/r Bürgers/in als Adressaten/‚Kunden'), (b) Qualitätsmanagement in den einzelnen Infrastruktureinrichtungen bis hin zur (c) Vernetzung von Infrastrukturen verschiedener Fachbereiche in definierten Raumeinheiten, um die notwendigen Kompetenzen unter dem Postulat der Adressaten- und Qualitätsorientierung strategisch und operativ zu bündeln.

Die neue Organisation soll in der Lage sein, unter den Bedingungen schneller Veränderungen spezifische und zeitgemäße örtliche Lösungen herbeizuführen. Die Kopplung zuvor isolierter Organisationseinheiten zu Netzen versetzt die Beteiligten in die Lage, variabel auf den Anstieg der Geschwindigkeit der Erneuerungszyklen des Wissens und Handelns zu reagieren. Der Informationsfluss und die Interaktion werden nach Bedarf und nicht nach einem starren Hierarchiemodell organisiert. Qualitätsvoller bearbeitet werden auch die Schnittstellen der professionellen Akteure, wenn die funktional getrennten Spezialisten der Fachbereiche bei der Anwendung des Wissens ihre gegenseitigen Abhängigkeiten berücksichtigen (vgl. Schulz-Schaeffer 2000: 187ff.). Vor diesem Hintergrund liegt eine Stärke der Netzwerkorganisation in ihrer hohen und schnellen Anpassungsfähigkeit an den Wandel der Bedingungen. In den Feldern der Sozialwirtschaft ist sie insbesondere für die (sozialräumliche) Arbeit im Rahmen kommunaler Daseinsvorsorge von hohem Wert, da Kompetenzen und Wissen der Ressorts, die an Prozessen zur Unterstützung der Adressaten beteiligt sind, an verschiedenen Orten in Netzwerken zielgesteuert und flexibel verbunden werden können.

1.3 Organisatorische Evolution

Triebkräfte des organisatorischen Wandels sind nach Hammer und Champy die „3 C", d.h. das Zusammenwirken der Faktoren „Customers – Competition – Change" (2001: 20-27): (1) Die Autoren betonen mit dem ersten C, dass die Kunden – sowohl als Geschäftskunden als auch als individuelle Konsumenten – verdeckt eine Leitungsrolle bei der Ausgestaltung wirtschaftlicher Prozesse übernehmen. Es findet tendenziell eine Individualisierung der Kunden und Adressaten statt, indem sich der Austauschprozess vom Massenmarkt bzw. von der Routinedienstleistung zum passgenauen Produkt wandelt. Dies impliziert eine sukzessive Verlagerung der Macht von den Produzenten zu den Konsumenten. (2) Das zweite C indiziert die fortgesetzte Verstärkung des Wettbewerbs, die auf den verschiedenen Märkten als Verdrängung von Schwächeren durch Wettbewerbsstärkere über einen niedrigeren Preis, eine höhere Qualität und besseren Service erfolgt. (3) Das dritte C vermittelt: Der „Wandel wird konstant". Die Zunahme der Geschwindigkeit des fortwährenden Wandels zeigt sich darin, dass sich die Produktzyklen in vielen Branchen inzwischen von Jahren zu Monaten verringert haben. Wenn der Wandel ein permanentes Ereignis darstellt, müssen „change-sensing radars" aufgestellt werden, damit eine wandlungssensible Wahrnehmung möglich wird, welche Richtung die Veränderungen einnehmen und welche Faktoren eine Rolle spielen.

Die Folge der Intensivierung des ökonomischen und technologischen Wandels ist ein erhöhter Druck auf die Organisationsentwicklung (Nadler/Gerstein/Shaw 1992: 1f.): Es werden
- erhöhte Anforderungen an die Kompetenzausstattung der Organisation gestellt (bei gleichzeitigen Defiziten des Erziehungssystems in der Vermittlung einer Vielzahl notwendiger Skills),
- die Wettbewerbsbedingungen intensiviert,
- Monopolstellungen geschwächt,
- die lokalen ‚Heimmärkte' mit einer eingeschränkten Zahl von untereinander bekannten Wettbewerbern aufgelöst,
- gestiegene Kundenerwartungen bezüglich Qualität, Wert und Service formuliert und
- der Arbeitskräftemarkt dynamisiert. (Die Heterogenität nimmt durch eine erhöhte Integration von Frauen und durch eine interkulturelle Mischung ethnischer Minderheiten sowie Zuwanderergruppen zu; zugleich wirken demografische Faktoren wie Alterung und Nachwuchsmangel.)

Castells hat den Wandlungsprozess als „organisatorische Evolution" bezeichnet und die Facetten folgendermaßen beschrieben (2001: 176f.):
- Die Massenproduktion wird zu einer flexiblen Fertigung transformiert (vom „Fordismus" zum „Post-Fordismus") – einerseits in Form „flexibler Spezialisierung", bei der sich die Produktion ständig verändernden Bedingungen anpasst, und andererseits in Form „dynamischer Flexibilität", bei der eine hochvolumige Produktion kontinuierlich an Kundenwünsche angepasst wird.
- Die Organisationsformen kleiner und mittlerer Unternehmen passen sich an das flexible Fertigungssystem an, geraten in Netzwerken aber zunehmend unter die Kontrolle großer Unternehmen – wie zum Beispiel beim Typ „Joint Venture", der eine Gemeinschaftsunternehmen von zwei oder mehreren Organisationen bezeichnet, die über einen unbegrenzten Zeitraum horizontal oder vertikal gelenkt wird und bei der mehrere Funktionen bzw. Wertaktivitäten zusammengelegt werden (Kraege 1997: 74).

- Im Rahmen dieses Prozesses wandeln sich die Managementmethoden in Richtung des so genannten „Toyotismus" (Castells 2001: 178): Dabei wird die interne Unternehmensorganisation umgestellt, indem eine Verlagerung von vertikalen Bürokratien zu einer horizontalen Organisation um Prozesse herum stattfindet. Der Umbau wird von flexiblen Produktionssystemen sowie einer vertikalen Desintegration des Organisationsaufbaus geprägt (wie z. B. „just in time"-Lagersystem, totale „Null Fehler"-Produktionskontrolle und optimierte Ressourcennutzung; dezentrale Entscheidungsautonomie und Verantwortung im Teamwork, Einsparung von Kosten durch eine flache Hierarchie, Leistungsmessung über die Kundenzufriedenheit).

Die neuen Informationstechnologien sind für die Funktionsfähigkeit der flexiblen und anpassungsfähigen Produktion von großer Bedeutung, weil sie die Zirkulation durch die verschiedenen Vernetzungsebenen – Netzwerke zwischen Unternehmen, Netzwerke innerhalb von Unternehmen, Netzwerke von Personen, Computernetzwerke – garantieren. Das netzwerkförmig durchgeführte Vorhaben wird zur eigentlichen operativen Einheit, der sich die einzelnen Unternehmen unterordnen (vgl. Windeler 2001).

Der inhärente Trend zur Netzwerkorganisation kann als spezifische Koordinierungsform wirtschaftlichen Handelns jenseits von Markt und Hierarchie aufgefasst werden. Die besonderen Effekte einer Kooperation von Organisationen in Netzwerken haben Becker et al. (2007:5) zusammengefasst:
- Im Rahmen der Kooperation lässt sich das Erreichen der eigenen Ziele erfolgreicher umsetzen.
- Die eigenen Innovationsprozesse lassen sich durch erfahrene Partner wirkungsvoll unterstützen.
- Es gelingt ein effizienter (d.h. Kosten sparender) Zugang zu Kompetenzen und Ressourcen, die in der eigenen Organisation nicht vorhanden sind, für den Erfolg aber gebraucht werden.
- Es findet ein Transfer bereichernder Ideen und Anregungen aus anderen Organisationen statt.
- Es können Leistungen erbracht werden, zu der kein Partner allein aus eigener Kraft imstande ist.

Die Organisationskooperation kann somit als Zusammenarbeit zwischen einer überschaubaren Anzahl selbständiger Organisationen zur Erzielung gemeinsamer Vorteile verstanden werden. Auf die Kooperation können die Organisationen nur dann verzichten, wenn alle zur Zielerreichung notwendigen Ressourcen und Kompetenzen organisationsintern verfügbar sind oder eine günstige Marktsituation besteht, um fehlende Leistungen ‚einzukaufen'. Nach Killich

(2007: 13ff.) hat die organisatorische Evolution zu sieben Formen der interorganisationalen Kooperation geführt:
- Die Form der „Interessengemeinschaft" wählen Organisationen, um gemeinsame Interessen mehrerer Organisationen zu vertreten und konzertiert durchzusetzen. In der Erwerbswirtschaft bilden Unternehmen beispielsweise „Einkaufspools", weil durch den Verbund Synergien und Skaleneffekte (günstigere Einkaufspreise) für die Kooperationspartner herausspringen.
- Eine andere Form ist das „Franchising", bei dem Produkte und Dienstleistungen gemeinsam in einem Vertriebssystem vermarktet werden. Der Franchise-Geber und der Franchise-Nehmer arbeiten als rechtlich selbständige und unabhängige Unternehmen zusammen. Der Franchise-Geber plant und realisiert ein unternehmerisch-organisatorisches Gesamtkonzept, das Franchise-Nehmer selbständig an ihrem Standort anwenden. Dafür erhält der Franchise-Geber in der Regel einen prozentualen Anteil vom erwirtschafteten Umsatz.
- Als weitere Form der Kooperation ist das „Konsortium" bzw. die „Arbeitsgemeinschaft" zu nennen. Unabhängige Partner gründen für eine begrenzte Dauer eine Projektgemeinschaft. Die kooperierenden Unternehmen führen gemeinsam ein Projekt durch, beispielsweise in Gestalt einer abgestimmten Integration mehrerer Gewerke bei komplexen Bauvorhaben.
- Bei der Form der „virtuellen Organisation" handelt es sich um eine eigenständige Organisation, die in der Kooperation zwischen Organisationen institutionalisiert wird. Keiner der Partner dominiert die Vernetzung; zentrale Funktionen wie Marketing oder Service werden untereinander aufgeteilt.
- Das „Supply Chain Management" (SCM; deutsch: die logistische Steuerung der Versorgungskette bei der Produkt-/Dienstleistungsherstellung) beinhaltet die prozessorientierte Gestaltung und Lenkung der Aktivitäten eines Geschäftsprozesses. In der Kette von der Beschaffung der Rohmaterialien bis zum Verkauf der Produkte kooperieren die beteiligten Organisationen mit dem Ziel, den Wertschöpfungsprozess durch die Kooperation zu optimieren.

Vor diesem Hintergrund prognostizierten Nadler/Gerstein/Shaw (1992: 5-8) zu Beginn der 1990er Jahre die Verbreitung neuer Elemente der Organisationsarchitektur;
(a) organisationsintern:
- Selbst organisierte Arbeitsgruppen (autonomous work teams), die für ein spezifisches Arbeitsergebnis oder einen Teilprozess des Arbeitsprozesses verantwortlich sind und eine eigenständige interne Supervision für die gegenseitige Rückmeldung entwickeln.

- Leistungsstarke Arbeitssysteme (high-performance work systems), die technologiebasierte Werkzeuge (wie z. B. Expertensysteme) und Humansysteme (wie selbstorganisierte Arbeitsgruppen, flache Hierarchien) organisatorisch in neuer Form integrieren.

(b) interorganisational:
- Verbundformen (networks), bei denen Talente, Stärken und Ressourcen zwischen Unternehmen zur Erlangung eines Wettbewerbsvorteils verknüpft werden. Die organisationalen Netzwerke sind durch gemeinsame Wertorientierungen, Leute, Technologie, Finanzressourcen, Betriebsführungsstile u. ä. verbunden. Die Grenzen, die die einzelnen Organisationen definieren, können durch Flexibilität unscharf werden und an Klarheit verlieren (fuzzy boundaries).
- Ausgründungen (spinouts) von Unternehmensteilen, die sich als Orte für Innovation neu konstituieren. Um einem Verlust innovativer Akteure vorzubeugen, werden neue Organisationseinheiten aufgebaut, an denen das ‚Parent-Unternehmen' Anteile hält und die als ‚Satelliten' an das Kernunternehmen angebunden bleiben.

Unter dem Wandlungsdruck müssen die Organisationen die Kapazität entwickeln, ihren Aufbau kontinuierlich selbst zu ‚redesignen' (self-designed organizations) und in ihrer Organisationsentwicklung solche neuen Organisationselemente aufzunehmen. In einer Perspektivstrategie, die umreißt, wie die Organisation agieren soll, wird die Richtung zur Bündelung von Aktivitäten vorgegeben (Mintzberg/Ahlstrand/Lampel 1999: 22ff.)

Der Aufbau und die Organisation von Kooperationen in Netzwerkform repräsentieren ein relativ neues Organisations-Design. Die Entwicklung von Methoden und Instrumenten eines auf dieses Design zugeschnittenen Managements ist noch nicht sehr weit vorangeschritten. Grundsätzlich lassen sich die Aufgaben folgendermaßen skizzieren (Becker et al. 2007:5):
- Es müssen geeignete Kooperationspartner gefunden werden.
- Die unterschiedlichen Interessen und Erwartungshaltungen der Kooperationspartner müssen integriert werden.
- Das Netzwerk muss geeignete Arbeitsformen und spezielle Arbeitsmethoden entwickeln.
- Der Aufbau einer Infrastruktur für das Netzwerk ist erforderlich.
- Es sind Regeln für den Kooperationsprozess zu definieren, und sie sind in Kooperationsvereinbarungen festzuhalten.
- Kontinuierlich muss zudem das Vertrauen unter den Kooperationspartnern gefestigt werden.

Der Trend zur Organisationsform des Netzwerks lässt sich als Rationalisierung organisationalen Handelns interpretieren, die sich in Wechselwirkung mit der sozialen Konstruktion der Akteure als ‚kompetent' und ‚flexibel' vollzieht (Meyer 2005). Die institutionellen Regeln, die diese Rationalisierung vorantreiben, liegen auf der allgemeinen gesellschaftlichen Makroebene und nicht auf der Mikroebene intersubjektiver Aushandlungsprozesse. Netzwerke fungieren dabei als „Mikro-Makro-Scharnier" (Weyer 2000b: 237).

Nach Sennett verbirgt sich hinter dem modernen Gebrauch des Flexibilitätsbegriffs ein Machtsystem, das von (a) einem diskontinuierlichen Umbau von Institutionen, (b) einer flexiblen Spezialisierung der Produktion und (c) einer neuartigen Konzentration von Macht ohne Zentralisierung geprägt ist (1998: 58f.). Die Netzwerkkooperation strukturiert danach bestehende Institutionen um und lässt die Binnenstruktur von Organisationen durch wechselnde Forderungen aus der Außenwelt bestimmen, so dass das Organisationsgefüge schließlich aus den Verbindungen und Knoten des Netzwerks besteht.

1.4 Cluster als regionale Wirtschaftsnetzwerke

Laut Castells haben sich in der globalen Wirtschaft drei Grundmodelle der wirtschaftlichen Netzwerkorganisation herausgebildet (2001: 176ff.):
- das „multidirektionale Netzwerkmodell", z.B. von kleinen und mittleren Unternehmen, die horizontal zusammenarbeiten,
- das „Modell der Lizenz- und Subunternehmensproduktion" unter dem Dach eines großen Konzerns und
- die „Verflechtung großer Konzerne" im Rahmen strategischer Allianzen.

In der aktuellen wirtschaftlichen Situation spielen solche Netzwerkfigurationen eine zentrale Rolle, weil die Globalisierung von Märkten und Ressourcen sowie der kontinuierliche technologische Wandel die Unternehmen zu einer Kooperation zwingt, bei der Kosten und Ressourcen mit dem Ziel geteilt werden, unter Bedingungen forcierten Wandels und zugespitzter Konkurrenz auf dem jeweilig aktuellen technologischen Stand sein zu können.

Die beteiligten Akteure müssen aber über ausreichende Informations- und Kontrollmöglichkeiten verfügen, damit beispielsweise ein ungewollter Abfluss von Wettbewerbsvorteilen und Kernkompetenzen aus einzelnen Organisationen verhindert werden kann (Kraege 1997: 84f.). Dies betrifft in der konkurrenzbasierten Erwerbswirtschaft Produkte, Verfahren, Rezepturen und Kompetenzen, die ein Partner nur in Ergebnisform zur Verfügung stellt, um eine Nachahmung seitens der anderen Partner zu verhindern (Wettbewerbsschutz).

Ein breites Erfahrungsspektrum ist aus dem Management so genannter ‚Wirtschaftscluster' bekannt (vgl. Dybe/Kujath 2000). Der Begriff beschreibt einen kommunikationsintensiven wirtschaftlichen Komplex mit Wachstumspotenzialen und positiven Beschäftigungseffekten, der sich auf räumlicher Ebene entweder als multidirektionales Netzwerk von horizontal zusammenarbeitenden kleinen und mittleren Unternehmen oder als subunternehmerisches Netzwerk unter der Ägide eines dominanten Fokalunternehmens gebildet hat. Wie am Beispiel des vertikalen Produktionsverbundes der Mobilitätswirtschaft in der Region Hannover gezeigt wurde (Brandt et al. 2002), zieht jeder einzelne ökonomische Akteur Nutzen aus dem gemeinsam erzeugten Umfeld. Der externe Nutzen, den die Akteure füreinander auslösen, besteht beispielsweise in der Ausbildung qualifizierter Arbeitskräfte oder auch in der Schaffung neuen technologischen Wissens, das sich im intensiven Austausch verbreitet (vgl. Schulz-Schaeffer 2000: 187ff.).

Das Konzept des Clusters stellt die (regionale) Wirtschaftssituation nicht in der Form von klassischen Bestandsgrößen dar, sondern bildet die Austauschbeziehungen zwischen ökonomischen Akteuren (Firmen, Betriebe) ab. Die Stärke eines Wirtschaftsraumes macht nicht die lokale Ansammlung von Betrieben und ihre räumliche Konzentration (Ko-Lokation) aus. Positive externe Effekte resultieren vor allem aus Formen der zwischenbetrieblichen Zusammenarbeit (Ko-Operation). Der Austausch in Wirtschaftsclustern bietet dem einzelnen Unternehmen Verbundvorteile; die Transaktionskosten werden gesenkt, der Innovationsaustausch gefördert und die Erträge gesteigert.

Bei den Automobilherstellern zum Beispiel beträgt die Fertigungstiefe der Hersteller (Original Equipment Manufacturer, OEM) im ersten Jahrzehnt des 21. Jahrhunderts rund 40 Prozent; im Übergang in das zweite Jahrzehnt wird der Wert wahrscheinlich auf 30 Prozent weiter sinken. Dadurch werden immer mehr Qualitätsanforderungen an die Zulieferorganisationen gestellt, die in einen formalisierten institutionellen Rahmen von Liefer- und Kooperationsverträgen eingebunden sind (vgl. Sabel et al. 1991: 203ff.). In diesen subunternehmerischen, von einem dominanten Fokalunternehmen gesteuerten Netzwerken verläuft die Koordinations- und Kooperationsrichtung vertikal, d.h. es handelt sich um Netzwerke, die sternförmig und vertraglich abhängig organisiert sind. Beim fokal gesteuerten Produktionsverbund bildet sich auf der Grundlage standardisierter Transaktionsbeziehungen in relationalen Kooperationsverträgen eine formalisierte vertikale interorganisatorische Struktur heraus. Das Netzwerkmanagement umfasst hierarchische Lieferbeziehungen und Systempartnerschaften, die vom OEM als zentralem Akteur fokal koordiniert und kontrolliert werden. Zugleich müssen aber auch die Subnetzwerke der Zulieferer, bei denen sich die Fertigungstiefe ebenfalls verringert, als Lieferkette netzwerkorganisatorisch strukturiert werden (vgl. Mendius/Wendeling-Schröder 1991). Der zwischenbetriebliche Technologietransfer erfordert die Setzung gemeinsamer Standards, um die Fertigung und Weiterentwicklung hochkomplexer Produkte – insbesondere von den Qualitätsanforderungen her – zu bewältigen. Als Medien des Netzwerkmanagements kommen überwiegend rechtliche und fachliche Steuerungsinstrumente zum Einsatz, weniger interpersonell-persuasive (vgl. Howaldt et al. 2001).

2 Kontext der Netzwerkorganisation in der Sozialwirtschaft

2.1 Institutionelle Zerstückelung der Lebenswelten

In der Sozialwirtschaft ist Vernetzung kein neues Thema; im Laufe der vergangenen Jahrzehnte wurde immer wieder eine kontinuierliche Kooperation zwischen öffentlichen Einrichtungen und freien Trägern angeregt (vgl. z. B. Keupp/Röhrle 1987). Die Vernetzungsidee war daher ein kontinuierlicher Treiber der Professionalisierung in der sozialen Arbeit – insbesondere im sozialräumlichen Kontext von Stadtteilen und Wohnquartieren. Der Prozess nahm seinen Ausgangspunkt in der Gemeinwesenarbeit der 60er Jahre, die der Netzwerkbildung unter der Bevölkerung eines Wohnquartiers besondere Beachtung schenkte. Die nächste Entwicklungsstufe vollzog sich in den 70er Jahren mit dem partizipatorischen Planungsansatz. Dafür stehen das damalige Städtebauförderungsgesetz (mit der darin verankerten Bürgerbeteiligung) und die Institutionalisierung der Sozialplanung im Feld der sozialen Arbeit.

Eine weitere Synthese fand in den ausgehenden 80er Jahren statt, als die professionelle Vernetzung in Gestalt von Koordination und Kooperation der öffentlichen Einrichtungen und freien Träger besondere Beachtung fand. Im wissenschaftlichen Diskurs wurden zur selben Zeit die geschlossen strukturierten Modelle des Strukturfunktionalismus aufgegeben, um gesellschaftliche und soziale Phänomene handlungsbezogen offener zu erfassen (vgl. Jansen 2002; Keupp 1987). Das Denken in starren Institutionen verliert seitdem zugunsten der Vorstellung flexibler Handlungsfigurationen an Bedeutung (Weyer 2000a: 20ff.). In der Übertragung auf die Praxis der sozialen Arbeit entwickelten sich daraus das Leitbild der „Vernetzung" bzw. das Postulat einer Zusammenarbeit unter den (sozialen) Dienstleistungseinrichtungen.

In den 90er Jahren wurden integrierte Arbeitsansätze propagiert; exemplarisch kann dafür die Agenda 21 genannt werden (vgl. Schubert 2000). Einen weiteren starken Impuls gaben das so genannte „Neue Steuerungsmodell" und die damit verbundene Qualitätsorientierung. Vernetzung und Kooperation gelten aus dieser Perspektive als Erfolgsfaktoren, um einerseits sowohl die Effizienz als auch die Effektivität zu verbessern und um andererseits Handlungsketten wieder als Zusammenhang zu begreifen. Die praktische Umsetzung setzt auf verschiedenen Ebenen an: Sie reicht von der Aktivierung der Bewohnerschaft zur Kooperation im Gemeinwesen über die Koordination lokaler Dienste und Akteure in dezentraler Fach- und Ressourcenverantwortung und über ressortübergreifende Kooperation verschiedener Akteure unter dem Motto der ‚lokalen Partnerschaft' (vgl. z. B. Jones et al. 1997; Selle 1994; Schubert et al. 2001) bis hin zu einem integrierten konzeptionellen Handeln der fachlich-professionellen Akteure im Sozialraum (vgl. Schubert 2005a). Das neu entstandene Stadtteil- und Quartiermanagement repräsentiert ein aktuelles Beispiel dieser multi- und transdisziplinären Integration komplexer Handlungsstränge (Schubert/Spieckermann 2004a).

Getragen werden diese Impulse von einer Kritik an dem hohen Maß institutioneller Zergliederung städtischer Lebensräume und individueller sowie familialer Lebenswelten. Mit dem sukzessiven Ausbau der Kommunalverwaltung im Sozialstaat seit der Mitte des 20. Jahrhunderts wurde die Gesamtaufgabe der kommunalen Daseinsvorsorge in funktionale Teilaufgaben zerlegt (vgl. Vahs 2003). Bei den verselbständigten Institutionen handelt es sich um Organisationen, die im historischen Entwicklungsprozess eine hinreichende Autorität erlangt haben, um bestimmte Aufgaben im Namen der Gesellschaft – quasi monopolistisch – wahrzunehmen (vgl. Castells 2001: 173f.).

In Folge der Zergliederung erfahren die Menschen Dienstleistungen nicht mehr ganzheitlich, sondern funktions- und hierarchiebezogen in eine Vielzahl von Zuständigkeiten zergliedert. Die vertikale und horizontale Trennung der im Lebensumfeld der Individuen und ihrer Haushalts- bzw. Adressatensituation tätigen Dienstleistungseinrichtungen durch Funktions- und Hierarchiebarrieren führt dazu, dass Informationen untereinander nicht mehr weitergegeben werden und Prozesse einer gegenseitigen Abschottung einsetzen (vgl. Abbildung 2).

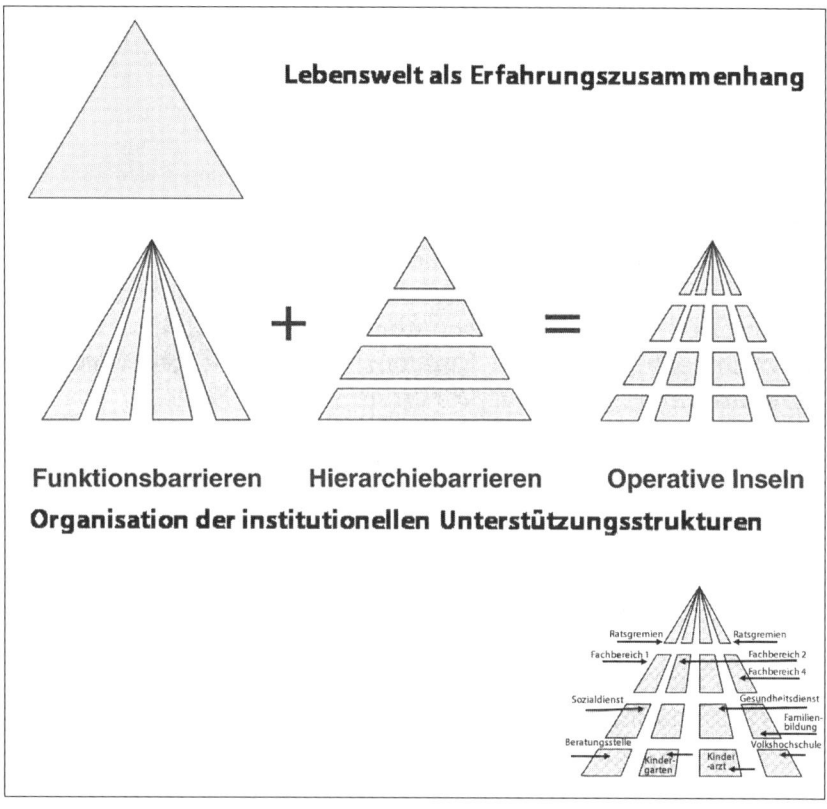

Quelle: verändert nach Hörrmann/Tiby 1991: 76 und Vahs 2003: 203

Abbildung 2: Versäulung und Verinselung der Lebenswelten und Unterstützungsinstitutionen

Die Barrieren des Ressortdenkens und die fehlende Transparenz der zergliederten Abläufe führen zu „operativen Inseln", auf denen die professionellen Akteure der verschiedenen Ressorts relativ isoliert agieren. Gemeinsame Schnittstellen werden von ihnen nicht mehr wahrgenommen, was zum Aufbau von Doppelstrukturen und zu Wiederholungen von Handlungsansätzen beiträgt. Die Ressourceneffizienz stellt sich nicht günstig dar, wenn beispielsweise auf der Ebene eines Stadtteils weder die Hierarchiebarrieren zwischen Ratsgremien, Fachbereichen und operativen Stadtteileinrichtungen noch die Funktionsbarrieren zwischen den Fachbereichen vermittelt werden. Die Qualitätsentwicklung von Diensten und Einrichtungen der kommunalen Daseinsvorsorge in den Sozialräumen der Bewohnerinnen und Bewohner hängt folglich entscheidend davon ab, ob diese Barrieren überwunden werden und der Bedarf über eine integrierte Vorgehensweise der professionellen Akteure (nach dem Prinzip der ‚Kundenorientierung' als Ausrichtung an den Bedürfnissen der Adressaten) erfüllt wird. Seit den 1990er Jahren setzen sich daher Netzwerke als neue Organisationsform auch in der Sozialwirtschaft durch, weil sie Brücken zwischen den operativen Inseln schlagen können.

2.2 Integriertes Prozessdenken

Die Menschen erleben demgegenüber die verschiedenen Teilfunktionen in ihrem Lebensumfeld als Einheit bzw. als zusammenhängende Versorgungskette: Beispielsweise nehmen Eltern, deren Kind vormittags eine Grundschule besucht, sich nachmittags in einer Betreuungseinrichtung aufhält und am späten Nachmittag in der Musikschule ein Instrument erlernt, diese Gelegenheiten als geschlossenen Zusammenhang wahr. Dass die Einrichtungen ihr Angebot untereinander nicht koordinieren und in separierte Zuständigkeitsbereiche zerfallen, ist aus der Perspektive derjenigen, die Ansprüche an eine vollständige Persönlichkeitsentwicklung ihres Kindes stellen, nicht nachvollziehbar. Denn dies entspricht nicht einer Prozesslogik, bei der die qualitätsvolle Entwicklung des Kindes als Ganzes im Mittelpunkt steht.

Unter einem Prozess wird die zielgerichtete Verbindung von zuvor isolierten Leistungen zu einer Folge von logisch zusammenhängenden Aktivitäten verstanden. So betrachtet muss in dem genannten Beispiel die Kombination der Inputs und Aktivitäten von Grundschule, Betreuungseinrichtung und Musikschule als zusammenhängender Prozess verstanden werden, der zu einer definierten ‚Wertschöpfung' der Persönlichkeitsentwicklung führt (vgl. Porter 2000). Die sich ergebende Wertkette gliedert alle bisher isolierten Einzelaktivitäten in einen neuen Zusammenhang, der in der Verbundenheit effizienter, qualitätsfokussiert und wirksamer organisiert werden kann (vgl. Abbildung 3).

Vor diesem Hintergrund werden die aneinandergereihten Aktivitäten der Netzwerkkooperation einer systematischen Prozesskettenanalyse unterzogen. Dabei werden die Akteursstruktur der Kooperation, der Kernprozess zur Herstellung des Produkts bzw. der Dienstleistung und das Leistungsspektrum der Teilprozesse dargestellt. In der Analyse wird das Ziel verfolgt, die bestehenden Abhängigkeiten transparent abzubilden, Ansatzpunkte für eine Erhöhung der Zufriedenheit der externen Kunden aufzuzeigen und die internen Kunden (Mitarbeiterschaft) der beteiligten Kooperationspartner ganzheitlich in die Gestaltung des Arbeitsprozesses (nach Festlegung von Verantwortungsbereichen und Schnittstellen der Kooperation) aktiv einzubeziehen. In der Analyse der Prozesskette können Schwachstellen, unklare Absprachen und Verantwortungsdefinitionen sowie eine unpassende Ablaufstruktur identifiziert werden. Insgesamt werden bessere Wege gesucht, um die Prozesskosten gering zu halten und die Qualität über die Prozesskette zu sichern (Becker/Ellerkmann 2007: 78ff.).

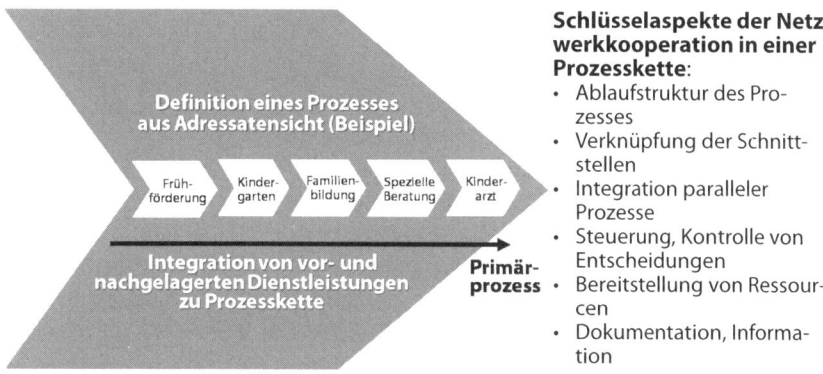

Quelle: nach Gaitanides 1983

Abbildung 3: Integration isolierter Dienstleistungen zu einer Prozesskette

Die Prozesskette lässt sich nach primären und sekundären (unterstützenden) Aktivitäten differenzieren (Vahs 2003: 207): Die primären Aktivitäten beinhalten die Herstellung der Dienstleistungen, ihre Distribution unter den Adressaten und den begleitenden Service. Die sekundären Aktivitäten – wie z.B. die Abstimmung der Angebote unter den Einrichtungen – sichern, dass die primären Aktivitäten effizienter und effektiver stattfinden können. Im Sekundärprozess werden die Inputs für die Aktivitäten des Primärprozesses vorbereitet und bereitgestellt; dies beinhaltet die vorbereitende Beschaffung von Materialien und Know-how, die Bereitstellung von humanen und materiellen Ressourcen (z.B. im Rahmen der Personalwirtschaft).

Vor diesem Hintergrund lassen sich in der Netzwerkkooperation zwei Aktivitätsebenen trennscharf unterscheiden: die auf den Primärprozess und die auf den Sekundärprozess fokussierte Vernetzung. Im Hinblick auf die Steuerung von Netzwerken werden die beiden typologischen Orientierungen unterschiedlich gewichtet. Im Zentrum steht das *operativ an Primärprozessen ausgerichtete Netzwerk* (Produktions-/Dienstleistungskette); es wird unterstützt von *strategisch an Sekundärprozessen ausgerichteten Netzwerke*n (Interessen-/Handlungskoalitionen). Vorrang gebührt der Vernetzungsebene, bei der die Sicherung der Prozess- und Ergebnisqualität gegenüber den Kunden bzw. gegenüber Adressatinnen und Adressaten im Vordergrund steht. Durch die professionelle Kooperation werden einzelne – bisher isoliert erbrachte – Dienstleistungen miteinander zu operativ wirkungsvolleren Primärprozessen verbunden. Dies setzt auf der sekundären Vernetzungsebene Kooperations- und Informationsprozesse für den Austausch sowie die gemeinsame Verarbeitung von Informationen untereinander aus. Auf der Ebene des Sekundärprozesses hilft die kooperative Vernetzung auch, abgestimmte Innovationsprozesse zur Entwicklung und Einführung neuer Produkte (Produktinnovationen), verbesserter Verfahren (Prozessinnovationen) oder günstigerer Rahmenbedingungen (Strukturinnovationen) zu generieren, aber das sekundäre Kooperationsnetzwerk sollte immer die Funktion haben, dem Primärprozess zu dienen.

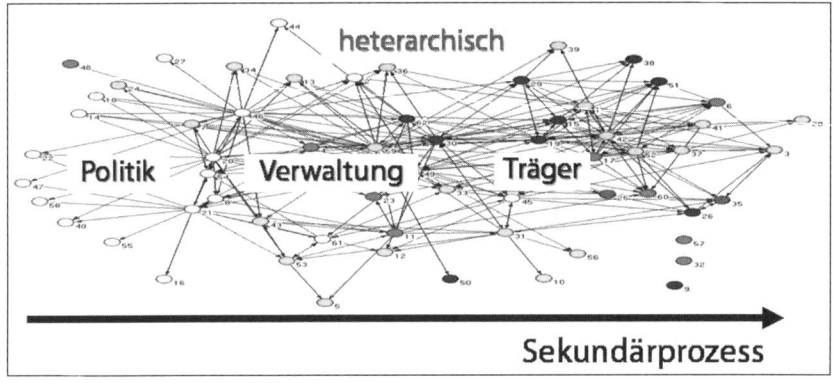

Abbildung 4: Strategisches Netzwerk als Sekundärprozess über Gremien

Lokale strategische Netzwerke zum Beispiel sind in den sozialpolitischen Handlungsfeldern in Form von miteinander verbundenen kommunalen Politik-, Träger- und Interessennetzwerken heterarchisch (nebeneinander angeordnet) aufgebaut, steuern sich in polyzentralen Abstimmungen selbst und bündeln dabei eigene Interessen oder Interessen ihrer Klientel (vgl. Goldammer 2003: 1f.). Diese Vernetzungen haben aber gegenüber der Produktion der unmittelbaren Dienstleistung im Rahmen einer Netzwerkkooperation eine nachrangige Bedeutung, wenn sie in ihrer Unterstützungsfunktion für den Primärprozess betrachtet werden (Siehe dazu Abbildung 4: ein nebeneinander über mehrere Kerne angeordnetes Netzwerk, das in einer Kommune über Gremien als Sekundärprozess gespannt wird).

2.3 Normative Standards des kommunalen Handlungsrahmens

Für die Umsetzung von abgestimmten Dienstleistungsprozessen in der kommunalen Daseinsvorsorge wurde als Standard formuliert, die Verantwortlichkeiten zwischen freien Trägern und dem öffentlichen Träger trennscharf aufzuteilen (vgl. Schubert/Spieckermann 2004a): Auf der strategischen Ebene soll der öffentliche Träger über Koordinationsagenturen (z. B. in der Stadtverwaltung) die Vernetzung der verschiedenen operativen Akteure unterstützen und integrieren. Er kann die Umsetzung der strategisch ausgehandelten Ziele auf der operativen Ebene über ein differenziertes Kontraktmanagement begleiten. Diese Koordinationsaufgaben können verknüpfende Stellen – wie z. b. die Jugendhilfeplanung und die Sozialplanung – innerhalb der Stadtverwaltung leisten.

Anforderungen an die Kommune als Koordinationsinstanz bei der Kooperation zwischen Organisationen und Akteuren werden auch in verschiedenen rechtlichen Rahmenbedingungen zur Voraussetzung erhoben und als Qualitätsstandard gesetzt. Dabei zeigt sich deutlich, dass die Kommune die Verantwortung für eine nachhaltige Koordination von Netzwerken in der kommunalen Daseinsvorsorge zu tragen hat:

- Das SGB VIII fordert auf zur Zusammenarbeit der öffentlichen Jugendhilfe mit der freien Jugendhilfe (§ 4 SGB VIII) und zur Bildung von Arbeitsgemeinschaften, in denen die anerkannten Träger der freien Jugendhilfe sowie die Träger geförderter Maßnahmen vertreten sind (§ 78 SGB VIII), um geplante Aktivitäten aufeinander abzustimmen und sich gegenseitig zu ergänzen. In § 81 SGB VIII wird explizit formuliert: Die Träger der öffentlichen Jugendhilfe sollen mit anderen Stellen und öffentlichen Einrichtungen, deren Tätigkeit sich auf die Lebenssituation junger Menschen und ihrer Familien auswirkt, zusammenzuarbeiten (insbes. Schulen, Schulverwaltung, Einrichtungen/Stellen der beruflichen Aus- und Weiterbildung, des öffentlichen Gesundheitsdienstes, der Bundesanstalt für Arbeit, Träger anderer Sozialleistungen, Gewerbeaufsicht, Polizei-, Justiz- und Ordnungsbehörden, Einrichtungen der Aus-/Weiterbildung für Fachkräfte und der Forschung).
- Nach dem SGB XII sollen die Träger der Sozialhilfe mit anderen Stellen zusammenarbeiten (§ 4 SGB XII), insbesondere mit Kirchen und Religionsgesellschaften des öffentlichen Rechts sowie mit Verbänden der freien Wohlfahrtspflege (§ 5 SGB XII).
- Im Gesetz über die soziale Wohnraumförderung (§ 14 WoFG) werden Gemeinden und öffentliche Stellen aufgefordert, für die Unterstützung von Haushalten, die sich am Markt nicht angemessen mit Wohnraum versorgen können, mit Eigentümern oder sonstigen Verfügungsberechtigten von

Wohnraum Vereinbarungen über die örtliche Wohnraumversorgung zu treffen (Kooperationsverträge).
- Laut SGB II soll die Agentur für Arbeit darauf hinwirken, dass bei der Erbringung von Leistungen zur Eingliederung mit den Beteiligten des örtlichen Arbeitsmarktes (Gemeinden, Kreise/Bezirke, Träger der freien Wohlfahrtspflege, Arbeitgeber, Arbeitnehmer, Kammern, berufsständische Organisationen) zusammengearbeitet wird (§ 18 SGB II) und dass mit den örtlich zuständigen Trägern der Sozialhilfe Kooperationsvereinbarungen abgeschlossen und durchgeführt werden.

Die Kooperation in der Kommune soll insgesamt darauf ausgerichtet sein, dass sich die Tätigkeiten der öffentlichen Träger und der freien Wohlfahrtspflege zum Wohle der Leistungsberechtigten wirksam ergänzen; zum Beispiel bei der Zusammenarbeit zwischen Jugendhilfe und Schule (vgl. z. B. § 7 Kinder- und Jugendförderungsgesetz NRW). Personelle, räumliche, finanzielle Ressourcen sollen zusammengelegt, Kompetenzen und Zugänge zu Kindern und Jugendlichen verbunden werden. In der Kooperation werden die bisher zergliederten Funktionsbereiche verbunden und orientieren sich an den Prozessen in der Lebenswelt von Kindern und Jugendlichen sowie in Stadtteil und Gemeinde. Damit die sozialen Dienstleistungen in einer Kommune in dieser Weise vernetzt gesteuert werden können, können die örtliche Jugendhilfeplanung und die kommunale Sozialplanung den Prozess begleiten und unterstützen: Sie können Bestandsaufnahmen der Infrastruktur und der Produkte vornehmen sowie die Bedürfnisse von Bevölkerungs-/Zielgruppen wie etwa Kinder, Jugendliche und Familien im Sozialraum erheben, um auf dieser Grundlage den Handlungsbedarf abzuleiten sowie die erforderliche Netzwerkarbeit zu koordinieren. Die planmäßige und zielorientierte Koordination von Akteuren zur Erstellung eines gemeinsam abgestimmten materiellen oder immateriellen Produkts ist somit als Kernaufgabe der Kommune erkennbar. Am deutlichsten wird das im Kinder- und Jugendhilfegesetz, wo es heißt: Junge Menschen sollen in ihrer individuellen und sozialen Entwicklung gefördert, ihre Benachteiligungen sollen vermieden oder abgebaut, Eltern und andere Erziehungsberechtigte bei der Erziehung beraten und unterstützt sowie Kinder und Jugendliche vor Gefahren für ihr Wohl geschützt werden; schließlich soll auch eine kinder- und familienfreundliche Umwelt für junge Menschen und ihre Familien erhalten oder geschaffen werden (§1 SGB VIII). Im § 79 SGB VIII wird dazu konkretisiert, dass die Träger der öffentlichen Jugendhilfe dabei die Gesamt- und Planungsverantwortung haben. Zu dieser Verantwortung sind auch Koordinationsaufgaben zu rechnen, die der zeitlichen, vertikalen, horizontalen und sachlichen Verknüpfung von isolierten sozialen Dienstleistungen zu dem systemaren Ganzen einer Netzwerkkooperation dienen.

3 Theoretische Grundlagen der Netzwerkkooperation

3.1 Vernetzung von Akteuren

Zur Netzwerkbildung muss ein Interessenskonsens zwischen verschiedenen, strategisch handelnden Akteuren hergestellt werden. Anders herum betrachtet nimmt der Konsens als Netzwerk Gestalt an, weil die Interessenskoalitionen durch die wechselseitige Beeinflussung der beteiligten Akteure eine netzwerkartige Struktur bilden (vgl. Schulz-Schaeffer 2000: 187ff.). Weyer bezeichnete das Netzwerk als ein „emergentes Phänomen" (1993: 2), das eigenen Regeln folgt, die keiner der beteiligten Akteure exklusiv kontrollieren kann. Wenn die Aufrechterhaltung des Netzwerks zum Sachzwang wird, treten singuläre Interessen zurück – das Netzwerk entwickelt in der Folge eine strukturelle Eigendynamik (vgl. auch Weyer 2000a: 1ff.).

In der Soziologie hat die Beschäftigung mit der Genese sozialer Strukturen aus der Interaktion von Individuen heraus und mit der Prägung individuellen Handelns durch soziale Strukturen eine lange Tradition. In dieser interdependenten Doppelperspektive beinhaltet das Emergenzproblem die Frage, wie sich strategisch handelnde Akteure zu einem Konsens binden und in der Folge stabile Strukturen mit manifesten normativen Verhaltenserwartungen etablieren. Daneben ist das Integrationsproblem unter der Frage zu betrachten, wie sich allgemeine Erwartungen von konkreten Einzelinteressen normativ abheben und den Charakter von Sachzwängen annehmen können. Nach Weyer setzt ein angemessenes Verständnis der Genese und der eigendynamischen Verfestigung sozialer Strukturen voraus, die Akteure mit ihren Interessen und die systemischen Randbedingungen ihres Handelns im Zusammenhang zu betrachten. Soziale Strukturen entstehen als „Produkt zweckgerichteten Handelns und darauf aufbauender ... Abstimmungsprozesse zwischen unterschiedlichen Akteuren", „wenn Individuen durch Kooperation die Erfolgswahrscheinlichkeit ihres Handelns zu erhöhen suchen" (1993: 6). Dies setzt die Kompetenz voraus, dass die unterschiedlichen Akteure ihre Handlungen wechselseitig aneinander anzuschließen und aufeinander abzustimmen vermögen. Die Vernetzung reduziert Unsicherheiten bezüglich des Verhaltens der Umwelt, indem sie mit einbezogen wird. Die sozialen Strukturen der Netzwerkorganisation entstehen folglich nicht unabhängig von Akteursinteressen; sie werden von den Beteiligten strategisch erzeugt, um potenziellen Partnern Anschlussmöglichkeiten zu bieten. In der Erwartung von Handlungssicherheit konstruieren die Akteure die sozialen Netzwerke aktiv.

> „Soziale Netzwerke entstehen ... durch einen Prozess der wechselseitigen Produktion von Verhaltenserwartungen; ihre Stabilität gründet sich ... auf die Fähigkeit der beteiligten Partner nicht nur Erwartungen an andere zu adressieren, sondern

auch mit den Zumutungen fertig zu werden, die andere ihnen selbst auferlegen. Durch die Selbstbindung an derart strukturierte Interaktionsbeziehungen werden die Handlungsspielräume der Beteiligten ... nicht nur erweitert, sondern zugleich auch eingeschränkt. Denn in sozialen Netzwerken entstehen Verhaltensregeln, die keiner der Mitspieler exklusiv kontrollieren kann, von deren Befolgung jedoch die Möglichkeit der Teilnahme am Netzwerk abhängt." (ebd.: 17)

Das Handeln der sozialen Akteure wird in der Vernetzung von drei Rationalitäten bestimmt: (i) Als erstes wird das Handeln in Netzwerken von einer Akteursrationalität – als das generalisierbare Interesse des Einzelakteurs – bestimmt; in der Reflektion von Erwartungen der Außenwelt nimmt sie den Charakter zweckrationaler, aktueller Kalküle an (vgl. Weber 1972: 12ff.). (ii) Die Systemrationalität – als Handlungsorientierung, die innerhalb des Systems der Organisation und dessen Sinnzusammenhang geprägt wird – macht das soziale Handeln der organisationalen Akteure in der Unterscheidung sowie Beobachtung von System und Umwelt anschlussfähig an andere Organisationen als Systeme in einer multiorganisationalen Umwelt (vgl. Luhmann 1973: 174; ders. 1998: 183f.; Schreyögg 2003: 389). (iii) Die kommunikative Rationalität – in Abstimmungsvorgängen zwischen Partnern – besitzt eine eigenständige Qualität; denn sie vermittelt das zweckrationale und systemrationale Handeln unter den Akteuren über Akte der Verständigung zu einem sozialen Netzwerk (vgl. Habermas 1981a: 385). Erst durch die kommunikative Relationierung von Organisationen als Elemente entsteht das Ordnungsniveau, das emergent ein Netzwerk als System konstituiert (Luhmann 1978: 216). Damit verschiebt sich das Aktionszentrum auf eine höhere Aggregationsebene; die einzelne Organisation wandelt sich vom strategischen Akteur zum Element eines strategischen Kollektivs (vgl. Schreyögg 2003: 389), das durch Komplexität im Sinn von Luhmann gekennzeichnet ist: „Als komplex kann man Systeme bezeichnen, die so viele Elemente zusammenhalten, dass sie (bei den durch die Art der Elemente limitierten Strukturierungsmöglichkeiten) nicht mehr jedes Element mit jedem anderen verknüpfen können" (Luhmann 1978: 216).

3.2 Netzwerk als System

Aus systemtheoretischer Perspektive wird die moderne Gesellschaft als funktional differenziert verstanden; das heißt: spezialisierte Teilsysteme haben sich zur Erfüllung gesellschaftlicher Funktionen herausgebildet (vgl. Luhmann 1998). So wird die Funktion der Herstellung kollektiv bindender Entscheidungen zur Aufgabe des politischen Systems; die Ausdifferenzierung des Wirtschaftssystems geschieht, um die Funktion der Sicherstellung zukünftiger Versorgung zu gewährleisten, Erkenntnisgewinn wird durch das hierauf spezialisierte Wissenschaftssystem erzeugt, und die Herstellung von Erwartungssicherheit wird zur Exklusivfunktion des Rechtssystems. Die gesellschaftlichen Teilsysteme steuern sich über ihre jeweils spezifischen Codes und Programme, die sich nicht ineinander übersetzen lassen. Die Einheit der Gesellschaft kann danach nur in der Differenz eigenlogisch operierender Teilsysteme bestehen.

Geradezu entgegengesetzt erscheint das Konzept des Netzwerks, das diese Differenz in interaktiver Verflechtung überbrückt (Weyer 2000a: 10ff.). Die klassische Innen-Außen-Differenz wird durch Vernetzung unkenntlich, weil stattdessen Außenzustände der Umwelt mit Innenzuständen des organisationalen Systems verknüpft werden. Das Netzwerk tritt an die Stelle des hierarchischen Verhältnisses von Funktionssystem und Organisationen (Luhmann 1998: 846). Die Auflösung der Differenz führt zu neuen „Mixes von Ordnung und Unordnung, Redundanz und Varietät, loser und fester Kopplung" (Baecker 1999: 25). Kompatibel mit einem beziehungsgestützten Netzwerk dieser Art definiert Willke als soziales System, „wenn sich eine Menge von Interaktionen von anderen Interaktionen abgrenzen lässt, indem aufgrund von Sinnkriterien zwischen dazugehörigen und nicht-dazugehörigen Interaktionen unterschieden wird" (1978: 229).

Somit wird auch das Netzwerk als „System-in-einer-Umwelt" konstruiert, weil die interne Kommunikation von derjenigen außerhalb differenziert werden kann (Baecker 1999: 293), aber es wird als System nur durch systemeigene Operationen aufgebaut. Dies findet im Rahmen einer „strukturellen Kopplung" zwischen den beteiligten Organisationen (als organisationale Systeme) statt, deren lose Vernetzung in der Netzwerkkooperation in eine systemische Ordnung transformiert wird (vgl. Luhmann 2004: 119). Das einzelne organisationale System fürchtet in einer Umwelt um seine Identität und sucht im Rahmen von Koalitionen Kontrollmöglichkeiten, die es zu vergesellschaften mögen; das Netzwerk kann danach auch als Ergebnis von gegenseitigen Kontrolloperationen verstanden werden (Baecker 1999: 291). In der strukturellen Kopplung werden dabei Strukturen operativ so geschlossen, dass die Abschlüsse zu bestimmten Umwelten passen. Dieses Wissen und diese Definition um des richtigen Anschlusses der strukturellen Kopplung zwischen Systemen erklärt Baecker zur Kulturform der nächsten Stufe der Gesellschaftsentwicklung (2007).

Die beteiligten Organisationen selbst bleiben im Netzwerk als soziale Systeme erhalten (vgl. Schreyögg/Sydow 1999: 282); durch die Vernetzung verschwimmen ihre Grenzen nicht. Baecker führt dazu aus: „Die Vielzahl der aktuellen und aktualisierbaren Kontakte treibt den Druck auf die Organisation, ihre Grenzen als steigerbare Leistungen zu behandeln und Identitätskriterien der eigenen Entscheidungen auszuflaggen, die zweifelsfrei erkennbar machen, wo eine Organisation aufhört und die andere anfängt ..." (1999: 191). Die Organisationen treten in das Netzwerk als Teil dessen ein, was sie als Umwelt beobachten (vgl. zum Paradox dieses „Reentry": Luhmann 2004: 166f.). Das Management von Netzwerken sollte daher nach der „Theorie der Beobachtung zweiter Ordnung" die beteiligten Organisationen nicht als Objekte wahrnehmen, sondern als Beobachter, mit deren Perspektive das systemische Zusammenwirken koordiniert werden muss (ebd.: 156).

Das Netzwerk repräsentiert in der strukturellen Kopplung der Elemente ein soziales System, das eine eigene Identität, eine eigene Rationalität, relative Autonomie und Handlungsfähigkeit als Entität aufbaut, indem es Komplexitäts- und Relevanzdifferenzen zwischen sich und seiner Umwelt stabilisiert. Dabei verdichten sich die organisationalen Systeme über ihre Handlungsverflechtungen zu einem „kollektiven Akteur", der wiederum als System handelt. In Form von Symbolen, Werten, Normen, Rollen und generalisierten Medien bilden Sinnkriterien ein Präferenzsystem, das die Transaktionen innerhalb des Netzwerkes sowie zwischen Netzwerk und Umwelt steuert (Willke 1978: 231). Die besondere Bedeutung des Netzwerks als System wird dann darin gesehen, dass es im Rahmen seiner Komplexität über das Medium Sinn „Möglichkeitsüberschüsse" generiert (Luhmann 1998: 92). Dies verweist auf den Zusammenhang mit dem systemtheoretischen Kommunikationsbegriff, der Redundanz durch Steigerung der Wahrscheinlichkeit bestimmter Informationen schafft, indem zugleich eine Abgrenzung von anderen möglichen Informationen vorgenommen wird (Baecker 1999: 288f.). Wesentlich ist dabei der Begriff der Unterscheidung, weil durch Kommunikation ein Möglichkeitsraum von anderen Möglichkeiten unterschieden wird.

Bei der Abstimmung des Netzwerks als System mit einer organisationalen Umwelt ist angesichts der reduzierten Innen-Außen-Differenz ein Integrationsproblem zu konstatieren, das auf vier Ebenen eine Rolle spielt (Willke 1978: 233ff):

- Auf der ersten Ebene ist das „Binnenproblem" zu nennen, bei dem interne Fragen der Artikulation, Aggregierung und Selektion von systemischen Mitgliederinteressen, der Definition von Systemzwängen, der Bildung einer Binnenmoral, der Abstimmung intern ausdifferenzierter Rollen und die Frage der inneren Verteilung von Ressourcen im Blickpunkt stehen. Die Innenwelt umfasst die internen Relationen im Netzwerk, d.h. des Systems mit seinen Mitgliedern, die durch parallele Beziehungen in andere Netzwerke im Sinne außersystemischer Rollenverpflichtungen divergente Orientierungen aufweisen.
- Die zweite Dimension beinhaltet das „Außenproblem" des Netzwerksystems, das sich gegenüber einer Umwelt ohne scharfe Grenzziehungen po-

sitionieren muss. In dieser ‚Außenwelt' sind die externen Relationen des Systems zu verorten, d.h. die Beziehungen der Mitglieder. Das sind einerseits die horizontalen Relationen zu anderen Systemen, andererseits die vertikalen Außenrelationen zu dem umfassenden primären Gesamtbezugssystem und drittens laterale Relationen zu anderen Gesamtsystemen, mit denen das Netzwerk in einem sekundären systemischen Kontext steht.
- Ein dritter Aspekt betrifft das „Grenzproblem", das um die Frage der Abstimmung divergierender Ziele in den Vernetzungsketten kreist. Im Kreis der vernetzten organisationalen Systeme bilden sich Erwartungen (in Form von Interessen, Zielen, Rationalitätskriterien) heraus, die untereinander abgestimmt werden müssen. Die sich herausbildenden Differenzen können als spezifische Umweltbedingungen die unscharfen Grenzen des Netzwerks markieren.
- Schließlich ist noch das Problem der „doppelten Grenze" zu nennen. Es thematisiert, dass es neben der Grenze, die Netzwerksystem und Netzwerkumwelt im Sinne von ‚Netzwerk-Außenwelt' trennt, auch eine Grenze des Systems gegenüber seinen Mitgliedern als ‚Netzwerk-Innenwelt' gibt. Denn im Rahmen der Vernetzung kann ein organisationales System einerseits im Innenverhältnis dazugehören und andererseits in seinen äußeren Beziehungen außerhalb des Netzsystems stehen. Vor diesem Hintergrund steht ein Netzwerk als System zwei verschiedenen Umwelten gegenüber und muss daher Abstimmungsprobleme zwischen Innenwelt und Außenwelt lösen.

Zur Lösung des Integrationsproblems muss das Netzwerk multifunktional organisiert werden, im Sinne von Luhmann mit „doppelter Kontingenz" operieren, statt auf einen einzigen Zweck rationalisiert zu sein. Die Systemintegration von Netzwerken gelingt daher in der interdependenten Abstimmung der beiden Abstimmungsprozesse zwischen System und Außenwelt sowie zwischen System und Innenwelt.

Nach Baecker (2003: 246) bilden Netzwerke eine Unterstützungsinfrastruktur für die Integration von komplexen Systemen. Denn sie bilden Strukturen, „die die Reproduktion komplexer Systeme sowohl in der Hinsicht der operativen Kopplung der Systemelemente als auch in der Hinsicht der strukturellen Kopplung an die Umwelt des Systems und insbesondere an andere Systeme in dieser Umwelt erleichtern". Schreyögg (2003: 393) bezeichnet Netzwerke deshalb als „Umwelt-Komplexitätsreduktions-Gemeinschaften".

Ein Netzwerk nimmt dabei die „Form der verteilten Intelligenz" an, weil die Teilnahme an Netzwerken in der Kooperation grundsätzlich mehr Intelligenz zur Verfügung stellt, als wenn die Leistung individuell realisiert würde.

Zugleich fordert die Teilnahme an Netzwerken von jedem Mitglied mehr Intelligenz im Sinne der Fähigkeit ab, eigenes Nichtwissen durch das Wissen anderer zu kompensieren. Das Integrationsproblem wird dabei über reflexive Interdependenz gelöst, indem ein fokales System gegenüber verschiedenen Umwelten sich selber als mögliche Umwelt derselben begreifen lernt und die daraus folgenden Restriktionen in die eigene Handlungssteuerung einbaut (Willke 1978: 237). Differenzierung und Integration bilden einen wechselwirkenden Prozess. Integration ist ein Prozess, „in dem autonome Einheiten bestimmte Handlungsmöglichkeiten und Optionen aufgeben, um als funktional differenzierte Teilsysteme dem neu gebildeten Gesamtsystem gegenüber neuen Umweltkonstellationen verbesserte evolutionäre Chancen zu verschaffen" (ebd.:246). In diesem Prozess verfügt ein Netzwerk über drei Systemreferenzen:
- die Beziehungen zum umfassenden Gesamtsystem (Gesamtvernetzung),
- die Beziehung zu anderen Teilsystemen (andere Netzwerke) und
- die Beziehung zu sich selbst (organisationale Binnenvernetzung).

Die Integration im Rahmen der Netzwerkkooperation repräsentiert somit einen ambivalenten Zustand, bei dem das Netzwerk zwei entgegengesetzte Extreme vermeidet: (a) die völlige Autonomie der Mitglieder und (b) die vollständige Verschmelzung der Teile mit dem Ganzen. Die Netzwerkkooperation erfordert eine relative Autonomie der Teile, die Interdependenzen zwischen Teil und System impliziert, aber auch Freiheitsgrade, die den Teilen ein eigenständiges Handeln erlauben (ebd.: 247).

3.3 Netzwerk als Institution

Soziale Institutionen stellen „Phänomene geregelter Kooperation" dar (Gukenbiehl 1995: 96) und verfestigen sich bei den Handelnden als „stereotype Modelle von Verhaltensfiguren" (Gehlen 1961: 70). Anthropologisch nahm der Vorgang der Arbeitsteilung den Charakter einer sozialen Institution durch die rationale Vereinbarung der Kooperation an. Gehlen führt dazu aus (1977: 34): „Das ... Produktions- und Verteilungsgefüge verselbständigt sich ... objektiv als ein Prozess, in den die Einzelnen eintreten ..., und es verselbständigt sich subjektiv im Bewusstsein der Beteiligten vom Bestehen einer geltenden Ordnung". Aus der Vielzahl möglicher Handlungsweisen treten bestimmte Varianten hervor und werden kulturell zu gesellschaftlich-sanktionierten Mustern erhoben. Durch diese Verselbständigung von Mustern der Kooperation werden die beteiligten Akteure davon entlastet, diese Muster immer wieder neu erfinden zu müssen. Probleme, die bei der Bewältigung relevanter Aufgaben der Daseinsvorsorge immer wieder vorkommen, werden nach einem festen Regelkodex strukturiert und können so stets in gleichartiger und vorhersehbarer Weise gelöst werden. Das erwartbare Routinehandeln vermittelt Sicherheit und Ordnung. Allerdings zeigen die Tendenzen des sozialen Wandels, dass soziale Institutionen einen Wirklichkeits- und Handlungszusammenhang bilden, dessen Sinngehalt nicht zeitunabhängig ist. Denn sie müssen das Zusammenwirken der Akteure auch unter gewandelten gesellschaftlichen Strukturen regeln, so dass sie sich zeitgeschichtlich als Elemente der Kultur wandeln können. So hat die Arbeitsteilung beispielsweise in der Entwicklung von den mittelalterlichen Zünften zur modernen Betriebsförmigkeit als soziale Institution einen Formwandel vollzogen. Vor diesem Hintergrund repräsentiert die Netzwerkkooperation einen weiteren Formwandel der sozialen Institution Arbeitsteilung, indem nun ein interorganisationaler Handlungstypus als selbst geschaffener Sinn- und Handlungszusammenhang habitualisiert wird.

Dieses Verständnis korrespondiert mit neo-institutionalistischen Ansätzen. Aus dieser Sicht sind es nicht Akteure und ihre Interessen, die Gesellschaft („bottom up") konstituieren, sondern die Gesellschaft erzeugt in kontinuierlichen Rationalisierungsprozessen aus überindividuellen, kulturellen Grundprinzipien („top down") die Akteure. Die Moderne kennt drei Typen von Akteuren: Individuen, Organisationen, Staaten (Meyer 2005). Sie können über ihre Mittel und Zwecke nicht nach Belieben verfügen, sondern gelten als „scripted" und müssen sich einem externen gesellschaftlichen Drehbuch entsprechend verhaltend. Individuen, Organisationen und Staaten werden nur dann als legitime Akteure anerkannt, wenn sie sich dem gesellschaftlichen Konformitätsdruck unterwerfen. Der institutionalistische Ansatz steht damit im Widerspruch zum soziologischen Individualismus, nach dem die Gesellschaft aus individuellen Akteuren besteht und soziales Handeln aus zweckorientiertem Verhalten der Individuen resultiert. Denn im Institutionalismus wird die Bedeutung kultureller Bedingungen – in Gestalt institutionalisierter kultureller Regeln – hervorgehoben, infolge dessen mikrosoziologische Effekte kulturell konstruiert sind. Diese Bindungs- und Interaktionsverhältnisse der Organisationen und Netzwerke haben einen starken Einfluss auf individuelle Entscheidungen, Vorlieben und Verhaltensmuster.

Als Institution repräsentiert die Netzwerkkooperation einen Satz kultureller Regeln, die der Verknüpfung von bestimmten Einheiten und den Handlungen des Zusammenwirkens kollektiven Sinn und Wert verleihen. Das Handeln der miteinander verbundenen Akteure steuert sich selbst im Anwendungskontext dieser formell und informell gefassten Regeln (Perkmann 1998: 875). Unter Institutionalisierung ist dabei der Prozess zu verstehen, durch den die Vernetzung und die inhärenten Handlungsmuster normative und kognitive Gültigkeit erlangen und praktisch als Selbstverständlichkeiten akzeptiert werden (durch Recht, Gewohnheit, Wissen). So gesehen sind auch Netzwerke sozial konstruierte Einheiten, deren Handeln als ‚kollektiver Akteur' nach einem übergreifenden institutionellen Drehbuch inszeniert wird (vgl. Meyer 2005).

3.4 Definitionen

Kooperation

Die geregelte Kooperation zwischen Menschen bildet den anthropologischen Kern von sozialen Institutionen und Organisationen. Neben der internen (innerbetrieblichen) Kooperation durch Arbeitsteilung (Mikroperspektive) ist die externe (zwischenbetriebliche) Zusammenarbeit zu nennen (Meso- und Makroperspektive). Die Zusammenarbeit beruht dabei entweder auf implizit-stillschweigenden (informellen) oder explizit-vertraglichen (formellen) Vereinbarungen zwischen den Akteuren (mikrosozial: Individuen; meso-/makrosozial: Organisationen).

Die Kooperation auf der meso- und makrosozialen Ebene findet in der Regel zwischen zwei oder mehr wirtschaftlich und rechtlich selbständigen Organisationen zur Erreichung eines oder mehrerer gemeinsamer Ziele statt, indem zweckorientiert eine Funktionskoordination und gemeinsame Funktionserfüllung erfolgt. Bei dieser Kooperation im Netzwerkverbund sind Autonomie und Interdependenz gleichzeitig vorhanden, was eine Paradoxie von Bewahrung der rechtlichen und wirtschaftlichen Selbständigkeit auf der einen Seite und ihre Einengung durch Funktionszusammenlegung oder -abstimmung mit Partnern in Kooperationsfeldern auf der anderen Seite impliziert (Kraege 1997: 4). Unter strategischer Perspektive dient Kooperation der Erschließung und der erweiterten Nutzung von Erfolgspotenzialen der beteiligten Akteure, zielt dabei aber auch auf einen Ausbau und eine intensivere Nutzung der Kernkompetenzen (ebd.: 51ff.).

Zu unterscheiden ist weiterhin eine Kooperation, die der Erstellung einer Leistung (Produkte, Dienstleistungen als Primärprozess) dient, von einer Zusammenarbeit, die keine verwertbaren Leistungen erstellt, sondern Interessen der Partner bündelt und Absprachen für eine koordinierte Leistungserstellung (als Sekundärprozess) trifft. Die Richtung der Kooperation kann dabei diagonal über Funktionsbereiche hinweg, horizontal innerhalb eines Funktionsbereiches und vertikal über Hierarchiestufen verlaufen.

Netzwerk und Vernetzung

‚Netzwerke' lassen sich allegorisch als abgegrenzte Menge von ‚Knoten' und als Menge der zwischen ihnen verlaufenden ‚Bänder' (bzw. Netzlinien) definieren (vgl. Pappi 1987). Dabei repräsentieren die Knoten die Akteure und die Linien symbolisieren die Beziehungen zwischen ihnen. Auf der mikrosozialen Ebene handelt es sich um persönliche Netzwerke der Familie, Verwandtschaft,

Nachbarschaft, Freundschaft und Kollegialität. Auf der meso- und makrosozialen Ebene sind Netzwerke immer „bipartit", d.h. sowohl Organisationen als auch die sie vertretenden Personen repräsentieren die Akteure. Aber die entscheidenden Träger sind die Personen: Ihr Engagement und insbesondere ihre Sozial- und Persönlichkeitskompetenz sichern die gesellschaftliche Verflechtung im Allgemeinen und die organisationale Verflechtung im Besonderen (vgl. Bullinger/Nowak 1998: 138).

Mit dem Begriff der Vernetzung wird die Verbindung der Knoten eines Netzwerkes über Beziehungen umschrieben. Im Blickpunkt stehen die Verbundenheit zwischen Akteuren und der Prozess der Beziehungspflege. Eine Rolle spielen dabei Interaktionsmerkmale wie der Inhalt, die Intensität, die Häufigkeit, die Gegenseitigkeit sowie die Dauer von Beziehungen und Strukturmerkmale des Netzwerks wie die Erreichbarkeit der Akteure untereinander, die Beziehungsdichte sowie die (sozial-) strukturelle oder räumliche Reichweite. Das besondere Kennzeichen einer positiven Verbindung zwischen Akteuren besteht insgesamt darin, dass eine gegenseitige Beeinflussung und Unterstützung stattfindet (Weyer 2000a: 1ff.).

Passiv-natürliche Form der Vernetzung
Eine der wesentlichen Quellen für die Verwendung des Netzwerkbegriffs in den Sozialwissenschaften ist die englische Sozialanthropologie. Dort wurde der Begriff zur Beschreibung des Subinstitutionellen, der persönlichen Beziehungen natürlicher Personen im Unterschied zu sozialen Institutionen und ihren strukturellen Ordnungen benutzt (Pappi 1998: 584). Deshalb weist die Kategorie des sozialen Netzwerks auch nicht die theoretische Genese eines Begriffs auf, mit dem die Gesellschaften beschrieben wird, wie dies etwa die Konstrukte soziale Ungleichheit und strukturelle Differenzierung leisten. In den Sozialwissenschaften herrschte stattdessen eine Vorliebe vor, den Netzwerkbegriff vor allem auf unstrukturierte Situationen das ‚natürlichen Alltagslebens' zu beziehen.

Inzwischen hat sich der Anwendungskontext aber deutlich ausgeweitet: Er reicht von der traditionellen Perspektive der (1) formalen Netzwerkanalyse zur Untersuchung von Austausch-, Beeinflussungs- und Machtprozessen zwischen natürlichen Personen bis zu einem modernen Verständnis als (2) Steuerungsansatz, nach dem Netzwerke eine alternative Steuerung in den verschiedenen Politikfeldern ermöglichen, und als (3) ökonomisch orientierter Ansatz, dass die organisatorische Einbettung der wirtschaftlichen Prozesse über die kollektive Steuerung des Netzwerks zu Innovationen und Effizienzeffekten führt (vgl. Perkmann 1998: 880f.).

Aktiv-organisierte Form der Vernetzung

Netzwerke repräsentieren über das subinstitutionelle gesellschaftliche Phänomen hinaus eine moderne hybride Organisationsform, in der die einzelnen Akteure weder unabhängig (wie in der Marktinstitution) noch einseitig abhängig (wie im Modell der bürokratischen Hierarchie) sind:

> „Diese Form von Vernetzung unterscheidet sich (...) stark von älteren sozialpolitischen Vernetzungsstrategien, die z. B. den Aufbau von sozialen Unterstützungsnetzwerken, Ressourcenmobilisierung im sozialen Umfeld von Hilfesuchenden oder die Initiierung bürgerschaftlichen Engagements zum Gegenstand hatten oder haben. (...) Statt interpersonelle, soziale Beziehungen zu fördern, sollen Systeme netzwerkorganisatorisch restrukturiert und kooperativ gesteuert werden." (Dahme/Wohlfahrt 2000: 48)

Für die Organisation von Prozessen auf der meso- und makrosozialen Ebene werden Netzwerke als neue flexible Steuerungsform zwischen Markt und Hierarchie bewertet, um die Kooperationskultur zwischen öffentlichen und privaten Akteuren zu verbessern und nicht-staatliche Interessen wirkungsvoll einzubinden (Müller-Jentsch 2003: 113 ff.). Es findet weder ein folgenloser Austausch noch eine administrative Vorgabe statt und dafür steht der Begriff der Teilautonomie, wonach sich die Akteure in wechselseitiger Abhängigkeit befinden. Dabei müssen sie eine Balance finden zwischen der Loyalität zur eigenen Organisation und zum übergreifenden Interessenverbund: Die Konkurrenz zwischen den beteiligten Organisationen und die vereinbarte Kooperation zwischen den beteiligten Personen verschmelzen zur ambivalenten Konfiguration einer „coopetition" (Nalebuff/Brandenburger 1995), was im Deutschen als „Koopkurrenz" übersetzt werden kann. Ein Schlüsselmerkmal ist dabei die ‚lose Kopplung' zwischen den Akteuren. Sie ermöglicht eine kooperative und diskursive Koordination, bei der die Akteure sich gegenseitig abstimmen und an Absprachen selbst binden, ohne dass die (Teil-) Autonomie der Beteiligten in Frage gestellt wird. Daraus resultiert eine dezentralisierte, anpassungsfähigere Organisationsstruktur der gezielten Verhandlung und Allianzbildung. Die Beziehungen können flexibel in die eine oder andere Richtung des Netzwerks aktiviert werden (vgl. Granovetter 1973).

Netzwerk und Governance

Der aktive Netzwerkbegriff – im Sinne eines Netzwerkens als Tätigkeit – steht in einer engen Beziehung zum Governance-Begriff, der politische Steuerungsprozesse nicht mehr streng hierarchisch auffasst, sondern die Interdependenzen der Akteure betont und sich damit von der traditionellen Staatsfixierung distanziert (vgl. Benz 2004; Bogumil 2004). Die Interdependenzen finden Ausdruck in interorganisatorischer Kooperation und Koordination bzw. entsprechenden neuen Steuerungsformen auf Verhandlungen basierender Entscheidungsprozesse, in die alle relevanten Akteure aus Politik und anderen gesellschaftlichen Feldern einbezogen sind.

Governance korrespondiert mit der Netzwerkkooperation, (a) weil die Bedeutung hierarchischer Strukturen abnimmt und dezentrale Verantwortungsstrukturen an Bedeutung gewinnen, (b) weil die Kooperation staatlicher, privater und gesellschaftlicher Akteure Sektoren, Ressorts und Organisationen übergreift, (c) weil die Steuerung im Prozess der Interaktion von Akteuren erfolgt und (d) dabei eine kontinuierliche Verständigung über gemeinsame Problemdefinitionen und Handlungsziele stattfindet (vgl. Fürst/Zimmermann 2005). Kooperationsstrukturen der Governance sind somit an den Netzwerkmodus gebunden, der weder eine starke vertikale Hierarchisierung noch eine starke horizontale Sektorenabgrenzung beinhaltet. Ein Begriff wie „kooperativer Staat" transportiert beispielsweise die Vorstellung, dass sich staatliche Handlungsfähigkeit wesentlich über Verhandlungsbeziehungen in der Vernetzung mit relativ autonomen gesellschaftlichen Akteuren herstellen lässt. Nach diesem Governance-Verständnis ist der Staat nicht mehr zentrales Steuerungszentrum, sondern Ko-Akteur in einem informellen und formellen Verhandlungsnetz von staatlichen und gesellschaftlichen Akteuren (Schridde 2003).

3.5 Systematik von Netzwerken und Netzwerksteuerung

Die Inflation der Netzwerkrhetorik verdeckt, dass es unterschiedliche Formen von Netzwerken und der Netzwerkorganisation gibt, die differenziert gehandhabt werden müssen:

- Zu unterscheiden sind zuerst prinzipiell „primäre", „sekundäre" und „tertiäre Netzwerke".
- Als zweites sind zwei Grundorientierungen der Steuerung von Netzwerken zu differenzieren: operativ an Primärprozessen (Produktions-/Dienstleistungskette) ausgerichtete und strategisch an Sekundärprozessen (Interessen- /Handlungskoalitionen) ausgerichtete Netzwerke (siehe oben).
- In einer damit korrespondierenden dritten Perspektive werden zwei idealtypische Grundmuster der Organisation von Netzwerkkooperation nebeneinander gestellt: „vertikale Netzwerke" mit einer zentralen Koordinationsagentur und „laterale Netzwerke" mit einer polyzentral-heterarchischen Vernetzungsstruktur.
- Bei Netzwerken muss schließlich auch die Art der Interdependenz differenziert werden. Schreyögg (2003: 390) unterscheidet die „kommensalistische" und „symbiotische" Bindungsform.

Primäre, sekundäre und tertiäre Netzwerke
In der ersten Perspektive stehen verschiedene Netzwerkarten im Blickpunkt, die aus unterschiedlichen Beziehungsformen resultieren (vgl. Abbildung 5). Im Allgemeinen wird zwischen „natürlichen" und „künstlichen Netzwerken" unterschieden (vgl. Boskamp 1998; Straus/Höfer 1998): In den *natürlichen Netzen* werden überwiegend soziale Ressourcen gebündelt; im Zentrum des natürlichen Netzes steht das *primäre Beziehungssystem*, das nicht organisiert ist und einen informellen Charakter aufweist. Zu nennen sind die Familie, der Freundeskreis und vertraute Kollegencliquen, bei denen die Funktionen Vermittlung von Gefühlen, Aufbau von Vertrauen und Mobilisierung von Hilfe und Unterstützung eine Rolle spielen.

Daneben gehören die *sekundären Netzwerke* zu den natürlichen Verflechtungen: Während die primären Netzwerke eine relativ hohe Stabilität in der Zeit aufweisen und von starken Bindungen geprägt sind, herrschen in den sekundären Netzen eher schwache Bindungen vor und somit auch eine größere Beziehungsflexibilität (vgl. Granovetter 1973). Die Grundlage der Vernetzung bilden die Zugehörigkeit (z. B. zur Nachbarschaft) oder die Mitgliedschaft (z. B. Initiative oder Verein). Die schwachen Bindungen ermöglichen einen vielfältigen Zugang zu sozialen Ressourcen im sozialen Umfeld.

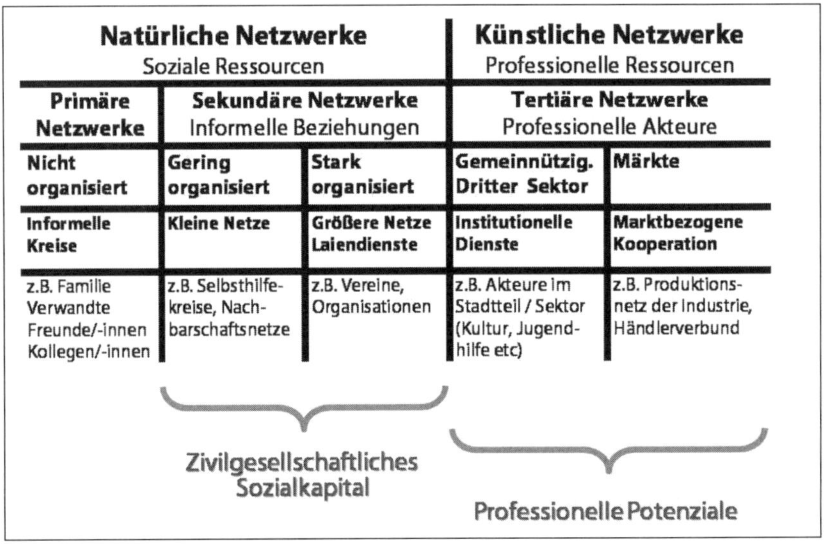

Natürliche Netzwerke Soziale Ressourcen			Künstliche Netzwerke Professionelle Ressourcen	
Primäre Netzwerke	Sekundäre Netzwerke Informelle Beziehungen		Tertiäre Netzwerke Professionelle Akteure	
Nicht organisiert	Gering organisiert	Stark organisiert	Gemeinnützig. Dritter Sektor	Märkte
Informelle Kreise	Kleine Netze	Größere Netze Laiendienste	Institutionelle Dienste	Marktbezogene Kooperation
z.B. Familie Verwandte Freunde/-innen Kollegen/-innen	z.B. Selbsthilfe- kreise, Nach- barschaftsnetze	z.B. Vereine, Organisationen	z.B. Akteure im Stadtteil / Sektor (Kultur, Jugend- hilfe etc)	z.B. Produktions- netz der Industrie, Händlerverbund
Zivilgesellschaftliches Sozialkapital			Professionelle Potenziale	

Quelle: verändert nach Straus 1990: 498

Abbildung 5: Grundunterscheidung von primären, sekundären und tertiären Netzwerken

Die sekundären Netzwerke repräsentieren das zivilgesellschaftliche Sozialkapital im Sozialraum und in der Gemeinde (vgl. Jansen 2000: 35ff.). Im Unterschied zu physischem Kapital und zu Humankapital ist Sozialkapital nicht an den einzelnen Akteur gebunden, sondern resultiert aus den Beziehungen zwischen den Akteuren. Sein Kapital- bzw. Vermögenscharakter besteht darin, dass bestimmte Handlungen interaktiv erleichtert und soziale Strukturen genutzt werden können, um individuelle Interessen und Ziele zu verwirklichen. Das Sozialkapital kann nach „bunding social capital" und „bridging social capital" differenziert werden: Das überbrückende Sozialkapital bringt verschiedene Menschen miteinander in Verbindung, integriert also heterogene gesellschaftliche Strukturen; das verbindende soziale Kapital erwächst aus der Vernetzung von Menschen in homogenen Gruppen (Putnam 2001, vgl. auch Coleman 1991: 402 f.). Beiden Arten des Sozialkapitals liegt gegenseitiges Vertrauen zu Grunde, dass der eigene Vorteil nicht auf Kosten anderer realisiert wird.

Pierre Bourdieu definiert Sozialkapital in den primären und sekundären Netzwerken als „die Gesamtheit der aktuellen und potenziellen Ressourcen, die mit dem Besitz eines dauerhaften Netzes von mehr oder weniger institutionalisierten Beziehungen gegenseitigen Kennens oder Anerkennens verbunden sind", die also auf sozialer „Zugehörigkeit" beruhen (1983: 190). Der Umfang des Sozialkapitals, auf das ein einzelner Mensch Bezug nehmen kann, hängt von der Ausdehnung des Netzes der Beziehungen ab, die mobilisierbar sind. Das sekundäre Beziehungssystem wird von den Akteuren im Rahmen von „Institutionalisierungsriten" erzeugt und in kontinuierlicher Beziehungsarbeit gefestigt, um Sozialkapital abschöpfen und individuell zu materiellen sowie symbolischen Profiten umwandeln zu können. Der institutionelle Rahmen besteht aus dem Schaffen von spezifischen Kontaktfeldern wie etwa besondere Anlässe (z. B. Empfänge, Veranstaltungen), besondere Ortsbezüge (z. B. gemeinsame Herkunft) oder besondere Praktiken (z. B. Zeremonien), weil dadurch das Zusammentreffen von Akteuren mit bestimmten Merkmalen sicher gestellt wird (ebd.: 194).

Den primären und sekundären Netzen stehen die künstlichen Netzwerke gegenüber, in denen überwiegend professionelle Ressourcen zur Bildung von Koalitionen und zur Koordination von Aktivitäten gebündelt werden, wobei auch eine spezifische Form des Sozialkapitals generiert wird (Todeva/Knoke 2002: 345ff.). Sie werden auch als tertiäre Netzwerke bezeichnet und sind insbesondere in zwei Ausprägungen vorzufinden: Einerseits geht es um marktbasierte Kooperationen, wie sie beispielsweise in Produktions- und Unternehmensnetzen von Automobilunternehmen und ihren Zulieferern zur Anwendung kommen (Marktnetzwerke). Andererseits handelt es sich um Vernetzungen von öffentlichen, sozialwirtschaftlichen und zivilgesellschaftlichen Akteuren im

Non-Profit-Sektor (Governance-Netzwerke). Tertiäre Netzwerke gewinnen die Bedeutung einer Infrastruktur, wenn sie stabil, also als Kollektivgut permanent verfügbar sind.

In der jüngeren Geschichte der kommunalen Daseinsvorsorge wurden (insbesondere durch die soziale Arbeit) eine Reihe von Konzepten der Netzwerkarbeit und Netzwerkintervention für primäre und sekundäre Netzwerke entwickelt. Etabliert sind die Konzepte der „Netzwerk-Beratung", der „Selbsthilfeunterstützung", des „Empowerments" und der „Gemeinwesenarbeit" (vgl. Bullinger/Nowak, 1998: 139 ff., Straus 1990: 496 ff.). Konzepte der Netzwerkarbeit und Netzwerkintervention für tertiäre Netzwerke sind im Profit-Sektor ausgearbeitet worden, im Non-Profit-Sektor sind sie nur schwach entwickelt.

Organisations- und Umweltbezug von tertiären Netzwerken
Tertiäre Netzwerke werden in den Wirtschafts- und Sozialwissenschaften als neue Organisations- und Koordinationsform bewertet (Müller-Jentsch 2003: 117), weil durch die Kombination von Ressourcen Vorteile erzielt werden können. Im Unterschied zu klassischen Verträgen am Markt und direktiven Vereinbarungen innerhalb von Organisationen sind interorganisationale Netzwerke von „neoklassischen Verträgen" gekennzeichnet, die den Partnern mehr Spielraum lassen. Die Tauschbeziehungen finden in wechselseitigen, sich gegenseitig bevorzugenden Handlungszusammenhängen statt; dabei verfestigen sich die Akteursbeziehungen und erhalten einen längerfristigen kooperativen Charakter (vgl. Aderhold 2004).

Die Steuerung von tertiären Netzwerken ist grundsätzlich schwierig, weil in Folge sowohl eines Organisations- als auch eines Umweltbezuges auf zwei Ebenen zugleich agiert wird (vgl. dazu das Problem der „doppelten Grenze" bei Willke 1978: 233ff.): Beim intraorganisationalen Arrangement werden die Beziehungen zwischen Personen und Einheiten innerhalb einer Organisation gestaltet; in der interorganisationalen Verflechtung überschreiten die Beziehungen die Organisationsgrenzen (vgl. Rößl 1994). Das heißt: *Interorganisational* betreffen die Managementaufgaben die (kooperative oder kompetitive) Steuerung von Netzwerken und *intraorganisational* sind zugleich die beteiligten Organisationen *in* den Netzwerken angemessen korrespondierend zu steuern (vgl. Mizruchi/Galaskiewicz 1993: 46ff.). Auf diese Rahmenbedingungen müssen die Steuerungsinstrumente zugeschnitten sein. Das Aufstellen von Regeln der Kooperation, der Abschluss von Verträgen unter mehreren Netzwerkpartnern, das Treffen von gemeinsamen Übereinkünften oder die kombinierte Nutzung von Ressourcen bewegen sich beim Netzwerkmanagement immer in dem Spannungsfeld von Aushandlung, Kooperation und Wettbewerb in und zwischen Organisationen. Horváth verweist darauf, dass die Steuerung von Netzwerken wegen der Doppelperspektive von interorganisatorischen und intraorganisatorischen Anforderungen in besonderer Weise auszurichten ist und sich deshalb von innerbetrieblichem Management deutlich unterscheidet (2004: 376):

> „Die Gestaltung der Führung in Netzstrukturen steht extern wie intern vor einer Ausbalancierungsaufgabe: Einerseits dürfen die durch eine stärkere Vernetzung, Dezentralisierung und Autonomisierung entstehenden Nutzenpotenziale nicht wieder zunichte gemacht werden. Andererseits ist durch einen einheitlichen Koordinierungsrahmen den opportunistischen und damit dysfunktionalen Aktivitäten in den einzelnen Einheiten entgegenzuwirken."

Die hohe Bedeutung des Umweltbezugs für die vernetzten Organisationen verdeutlichen zwei Prinzipien der Netzwerksteuerung: die Dezentralisierung und die Quer-Koordination (Bolman/Deal 1997). Der Bedarf nach Dezentralisierung steigt beispielsweise in der kommunalen Daseinsvorsorge mit der Komplexität von Bedarfssituationen in den verschiedenen Lebenssituationen der Adressaten und in den Sozialräumen. Solche vielfältigen lokalen Konstellationen lassen sich besser dezentral als zentral unterstützen. Durch eine dezentrale Organisation kann am besten auf den sozialen und kulturellen Wandel eines komplexen Systems wie zum Beispiel die Bedarfslage in einem Stadtteil reagiert werden. Diese Orientierung an der ‚Umweltpassung' fordert bei der internen Steuerung der einzelnen Organisationen eine besondere Balanceleistung, weil das Netzwerkziel und das eigene Organisationsziel ständig abzugleichen sind. Die Quer-Koordination betont die zielorientierte und produktive Inbezugsetzung der Interdependenz der Organisationseinheiten beispielsweise bei der Erfüllung von Aufgaben/Kundenwünschen in der kommunalen Daseinsvorsorge. Durch diese ‚kreuzfunktionale' Koordination entsteht ein Zusammenspiel bisher isolierter funktionaler Einzelprozesse, so dass die Qualität des gesamten Dienstleistungszusammenhangs in den Blick genommen und verbessert werden kann. Gegenüber autonomen Aktionen einer Organisation erfordert die Abstimmung der Dienstleistungen und Produkte mit anderen Organisationen der Netzwerkkooperation einen erhöhten Zeitaufwand. Um ihn vergleichsweise gering zu halten, werden unter Effizienzgesichtspunkten so wenige Akteure (Personen, Organisationen etc.) wie möglich und so viele wie unter der Perspektive der Zielerreichung nötig in den Netzwerkprozess einbezogen. Dies leistet eine flexible Steuerung, bei der die interorganisatorischen und intraorganisatorischen Steuerungsaufgaben der Vernetzung von höheren auf die niedrigeren Organisationsebenen verlagert werden, ohne höhere Organisationsebenen aus der Prozessverantwortung für die Netzwerkkooperation herauszunehmen.

Räumliche Ausdehnung und Art der Interdependenz in tertiären Netzwerken
Die Interdependenz in tertiären Netzwerken tritt entweder in einer „kommensalistischen" oder in einer „symbiotischen" Bindungsform auf (Schreyögg 2003: 390f.). Bei der *kommensalistischen Interdependenz* interagieren ‚artgleiche' Organisationen, die entweder indirekt oder direkt aufeinander bezogen sind. Im indirekten Bezug konkurrieren sie in der Regel kompetitiv um knappe Ressourcen, in der direkten Verflechtung verhalten sie sich eher kollaborativ. Die *symbiotische Interdependenz* kennzeichnet ‚artverschiedene' Organisationen, die ihre Ressourcen komplementär vernetzen. Die Kooperation steht im Vordergrund, weil die einzelnen Akteure ihre Ziele nur im kooperativen Verbund realisieren können. Die Bindungsintensität der tertiären Vernetzung kann dabei schwach, moderat oder hoch ausfallen (Killich 2007: 18ff.). Schwache Bindungen sind beispielsweise in Netzwerken vorzufinden, die eingeschränkten Zwecken dienen, wie das etwa in Informationsnetzwerken der Fall ist. Moderate Bindungen liegen vor, wenn in der Netzwerkkooperation nur partiell Abstimmungen stattfinden; bei einer umfassenden und vollständigen Abstimmung der Kooperationsvollzüge fällt die Bindungsintensität demgegenüber hoch aus.

Auf der Grundlage der Dichotomie der kommensalistischen und symbiotischen Interdependenz lassen sich vier Kollektivformen ableiten (nach Astley/ Fombrun; Schreyögg 2003: 391f.):

- Konföderierte Organisationskollektive: zusammengesetzt aus wenigen gleichartigen Organisationen in einem direkten informalen Interaktionsaustausch mit starker sozialer Kontrolle (z. B. die Strategie „informelle Preisführerschaft" durch geheime, unerlaubte Absprache in der Mineralölindustrie);
- Agglomerate Organisationskollektive: eine größere Zahl gleichartiger Akteure, die in einem unübersichtlichen Feld in Konkurrenz um knappe Ressourcen nur in eingeschränktem Umfang formal und stark kontrollierte direkte Beziehungen zueinander unterhalten (z. B. die Strategie „Schaffung von Eintrittsbarrieren" für andere durch die Bildung von Einkaufsgenossenschaften oder politischen Koalitionen, bei denen Wettbewerber zu einer eng umschriebenen Kooperation zusammenfinden);
- Konjugale Organisationskollektive: direkte und eng verwobene Verbundenheit einer überschaubaren Anzahl von Organisationen aus verschiedenen Sektoren und ausgestattet mit komplementären Ressourcen (z. B. die Strategie der „Wertschöpfungspartnerschaft" im Rahmen von Systempartnerschaften zwischen Zuliefer- und Abnehmerbetrieben);
- Organische Organisationskollektive: Große Anzahl multiplex verbundener Organisationen aus verschiedenen Sektoren und mit komplementären Ressourcen in hoher symbiotischer Anschlussdichte (funktionale Differenzie-

rung und komplementärer Bezug in einer komplexen Form wie bei einem Handlungskollektiv, das über mehrere Netzwerke miteinander verbunden ist; z.B. die Strategie des „Wettbewerbsvorteils" durch sozialräumliche Kooperationsnetzwerke von Trägern der sozialen Arbeit).

Ein weiteres Definitionsmerkmal von tertiären Netzwerken ist die räumliche Ausdehnung der Kooperation. Unterschieden werden im Allgemeinen: lokale, regionale, nationale und international-globale Netzwerke (Killich 2007: 18ff.). Bei lokalen und regionalen Netzwerken konfiguriert sich die Netzwerkkooperation schwerpunktmäßig um standortgebundene Ressourcen. Die Zeitdauer der Netzwerkkooperation umfasst zwei Dimensionen: die zeitlich begrenzte, temporäre Vernetzung und die zeitlich unbegrenzte Kooperation.

Steuerungsmodi von Netzwerken
Die Steuerung von Netzwerken verfolgt das Ziel, die zu Grunde liegenden komplexen Austauschbeziehungen zu gestalten. (vgl. Rößl 1994). Im Allgemeinen können drei Steuerungsmodi von Netzwerken differenziert werden:
- der Marktmechanismus,
- die hierarchische Koordination und
- der Modus der Selbstorganisation.

Netzwerkkooperation, die vom *Marktmechanismus* gesteuert wird, weist eine relativ hohe Unsicherheit auf, weil das Zusammenwirken der Organisationen allein auf der Basis von marktbasierten Transaktionen – d.h. im Rahmen eines Austausches marktgängiger Leistungen – erfolgt (vgl. Rößl 1996: 311ff.). Der Vorteil des Marktmechanismus liegt in dem hohen Maß an Autonomie der Akteure, der Nachteil in der geringen Verlässlichkeit, dass die Kooperationspartner ihr Verhalten mit Sicherheit fortsetzen werden. Solche Netzwerkbeziehungen können dennoch über längere Zeit andauern, wenn trotz der Labilität der Beziehungen kein Akteur Alternativen zu den bestehenden Kooperationspartnern hat.

Der zweite Modus beinhaltet *hierarchisch gesteuerte Netzwerke*. Wenn der langfristige Vorteil bzw. ein bestimmtes Verhalten der Kooperationspartner sichergestellt werden soll, bietet die hierarchische Steuerung mehr Verlässlichkeit als die rein marktbasierte. Mit klassischen Managementinstrumenten der Aufbauorganisation und der hierarchischen Koordination wird das Netzwerk ‚stabilisiert'. Der dominante Mechanismus besteht darin, dass sich die Organisationen der einzelnen Kooperationspartner einer zentralen Instanz (z.B. fokale Organisation bzw. „Hub"-Organisation, Franchisegeber oder Genossenschaftszentrale) unterordnen. Dabei bewirkt die hierarchische Koordination eine Gleichrichtung der Gesamtstrategien der beteiligten Organisationen; sie ist allerdings nicht weisungsberechtigt im Sinne intraorganisationaler Führungsmuster. Die Agenturen nehmen eine zentrale Schlüsselstellung ein und koordinieren den Kooperationsprozess interorganisational lediglich im Rahmen von vereinbarten Handlungsvorgaben für alle beteiligten Organisationen. Als besonderes Merkmal der hierarchisch gesteuerten Kooperation gilt, dass die in Beziehungen gesetzten Leistungen im Sinn einer Prozesskette angeordnet werden können und dieses Gefüge unter Effizienz- und Effektivitätsgesichtspunkten kontrolliert wird. Im Koordinationsprozess entstehen „reziproke Konnektivitäten", weil in der systemischen Verflechtung Interventionen des fokal koordinierenden Akteurs nicht mehr an einzelnen Elementen des Netzwerksystems orientiert werden können, sondern an den komplexen Interdependenzen des gesamten Netzes zu messen sind. Die managementmäßige Gestaltbarkeit einer Netzwerkkooperation nimmt dabei mit der Komplexität der Interdependenzen ab und der Zwang zur Selbstorganisation entsprechend zu (vgl. Rößl 2006).

Die hierarchische Koordination weist – als Komplement der Spezialisierung – im Allgemeinen zwei Ebenen auf: Personen- und organisationsbezogen werden die Handlungsträger an den Schnittstellen der Netzwerkkooperation in einer vertikalen Perspektive mit geeigneten Instrumenten in ihrem Zusammenwirken unterstützt. Netzwerkbezogen kommen horizontal wirkende Mechanismen der Abstimmung und Koordination durch zielbasierte Pläne zur Anwendung (vgl. Kieser/Kubicek 1992: 103ff.).

Bei der *Selbstorganisation* handeln die beteiligten Akteure ihr Verhalten untereinander aus und leisten einen Beitrag zur ‚Selbstkoordination'. Bei diesem dritten Steuerungsmodus legen die Personen und Organisationen selbst fest, welches Verhalten erwünscht ist und ‚überwachen' auch selbst die Einhaltung. Dieser Steuerungsmechanismus eignet sich für die Koordination von Netzwerken, in denen hochkomplexe Leistungen getauscht werden. In Folge der starken Interdependenz und der daraus folgenden reziproken Konnektivitäten erhöht sich tendenziell die Bindung der beteiligten Akteure bzw. Organisationen im Netzwerk. Mit der Menge dieser Bindungen wächst auch die Flexibilität im Netzwerk an. Durch die dezentrale ‚Selbstverpflichtung' wird die Verlässlichkeit des Verhaltens der Akteure im Netzwerk sichergestellt; allerdings lässt sich die Verknüpfung der Leistungen nicht in dem Maße anordnen und kontrollieren, wie das beim hierarchischen Modus der Fall ist, weil ein höherer Aufwand (Kosten) für die kommunikative Herstellung des Handlungskonsenses anfällt.

Richtung der Steuerung von Netzwerken
Mit Blick auf die Netzwerksteuerung werden zwei weitere Koordinationsmechanismen der Kooperationsrichtung unterschieden: *lateral (polyzentrisch)* und *vertikal gesteuerte Netzwerke* (Schreyögg 2003: 394). Laterale Netzwerke haben

oft einen „kommensalistischen" Charakter, weil eine größere Zahl von Akteuren in einem unübersichtlichen Feld mit mehreren Interaktionszentren (tendenziell zeitlich unbegrenzt) kollaboriert. Diese Kooperationsrichtung wird häufig auch als „horizontal" bezeichnet, wenn Organisationen derselben Branche bzw. desselben Dienstleistungsfeldes auf gleicher Stufe einer Wertschöpfungskette vernetzt sind und der Verbund beispielsweise auf einer „redistributiven" Vernetzung der gleichen Schwächen basiert (Killich 2007: 18ff.). Unter diesen Rahmenbedingungen entsteht im Allgemeinen ein polyzentrales, heterarchisches Geflecht, in dem in mehreren Verflechtungszonen parallel bzw. nebeneinander mehrdeutige Steuerungs- oder Abstimmungsimpulse (nach dem Steuerungsmodus der Selbstorganisation) gegeben werden (vgl. Abbildung 4).

Vertikale Netzwerke repräsentieren demgegenüber eher „konjugale" oder „organische" Organisationskollektive, in denen eine definierte Anzahl von Organisationen aus derselben Branche bzw. aus demselben Dienstleistungsfeld auf verschiedenen Stufen einer Wertschöpfungskette ihre Ressourcen komplementär direkt in Gestalt eines monozentrischen Wertschöpfungskollektivs (eher temporär) verbindet (vgl. Heidling 2000: 63ff.). Die Zielidentität der beteiligten Akteure besteht dann aus einer „reziproken Kooperation", weil unterschiedliche Stärken komplementär verbunden werden. In der „organischen" Form kooperieren die Akteure symbiotisch interdependent auf mehreren Wegen; wegen der eng verflochtenen Interaktion und des eindeutig definierten Outputs koordiniert und entscheidet ein fokaler Akteur bzw. eine Kerngruppe von Akteuren die interorganisatorische Vernetzung nach dem Steuerungsmodus der hierarchischen Koordination (vgl. Abbildung 6). Sydow bezeichnet eine solche hierarchisch gesteuerte Vernetzung als „strategisches Netzwerk", weil eine oder mehrere fokale Organisationen eine strategische Führungsrolle einnehmen (1992).

Neben der (1) horizontal-lateralen Kooperation (in der gleichen Branche und auf derselben Wertschöpfungsstufe) und der (2) vertikalen Verflechtung (in Gestalt verschiedenartiger aufeinanderfolgender Produktions- und/oder Dienstleistungsstufen der gleichen Branche) ist noch eine dritte Richtung der Zusammenarbeit zu nennen: Bei der (3) diagonalen Zusammenarbeit wirken Organisationen unterschiedlicher Branchen in verschiedenen Stufen des Primärprozesses zusammen und werden dabei in der Regel auch fokal organisiert (Kraege 1997: 66f.).

Horizontale Verflechtungen bilden eher symmetrische Netzfiguren, in denen die Interdependenzen ausbalanciert sind, so dass kein Akteur einen Machtüberschuss hat, die Austausch- und Leistungsstrukturen einseitig verändern zu können. In asymmetrischen Figurationen wie vertikalen Netzen verteilen sich die Austauschleistungen demgegenüber ungleich, weil beispielsweise die Abhängigkeit beteiligter Akteure gegenüber einem koordinierenden Fokalakteur besonders hoch ist (vgl. Heidling 2000: 63ff., Rößl 1996: 311ff.).

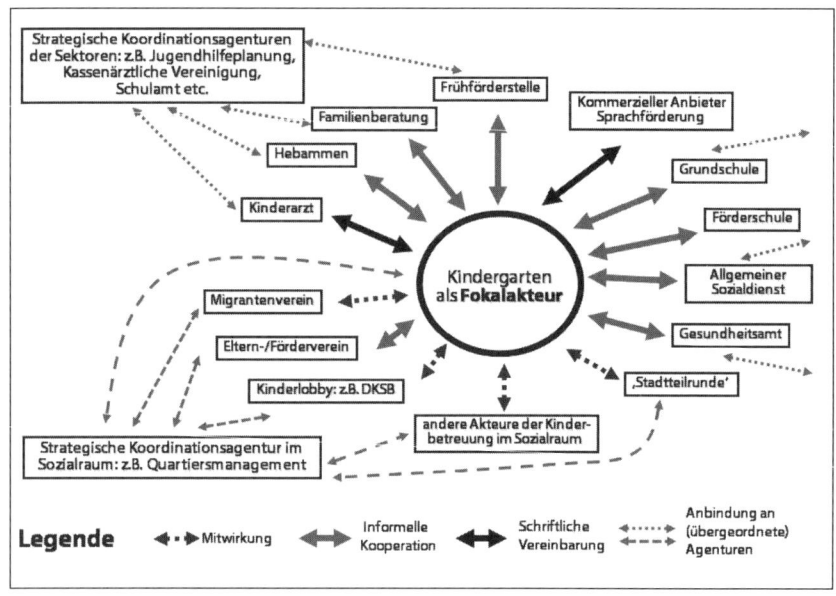

Abbildung 6: Operatives Netzwerk für den Primärprozess eines Familienzentrums

In den fokal organisierten vertikalen und diagonalen Netzwerken stellen sich besondere „symbolische Führungsaufgaben", denn an die Stelle des intraorganisationalen aufgaben- und beziehungsorientierten Führungsverhaltens tritt auf der Ebene der Vernetzung die Verhandlung zwischen den teilautonomen Organisationen (vgl. Schreyögg/Sydow 1999: 284ff.). Die typischen Risiken resultieren aus unklaren Zuständigkeiten, ungeregelten Kommunikationswegen und ungeplanten Ambiguitäten. Verbindlichkeit der Kooperation wird in der Regel über schriftlich-kontraktuelle Vereinbarungen hergestellt (Killich 2007: 18ff.). Auf dieser Grundlage müssen unter den beteiligten Akteuren „multiple Committments" generiert werden, die sowohl Engagement für die eigene Organisation als auch für die Netzwerkkooperation beinhalten und es den Beteiligten ermöglichen, die eigenen Organisationsgrenzen zu bewahren und zugleich Grenzen der Netzwerkkooperation zu ziehen.

Zielgerichtete und richtungsoffene Netzwerke
Um tertiäre Netzwerke hinreichend verstehen zu können, ist darüber hinaus die Unterscheidung zwischen der existierenden Gesamtvernetzung und spezifischen Teilnetzwerken sinnvoll. Unterschieden werden können die beiden Ebenen von

„richtungsoffenen" und „zweckgerichteten Netzwerken" (Schubert et al. 2001). Die richtungsoffene Vernetzung bildet den Humus, auf dem zweckgerichtete Netzwerke gedeihen und Früchte tragen.

Richtungsoffene Netzwerke haben den Charakter kohärenter korporativer Gemeinschaften, die nicht vertikal-hierarchisch strukturiert, sondern horizontal verbunden sind. Der dauerhafte Zusammenhalt wird durch Vertrauen untereinander gefestigt. Die Kohäsion bildet sich aber auch aus, weil die Akteure gemeinsame Grundüberzeugungen im Sinne eines strategisch ausgerichteten Leitbildes und in der Form von Leitwerten entwickeln. *Zweckgerichtete Netzwerke* stellen eher temporäre tertiäre Verflechtungen dar, oft z. B. in Gestalt operativer Netzwerkkooperation. Denn es werden definierbare bzw. definierte Aufgaben und Zwecke verfolgt. Die zu bewältigende Aufgabe ist zu komplex, als dass sie von einem Akteur allein zu bewältigen wäre. Die Akteure haben jeweils spezifische Eigenschaften, an denen andere interessiert sind, und initiieren bzw. koordinieren Tauschprozesse untereinander.

Das Netzwerkmanagement – als Koordinationsaufgabe verstanden, die die Schnittpunkte technischer Effektivität und ökonomischer Effizienz optimieren (vgl. Baecker 2003: 219) – erfordert für die beiden Ebenen der richtungsoffenen und der zweckgerichteten Netzwerke grundsätzlich verschiedene Arbeitsweisen (vgl. Aderhold et al. 2005). Daher ist es im ersten Schritt notwendig zu ermitteln, auf welcher Ebene gehandelt wird und welcher Netzwerktyp Gegenstand des Managements ist. Aus einem lokalen Kontaktsystem kann nur dann ein innovatives, aufeinander abgestimmtes Handlungssystem entstehen, wenn die netzwerktypologische Intransparenz aufgehoben wird und auf die Netzwerktypen zugeschnittene Instrumente eingesetzt werden können.

Typen tertiärer Netzwerke
Beim Zusammenwirken von öffentlichen, (sozial-) wirtschaftlichen und zivilgesellschaftlichen Akteuren sind beispielsweise die folgenden vier Typen tertiärer Netzwerke von Bedeutung (nach Müller-Jentsch 2003: 125 ff.; vgl. auch Kraege 1997: 70ff., Rößl 1996: 311ff.):
- *(Lokales) Politiknetzwerk:* Bei diesem Typ handelt es sich um die Politikverflechtung zwischen staatlichen Instanzen, öffentlichen Einrichtungen und privaten Interessengruppen (Policy-Netzwerk), getragen von machtstarken Personen –so genannte ‚Entscheider/innen', die sich um standortgebundene Ressourcen herum konfigurieren. Die Beziehungszusammenhänge sind im Allgemeinen thematisch auf Politiksektoren fokussiert (z.B. Jugendhilfe, Wirtschaftsförderung, Stadtentwicklung etc.), zwischen denen schwache Brückenverbindungen bestehen. Diese Netzwerke beruhen oft auf einer langfristig angelegten gegenseitigen Verhaltenskontrolle, wobei eine zen-

trale Hierarchie fehlt und stattdessen eine polyzentrische Form vorherrscht. Nach dem Steuerungsmodus der Selbstorganisation wird unter den beteiligten Akteuren bzw. Organisationen eine wechselseitig „selbst getragene" Verhaltensstabilisierung durch kommunikative Abstimmungsprozesse induziert. Insofern funktionieren sie als Verhandlungssystem und koordinieren sich selbst bei der politischen Mobilisierung und bei der Verteilung von Ressourcen. In diesem Netzwerktyp sind die Entscheidungsgewalt, die Einflussnahme auf Problemformulierungen und Implementierungen über staatliche und private Akteure breit verteilt (Pappi 1998: 584).

- *Strategische Allianz von Dienstleistern:* Hierbei handelt es sich um eine strategische Partnerschaft mit längerfristigen Beziehungen zwischen zwei oder mehreren Organisationen, die ihre Kompetenzen bündeln, um strategische (Wettbewerbs-) Vorteile zu erzielen. In der Sozialwirtschaft kooperieren Organisationen in unterschiedlicher Trägerschaft und bilden Koalitionen von zwei oder mehreren aktuellen oder potenziellen Wettbewerbern in hierarchischer oder selbstorganisiert-horizontaler Ausrichtung und mit geringem Formalisierungsgrad (vgl. Kraege 1997: 71). Häufig bleibt die Funktionsabstimmung auf eine Wertaktivität konzentriert (z. B. Qualitätsallianz). Durch die Verbindung werden individuelle Stärken und Schwächen kompensiert, um sich (z. B. auf dem lokalen Sozialmarkt) gemeinsam Wettbewerbsvorteile zu verschaffen.

- *Kontraktnetzwerk einer Wertschöpfungspartnerschaft:* „Wertkettennetzwerke" (Rößl 2006) werden entlang einer Wertkette zu Lieferanten und Distributionseinheiten organisiert. Zuliefernetzwerke umfassen alle Beziehungen einer Organisation zu jenen Zulieferern, die für den Kernprozess relevante Ressourcen bereitstellen; darin werden Leistungen nach Vorgaben eines Abnehmers in der Kette erstellt. In der Erwerbswirtschaft werden diese Verflechtungen vor allem über den Preis und in der Sozialwirtschaft über die Qualität geregelt. Sie können sowohl hierarchisch gesteuert oder durch Selbstverpflichtung der beteiligten Unternehmen koordiniert werden. Trotz der Überlagerung mit Selbstverpflichtungselementen (z. B. Vertrauen zwischen den Kooperationspartnern) und trotz hierarchischer Koordination (z. B. Qualitätskontrolle) unterliegen sie aber tendenziell dem Marktmechanismus.

Im Feld der kommunalen Daseinsvorsorge repräsentiert dieses Netzwerk oft eine vertikale oder diagonale Form der Zusammenarbeit zwischen dem kommunalen Auftraggeber auf der strategischen Ebene (Amt/Fachbereich) und sozialwirtschaftlichen Unternehmen bzw. Trägern, die – quasi als Zulieferer – auf der operativen Ebene die vertraglich vereinbarten Dienstleistungen konzertiert in einer abgestimmten Kette erbringen. Die Kooperation unter den beteiligten Trägern hat einen kompetitiven Charakter. Teilweise wird der institutionelle Einbettungskontext von besonderen Agenturen – sozialräumlich z. B. Quartiermanagement oder Sozialraumkoordination – moderiert, um stabile Vertrauensbeziehungen herzustellen, die sukzessiv eine Kooperation unter Konkurrenten ermöglichen.

In der Literatur werden diese Kooperationen auch als strategische Wertschöpfungspartnerschaften (Value-Adding-Partnership) bezeichnet (Kraege 1997: 74). Sie repräsentieren vertikale Kooperationen zwischen zwei oder mehreren Unternehmungen vor- und nachgelagerter Wertschöpfungsstufen mit dem Ziel, durch langfristige, aber sachlich begrenzte Funktionsspezialisierung und -abstimmung ein gemeinsames, funktions- und wertaktivitätenübergreifendes Kompetenzgeflecht über die gesamte, verbundene Wertkette zu erzeugen. Die Netzwerkkooperation entlang der Wertschöpfungskette gilt als erfolgreich, wenn die Partner im Rahmen der Kooperation einen „positiven Potenzial- und Wertbeitrag" erzielen, der das Ergebnis anderer strategischer Alternativen übertrifft (ebd.: 76).

- *Projektnetzwerk:* Im Mittelpunkt eines Projektnetzwerkes steht die zeitlich befristete Realisierung eines komplexen Vorhabens. Es setzt sich oft aus den Beziehungen der Personen zusammen, die die beteiligten Organisationen für die Abwicklung einer konkreten Aufgabe zu einem interorganisatorischen Projektteam zusammenstellen, um durch die Kombination wechselseitiger Ressourcen Vorteile zu erzielen. Wenn die Akteure bereits über eine langjährige Kooperation vertraut sind, wird im Allgemeinen auf eine hierarchische Steuerung verzichtet. Auch in der kommunalen Daseinsvorsorge erfolgt die Zusammenarbeit überwiegend in heterarchischer Form mit weichen Steuerungsmedien. In erwerbswirtschaftlichen Profitfeldern wird die hierarchische Form gewählt, wenn ein fokaler Koordinator über harte Medien wie Verträge das angestrebte Ergebnis effektiver und effizienter steuern kann.

Die besondere Problematik der Netzwerkkooperation – insbesondere in sozialwirtschaftlichen Handlungsfeldern – liegt darin, dass die verschiedenen Netzwerktypen widersprüchlichen Netzwerklogiken folgen: So funktionieren die bestehenden Vorvernetzungen der Jugendhilfe nach dem Typ des Politiknetzwerks. Die normativen Festlegungen von Leitzielen werden in einem Verhandlungs- und Entscheidungsprozess getroffen. Das Netzwerk beruht auf lose gekoppelten, persönlichen Beziehungen, insbesondere auf dem informellen Vertrauen zwischen den machtstarken lokalen Schlüsselpersonen. Ganz anders funktioniert die Koordination und Steuerung von Dienstleistungen und Produkten der Jugendhilfe durch die darunter liegende strategische Managementebene der Kommunalverwaltung, die ein Gestaltungs- und Steuerungssystem darstellt (z. B. mit der Koordinationsagentur Jugendhilfeplanung). Im Rahmen von verbindlichen Vereinbarungen werden Kontraktnetzwerke zur Umsetzung von Entwicklungs- und Handlungszielen der sozialen Arbeit in Sozialräumen oder in fachlichen Bereichen konstruiert. Die Netzwerkkaskade setzt sich fort bei den Anschlüssen zu zivilgesellschaftlichen Sekundärnetzwerken.

Mit der Kombination wechselseitiger Ressourcen in Netzwerken wollen die beteiligten Akteure nicht nur Vorteile für sich erzielen, sondern vor allem für die Adressaten (im sozialwirtschaftlichen Sinn von ‚Kunden') innerhalb der Kommune bzw. ihrer Teilräume (vgl. Sydow 1992). Die Netzwerkkooperation muss dabei einen schwierigen Spagat leisten. Die machtstrategischen Verhandlungen im Politiknetzwerk sind mit den produktstrategischen Aufgaben zu verknüpfen. Das Management kann dabei schnell in die Falle einer Paradoxie zwischen Markt und Hierarchie geraten. Denn einerseits sind die Akteure bzw. die moderierende Agentur eng an den hierarchisch organisierten politisch-administrativen Bereich der Stadtverwaltung gebunden. Andererseits unterliegen sie einem Zwang, die Rolle von teilautonomen Akteuren im Netzwerk einzunehmen, obwohl die Handlungsbereiche – wie z. B. die Jugendhilfe – kaum nach Regeln eines teilautonomen Sozialmarktes funktionieren, sondern normative Vorgaben vom Politiknetzwerk enthalten. Um in diesem Wechselspiel von Kooperation und Wettbewerb die Orientierung behalten zu können, muss die Netzwerkkooperation den Einsatz von Managementinstrumenten auf den Netzwerktyp zuschneiden.

Als ein weiterer wichtiger Aspekt kann hervorgehoben werden, dass die Netzwerkkooperation nicht vollends auf die operative Ebene ‚abgeschoben' werden darf. Kraege schreibt dazu: „Aufgrund der Interdependenzen zwischen den Kooperationspartnern ist ... auch eine Koordination zwischen den Partnerunternehmungen nicht nur auf der Aufgabenausführungsebene, sondern insbesondere auch auf der Führungsebene erforderlich" (1997: 127).

Verantwortungsebenen tertiärer Netzwerke
Es ist notwendig, dass alle Steuerungsebenen bei der Netzwerkkooperation komplementär zusammenwirken (vgl. Abbildung 7): (i) Die politischen Gremien in der Kommune übernehmen die normative Verantwortung. Dazu müssen die Leitziele konkretisiert und die generellen Zielrichtungen programmatisch festgelegt werden. Für die Realisierung dieses Orientierungsrahmens sind die oberen Instanzen des so genannten ‚Top-Managements' (auf der kommunalen Ebene der Stadt- oder Gemeinderat) konstitutionell verantwortlich. Sie sichern die dezentralen Strukturen normativ ab (Strukturqualität). (ii) Die strategische Verantwortung liegt bei den Fachbereichen der Kommunalverwaltung. Mit den

dezentralen Akteuren müssen die Ziele für die Zielfelder Ressourcen (Input), Produkte (Output), Wirkungen bzw. Ergebnisse (Outcome) vereinbart werden. Es wird auch Verantwortung für die Strukturqualität übernommen, indem Informationen bereitgestellt werden, die Rückmeldung und Evaluation der Ergebnisse erfolgt und die kreuzfunktionale Verbindung der Ressorts und Fachbereiche hergestellt wird. (iii) Vor Ort, d.h. z.B. dezentral in den Sozialräumen der Adressaten bzw. fokal in Dienstleistungseinrichtungen der Daseinsvorsorge, wird die operative Verantwortung getragen. Hier sind die (räumliche) Querkoordination der Akteure verschiedener Ressorts, der Aufbau zielorientierter kleiner Handlungsnetze sowie die Produkt- und Ergebnisverantwortung anzusiedeln.

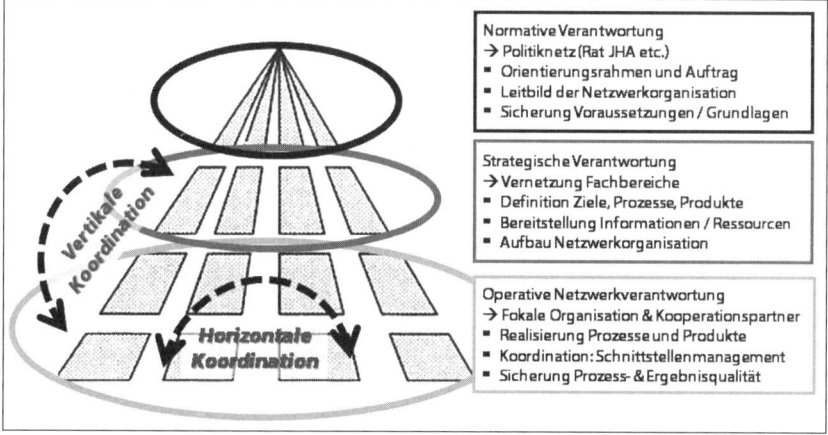

Abbildung 7: Komplementäres Zusammenwirken der Steuerungsebenen

Qualifizierte Führungspersonen und Koordinationskräfte, die die Vernetzung und Kooperation über die drei Managementebenen abzusichern vermögen, sind eine Grundvoraussetzung für den nachhaltigen Erfolg: In den Führungsaufgaben sind die funktionalen Standards der Fachbereiche und die horizontalen Kooperationsanforderungen lösungsorientiert zu integrieren. Es muss gelernt werden, Ursachenanalysen bei Nicht-/Teilerreichung von kontraktierten Zielen und ein standardisiertes Verfahren der Ergebniskontrolle durchzuführen. Zu entwickeln ist dafür eine Kultur des Vereinbarens statt des Verordnens. Dazu gehört auch die Beherrschung von Methoden der Kenntnisnahme, des Lobs und der Anerkennung von dezentral erbrachten Leistungen. Die Führungs- und Koordinationskräfte müssen dahingehend weiterqualifiziert werden, die fachlichen und räumlichen Entwicklungsprozessen in regulären Folgezyklen – z.B. jährlich – zu steuern und zu strukturieren.

Netzwerksteuerung im Non-Profit-Bereich
Im Non-Profit-Bereich gibt es erst wenige Erfahrungen mit einer Netzwerksteuerung. Insbesondere in der sozialen Arbeit wird oft von der Fehleinschätzung ausgegangen, tertiäre Netzwerke im professionellen Bereich würden nach den denselben ‚Solidaritätsregeln' funktionieren wie natürliche Netzwerke. Nach Erfahrungen von ‚Koopkurrenz' als typisches Merkmal tertiärer Netzwerke sind Enttäuschungen und Verstörungen entsprechend vorprogrammiert. Umso wichtiger ist es, auch im Non-Profit-Sektor eine realistische Einschätzung des Managements tertiärer Netzwerke zu gewinnen (Weyer 2000a: 25ff.).

Dazu sind herkömmliche Kooperationsformen kritisch zu hinterfragen: Klassische Arbeitskreise zum Beispiel, die in der öffentlichen Verwaltung weit verbreitet sind und immer wieder als Lösungsmittel herhalten müssen, entsprechen nicht dem Modell einer Netzwerksteuerung, weil sie traditionell in eine bürokratische Hierarchie eingebunden sind und nicht netzwerkorientiert agieren. Im Allgemeinen wird es versäumt, über ein differenziertes Kontraktmanagement, wie es z. B. in der Netzwerkkooperation ökonomischer Cluster üblich ist, die Ziele und Abhängigkeiten tiefenscharf zu definieren. Innovative Strukturwandlungsprozesse können von Organisationsmustern des Typs ‚Arbeitskreis' nicht erwartet werden, da er überwiegend als Austauschforum (Sekundärprozess) fungiert. Ein weiteres Manko des traditionellen Arbeitskreises besteht darin, dass die Einbindung zivilgesellschaftlicher Potenziale aus den natürlichen lokalen Sekundärnetzen nicht systematisch betrieben wird.

Damit Innovationen im Zusammenwirken von öffentlichen, sozialwirtschaftlichen und zivilgesellschaftlichen Akteuren erzeugt werden können, sind bei der Entwicklung von Formen der Netzwerksteuerung vier Bedingungen zu beachten (Maillat 1995):

- Zuerst sollen Akteure, die bisher nicht verbunden waren, teilweise direkt, vor allem aber indirekt verbunden werden, um die Voraussetzungen für einen Innovationstransfer zu schaffen.
- Eine weitere Steuerungsaufgabe besteht darin, dass zwischen den Akteuren eine zielgesteuerte und ergebnisbezogene Kommunikation stattfindet, um die Unsicherheit zu reduzieren.
- Innerhalb des Beziehungsgeflechts ist die Wahrnehmung sowie Einschätzung der Ausgangssituation zu vereinheitlichen und eine Geschlossenheit für mögliche zukünftige Lösungen bzw. Handlungsschritte zu erzielen.
- Und schließlich erfordert die Steuerung, dass sich die Akteure unter kollektive Ziele partiell unterordnen und den eingeschränkten Zustand bzw. Status der Teilautonomie akzeptieren.

Diese Bedingungen sind besonders dann mit Komplikationen verbunden, wenn potenzielle Konkurrenten in der Kooperation verflochten sind. Es müssen deshalb Anreize in der Form komplementärer Synergieeffekte auf der Netzwerkebene für sie gegeben sein.

Insbesondere im Feld der kommunalen Daseinsvorsorge ist unter Aspekten der Qualitätssicherung darauf zu achten, dass die operativen Netzwerke nicht nur ‚technokratisch' konstruiert werden, sondern durch ‚Akteursbrücken' dynamisch mit anderen Vernetzungen verbunden bleiben. Es geht um die Wirkungsrelevanz der Verbindung der sekundären, zivilgesellschaftlichen mit den tertiären, fachlichen Netzstrukturen.

4 Handlungsrahmen für ein Netzwerkmanagement

Eine erfolgreiche Netzwerkkooperation setzt ausreichende zeitliche, finanzielle und soziale Ressourcen sowie Kompetenzen der beteiligten Promotoren voraus (Howaldt/Ellerkmann 2007: 35). Ein wesentliches Erfolgskriterium ist dabei die Einbettung der Kooperation in ein zielführendes Management. Von der Ideengenerierung über die Entwicklung bis zur Umsetzung einer Netzwerkkooperation gestaltet das Management einen Prozess, der folgendermaßen zusammengefasst werden kann (vgl. Kraege 1997: 88ff.; vgl. auch Hans 2006, Hess 2002):

- Initiierung einer Kooperation als Ausgangspunkt (mit einer internen Absichtserklärung des oder der Promotoren, die den Anstoß geben);
- Erhebung der potenziellen Kooperationspartner und die Bewertung der Beziehungsoptionen;
- Kooperationsverhandlungen zwischen ausgewählten potenziellen Partnern (Letters of Intent);
- Kooperationsentscheidung und -einrichtung (Kooperationsvertrag);
- Implementierung und Realisierung der Netzwerkkooperation;
- Weiterentwicklung oder Auflösung der Netzwerkkooperation (Vertragsauflösung oder neue Vereinbarung).

In der Phase der Initiierung muss die geplante Kooperation systematisch und vorausschauend reflektiert werden. Dabei sind die Aufgabenstellung zu analysieren, der Ablauf des Ineinandergreifens vor zu strukturieren und die Teilziele festzulegen (Hess 2002: 151ff.). Bei der Suche und Bewertung potenzieller Kooperationspartner stellt sich insbesondere das Problem der Komplexitätsreduktion. Die Partnerwahl ist wegen der situativen Einmaligkeit und Nicht-Revidierbarkeit der Auswahlentscheidung, aber auch wegen unvollständiger und teilweise diffuser Informationsgrundlagen über potenzielle Partner mit Risiken verbunden. Die Partnerauswahl ist andererseits aber der entscheidende Meilenstein für den Erfolg einer Netzwerkkooperation (Howaldt/Ellerkmann 2007: 37). In den meisten Fällen stehen zum Zeitpunkt der Auswahlentscheidung nur schwache und nicht übertragbare Erfahrungswerte zur Verfügung. Daher ist die Zielübereinstimmung unter den auszuwählenden Akteuren, das sich durch die Kooperation ergebende kompensatorische Stärken-Schwächen-Profil und die bei den Akteuren vorhandenen Kompetenzen zur Kooperation aufzuklären. Es ist notwendig, für die Auswahl von Netzwerkpartnern Kriterien aus zuvor diagnostizierten Ressourcen- und Wertschöpfungslücken abzuleiten, die bei der Kooperation eine Ressourcen- und Potenzialkomplementarität sowie eine Ziel-, Struktur- und Kulturkompatibilität sicherstellen. Auf dieser Grundlage festgelegter Anforderungskriterien lassen sich die potenziellen Partner in einer Rangordnung bewerten: Wenn die Strategien, Strukturen und Kulturen zusammenpassen, können unter den potenziellen Partnern Absichtserklärungen als ‚letter of intent' ausgetauscht werden, die die Entscheidung und Institutionalisierung einleiten. Es wird immer wieder darauf hingewiesen, in diesen Prozess auch die Mitarbeiterschaft einzubeziehen: Denn „Kooperationen werden von den Mitarbeitern getragen. Bringen diese nicht die erforderliche Offenheit und Motivation mit, ist die Zusammenarbeit bereits im Vorfeld zum Scheitern verurteilt" (ebd.: 39).

Neben dem hohen Stellenwert des richtigen Vorgehens bei der Initiierung gehört der Implementierung besondere Aufmerksamkeit. Typische Ursachen für Probleme bei der Implementierung einer Netzwerkkooperation sind: (1) Festhalten an einer definierten Ausgangssituation trotz veränderter Bedingungen (Planungsdeterminismus); (2) durch kulturelle Differenzen induzierte Verständigungs-/Einigungsprobleme unter den Mitarbeiter/innen der beteiligten Organisationen; (3) Führungsvakuum durch ein zu frühes Zurückziehen von Führungskräften der Partnerorganisationen; (4) Versuch einer Aufweichung der in Verhandlungen festgesetzten Kooperationsziele oder informelle Aufstellung von abweichenden Zielen (Kraege 1997: 102f.).

Die Implementierung und Realisierung stellt somit besondere Anforderungen an das Management der Vernetzung und das Controlling der Netzwerkkooperation. Die Mitarbeiter/innen der Partnerorganisationen müssen in einem interaktiven Prozess nicht nur lernen zusammenzuarbeiten, sondern auch akzeptieren, komplementär koordiniert zu werden. Bei der Koordination geht es um die Verteilung der Aufgaben und Aufgabenelemente auf einzelne Partner, um die Festlegung von Meilensteinen, um die Zuordnung von Ressourcen und Budgets, um die Festlegung von Finanzplänen und um die Schaffung von Krisenmechanismen.

4.1 Managementmodell für die Netzwerkkooperation

Der Aufbau und die Organisation von Netzwerken verlangt eine besondere methodische Professionalität. Im Allgemeinen lassen sich fünf professionelle Aufgabenbereiche entlang der Phasen des Netzwerkmanagements definieren (vgl. Becker et al. 2007: 7):

- In der vorbereitenden Orientierungsphase muss sich jede einzelne Organisation über sich und ihre Situation vergewissern, wofür insbesondere die SWOT-Analyse mit der systematischen Klärung von Stärken und Schwächen sowie der Abwägung von Chancen und Risiken – unter besonderer Berücksichtigung der Organisationen in der Umwelt als potenzielle Kooperationspartner – geeignet ist.
- In der Phase der Initiierung eines Netzwerks werden analytische Instrumente (wie die Netzwerkanalyse) zur Diagnose des aktuellen Vernetzungsstatus und identifizierende Instrumente (wie die Stakeholderanalyse) zur Ermittlung geeigneter Kooperationspartner eingesetzt.
- In der Phase der Netzwerkplanung und des Netzwerkaufbaus sind die Handlungskompetenzen besonders auf Techniken der Zielentwicklung, des Kontraktmanagements, der Organisationsplanung und des Projektmanagements fokussiert.
- In der zentralen Phase der Realisierung der Netzwerkkooperation spielen Koordination, Controlling und Evaluation sowohl auf der Ebene des Systemmanagements als auch auf der Ebene des Ressourcenmanagements eine besondere Rolle.
- In der parallelen Phase des Netzwerkmarketings sind noch Instrumente für die Fortschreibung des Netzwerkleitbilds und für die Pflege der Netzwerkidentität zu nennen. Ein zentraler Stellenwert kommt aber Kommunikationsinstrumenten innerhalb und außerhalb des Netzwerks zu, über die die Performance des Netzwerks vermittelt wird.

Dieser Aufgabenbeschreibung liegt ein funktionales Managementverständnis zugrunde, das einen Komplex von Aufgaben und Prozessen impliziert, die für die Steuerung der Organisation notwendig sind. Bei der Steuerung des Leistungsprozesses der Netzwerkkooperation steht daher die Koordination von planenden, organisierenden oder kontrollierenden Tätigkeiten im Mittelpunkt. Die Basisaufgaben des funktionalen Management sind: (a) Planung, (b) Organisation, (c) Personaleinsatz, (d) Führung und (e) Steuerung (vgl. Schubert 2005d: 67ff.). Die Planungsfunktion dient der Klärung, was erreicht werden soll und wie es am besten erreicht werden kann. Es geht um die sachbezogene Festsetzung von Zielen, Rahmenrichtlinien, Programmen und Verfahrensweisen zur Programmrealisierung. Die Organisationsfunktion dient der institutionellen

Schaffung einer überschaubaren Aufbauorganisation des Netzwerks, wobei die Schnittstellen für das Zusammenwirken der beteiligten Akteure nach Kompetenzen und Ressourcen festgelegt werden. Netzwerkkooperation findet eher im Rahmen einer „organischen" Organisationsstruktur mit nur wenigen Hierarchieebenen und mit einem hohen Maß an Eigenverantwortung der operativen Einheiten statt. In diesem Kontext ist das Management auch für den Aufbau eines wirkungsvollen Kommunikations- und Informationssystems verantwortlich, in dem beispielsweise moderne Kreativitätstechniken und innovationsorientierte Lernmethoden eine bedeutende Rolle spielen. Die Führungsfunktion betont den Personal- und Koordinationsbezug und nimmt eine zentrale Stellung in der Managementpraxis ein. Motivation, Kommunikation und Führungsstil innerhalb der beteiligten Organisationen sowie die Koordination der interorganisationalen Interaktion sind die Einflussgrößen, durch die die Netzwerkkooperation veranlasst und gesteuert werden kann. Die Steuerungsfunktion setzt die fortlaufende sachbezogene Überwachung voraus. Mit einem Berichtsystem des Controlling, das nach einem Soll-Ist-Vergleich funktioniert, wird das Handlungsrisiko minimiert, weil unter solchen Bedingungen rechtzeitig Korrekturmaßnahmen eingeleitet und grundsätzliche Planrevisionen veranlasst werden können

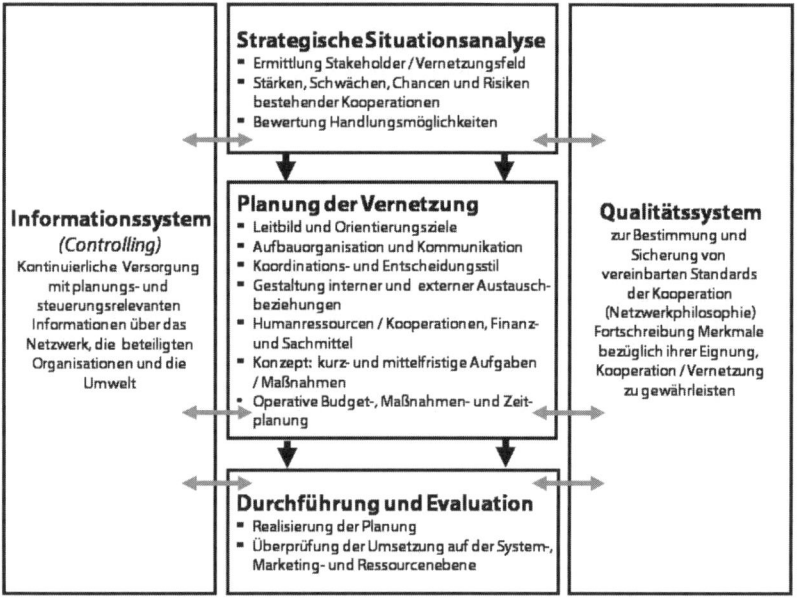

Quelle: verändert nach Schwarz et al. 2002: 70-73

Abbildung 8: Managementmodell für die Netzwerkkooperation

Die Grundstruktur der im Folgenden konkretisierten Managementaufgaben für die Netzwerkkooperation orientiert sich am Freiburger Managementmodell (vgl. Schwarz et al. 2002), in dem Verfahren des Managements geordnet werden – von Methoden der Problemlösung über die Gestaltung der Willensbildung, Entscheidungsfindung und Entscheidungsdurchsetzung sowie über Aufgaben der Planung und der Steuerung bis hin zu strukturellen Querschnittsaufgaben der Informationsbeschaffung, der Situationsanalyse und der Kontrolle. In dem Modell werden drei Management-Säulen zur Informationsverarbeitung, ergebnisbezogenen Steuerung und Qualitätssicherung unterschieden und nach den drei Logiken des System-Managements, des Marketing-Managements und des Ressourcen-Managements differenziert. Das System-Management umfasst die klassischen Steuerungsinstrumente der normativ-strategischen, operativ-mittelfristigen und dispositiv-kurzfristigen Planung, des strategischen und operativen Controllings, des umfassenden Qualitätsmanagements (Total Quality Management), der Führung durch Zielvereinbarung (Management by Objectives), der Aufbauorganisation und der Innovation. Gegenstand des Marketing-Managements sind die Austauschbeziehungen, die das Netzwerk als Organisation zwischen den Mitgliedsorganisationen, zur Mitarbeiterschaft der beteiligten Organisationen, zur Umwelt des ökonomischen und politischen Systems und insbesondere zu externen Ressourcenbereitstellern aufweist. Das Marketing basiert dabei auf einer „Partizipationsphilosophie" zum Einbezug der wichtigen Anspruchsgruppen (Stakeholder). Das Ressourcen-Management bezieht sich auf die Potenziale, deren Verwendung der Erfüllung von Aufgaben der Netzwerkorganisation dient. Die Ressourcen umfassen das Humanpotenzial (hauptamtliches und ehrenamtliches Personal), Finanzen, Sachmittel und soziales Kapital in Form von Netzwerkzugängen.

Für die Netzwerkkooperation wird dieses Modell zugespitzt (vgl. Abbildung 8): Die drei Säulen betonen das Management eines (1) Informationssystems, der (2) Steuerung und des (3) Qualitätssystems:

- Das Informationssystem muss ein angemessenes Netzwerkcontrolling sicherstellen. Dazu sind kontinuierlich planungs- und steuerungsrelevante Informationen über das Netzwerk, die beteiligten Organisationen und die Umwelt zu erheben, auszuwerten und in den Prozess der Netzwerksteuerung einzuspeisen.
- Die zentrale Managementsäule der Steuerung umfasst die strategische Vorbereitung, Planung, Durchführung und Evaluation der Vernetzung. In der Vorbereitung kommen der Strategischen Situationsanalyse und der Stakeholderanalyse ein wichtiger Stellenwert zu: Auf dieser Grundlage werden die Stakeholder im Vernetzungsfeld ermittelt, die Stärken, Schwächen, Chancen und Risiken bestehender Kooperationen bewertet und Handlungs-

möglichkeiten abgeleitet. Mit der Planung beginnt die Vernetzung bereits. Das Management stellt dabei sicher, dass konzeptionelle Grundlagen geschaffen werden wie: Leitbild und Orientierungsziele, Aufbauorganisation und Kommunikationsformen für die Netzwerkkooperation, Vereinbarung eines Koordinations- und Entscheidungsstils, Leitlinien für die Gestaltung der internen und externen Austauschbeziehungen, den Einsatz von Ressourcen im Rahmen der Kooperation, eine Beschreibung der kurz- und mittelfristigen Aufgaben und ihre Operationalisierung im Rahmen einer operativen Budget-, Maßnahmen- und Zeitplanung. Die daran anschließenden Steuerungsaufgaben betreffen die Durchführung und Evaluation der Netzwerkkooperation. Der Fokus des Managements liegt darauf, die Planung zielorientiert zu realisieren und die Umsetzung auf der System-, Marketing- und Ressourcenebene zu überprüfen und bei Abweichungen gegebenenfalls Korrekturen zu veranlassen.
- In einer Querschnittsperspektive verläuft das Qualitätssystem als dritte Managementsäule. Sie dient der Bestimmung und Sicherung von vereinbarten Standards der Kooperation (Netzwerkphilosophie). Für die Fortschreibung werden die verschiedenen Merkmale bezüglich ihrer Eignung bewertet, Kooperation und Vernetzung zu gewährleisten.

Der Steuerungsmodus eines tertiären Netzwerks erfordert auf der operativen Umsetzungsebene einen instrumentellen Handlungsrahmen, der diesem Managementmodell folgt. Ohne Vorstellung, was ein Netzwerkmanagement – im Sinn einer angewandten Netzwerkwissenschaft – auf der methodischen Ebene der Realisierung leisten muss, wird nur einem unpräzisen Gebrauch der Netzwerkrhetorik Vorschub geleistet.

Die undeutlichen Grenzen und die relativ schwache Formalisierung erschweren die Steuerung der Netzwerkkooperation. Das Management von Vernetzungen erfordert einen modifizierten Handlungsrahmen, weil die Netzwerkkooperation stärker auf Vertrauen und Aushandlung beruht:

„Das Fundament der Netzwerke besteht ... weder aus hierarchisch legitimierten Verfügungsrechten noch aus justiziablen Regelungen oder detaillierten Verhaltensvorschriften. Die netzwerkförmige Organisation ist in der Regel ein auf Interessenausgleich zielendes, temporäres Aushandlungssystem, in dem vertrauensbasierte Beziehungen und persönliche Kommunikation eine zentrale Rolle spielen. Gerade in diesen so entstehenden Entwicklungsspielräumen für Innovationen liegen die Stärken der Netzwerke." (Howaldt/Ellerkmann 2007: 45)

Baitsch und Müller haben deshalb den Begriff der „Moderation" gewählt, um die Unterstützungsaufgaben zu beschreiben (2001: 23 ff.), über die Vertrauen im

Netzwerk generiert und die netzinterne Kommunikation offen gestaltet werden kann. Für die Unterstützung von Netzwerken bei der kontinuierlichen Bearbeitung der Problemgegenstände haben sie folgende Leitlinien aufgestellt: (a) Balance von Zuständigkeit und Verantwortlichkeit, (b) Ermöglichen gemeinsamer Erfahrungen und Erfolge, (c) Herstellen von Ordnung bei gleichzeitigem Zulassen von Unordnung, (d) Bearbeitung und Eingrenzung der Konflikte, (e) Transparenz der gegenseitigen Erwartungen und (f) Offenhalten der Anschlüsse nach außen. Die Funktion der Moderation besteht darin, unterschiedliche Interessen nach dem Win-Win-Prinzip auszugleichen, Machtasymmetrien konstruktiv zu bearbeiten, den Kooperationsprozess der Akteure zu strukturieren und die fachlichen Inputs zu sichern. In der Moderationsaufgabe werden somit die inhaltliche Arbeit und die Kommunikation der Akteure in einer Prozessperspektive kombiniert (vgl. Aderhold et al.2005).

Das Konzept der Moderation unterstreicht die Bedeutung persuasiver Methoden für die Netzwerksteuerung – insbesondere im Bereich richtungsoffener Vernetzungen. Die zielorientierten tertiären Netzwerke der interorganisationalen Netzwerkkooperation erfordern neben solchen moderationsgestützten ‚weichen' Instrumenten zur Vertrauensbildung und Kommunikation auch den Einsatz von ‚harten' Instrumenten der Steuerung (vgl. Hess 2002: 151ff.). Im Folgenden werden unter der instrumentellen Perspektive einige Bausteine des Netzwerkmanagements herausgegriffen und näher betrachtet:

- Klärung von Stärken und Schwächen und Abwägung von Chancen und Risiken einer Netzwerkkooperation aus der Perspektive der einzelnen Organisationen (SWOT-Analyse) in der vorbereitenden Orientierungsphase;
- Diagnose des aktuellen Vernetzungsstatus und Einsatz von Instrumenten (Stakeholderanalyse, Netzwerkanalyse) zur Identifikation geeigneter Kooperationspartner in der Phase der Initiierung des Netzwerks;
- Anwendung von Techniken der Zielentwicklung, des Kontraktmanagements (formelle und informelle Vereinbarungen), der Organisationsplanung (Aufbauorganisation) und des Projektmanagements in der Phase der Netzwerkplanung und des Netzwerkaufbaus;
- Koordination, Controlling und Evaluation des Zusammenwirkens in der zentralen Phase der Realisierung der Netzwerkkooperation.

4.2 Klärung von Stärken/Schwächen und Chancen/Risiken einer Netzwerkkooperation im Rahmen einer strategischen Situationsanalyse

In der vorbereitenden Orientierungsphase hilft eine „strategische Situationsanalyse" die Stärken und Schwächen der einzelnen Organisationen im Hinblick auf eine Netzwerkkooperation sowie ihre Chancen und Risiken unter Bezugnahme auf potenzielle Kooperationspartner zu klären. Dieser Informationen erhebende und verarbeitende Prozess stellt eine Aufgabe des strategischen Controllings dar (Nieschlag et al. 2002: 871). Auch die daran anschließenden Aufgaben der Zielplanung, Strategieplanung, Maßnahmenplanung und Entwicklungskontrolle werden vom Controlling koordiniert, dokumentiert und bewertet.

Im Rahmen der Situationsanalyse werden eine interne und eine externe Perspektive eingenommen. Der interne Blick fixiert die Stärken und Schwächen der einzelnen Organisation, um Konsequenzen für eine Netzwerkkooperation ableiten zu können. Denn im Allgemeinen sollen durch die Zusammenarbeit Schwächen der Partner gegenseitig kompensiert werden und die Stärken konjugal oder organisch – im Sinne komplementärer Ressourcenkopplung – zu einer ‚Wertschöpfungspartnerschaft' bzw. Systempartnerschaft verbunden werden. In der externen Perspektive lassen sich die Chancen und Risiken einer Netzwerkkooperation im Sinne förderlicher und hinderlicher Einflüsse aus der organisationalen Umwelt reflektieren. Dieses Vorgehen wird auch als „SWOT-Analyse" bezeichnet (Strengths, Weaknesses, Opportunities, Threats). Während die internen Voraussetzungen für eine Mitwirkung in einem Netzwerkverbund die Organisation selbst betreffen, wird das Interesse bei den externen Rahmenbedingungen auf den lokalen oder regionalen Kontext (Aufgabenumwelt) und auf das weitere Umfeld der allgemeinen Wirkkräfte (allgemeine Makro-Umwelt) gelenkt. Im Ergebnis wird die Ist-Situation einer Organisation abgebildet und ihre Passung für eine Netzwerkkooperation mit Akteuren der Umwelt beurteilt. Mit der Kenntnis der internen und externen Faktoren sowie ihrer Wirkungsweisen werden anschließend konkrete Zielsetzungen formuliert und in die Zukunft gerichtete Strategien und Maßnahmen der Vernetzung und der Partnersuche entwickelt.

Die Identifikation, Analyse, Bewertung und Bearbeitung von Chancen und Risiken (z. B. einer Kooperation) erfolgen oft in kommunikativer, moderierter Form: beispielsweise mit Szenario-Techniken. Unter leistungswirtschaftlicher Perspektive werden Informationen über den Markt bzw. das Handlungsfeld und die Adressaten, insbesondere aber über die Leistungen und die Produkte sowie über die Ressourcen und Kompetenzen der Konkurrenten und potenziellen Kooperationspartner analysiert. Unter finanzwirtschaftlicher Perspektive sind Ergebnisse zur Wirtschaftlichkeit zu gewinnen und unter sozialer Perspektive stehen im Hinblick auf Verantwortung und Leistungs- bzw. Werteorientierung die Kompatibilität der Mitarbeiterschaft verschiedener potenzieller Kooperationsorganisationen der Umwelt im Blickpunkt.

Die strategische Situationsanalyse orientiert sich an den Handlungshorizonten der eigenen Organisation, der Konkurrenten und potenziellen Kooperationspartner, der Adressaten und Zielgruppen sowie der allgemeinen Umwelt (vgl. Abbildung 9). Die entsprechenden Analysemethoden sind die Potenzialanalyse (Klassifikation der Potenziale der eigenen Organisation nach Stärken und Schwächen), die Konkurrenzanalyse (Vergleichende Bewertung der Potenziale von Konkurrenten bzw. potenziellen Kooperationspartnern nach Komplementärkriterien), die Marktanalyse (Entwicklung der Adressaten, Nachfrage und Bedarf nach integrierten, d.h. vernetzt erzeugten Dienstleistungen/Produkten) und die Umweltanalyse (Kompatibilität von Entwicklungen in der Aufgabenumwelt und in der allgemeinen Umwelt mit selbständigem Handeln bzw. mit Netzwerkkooperation). Die Ergebnisse werden in aggregierenden Analysetechniken verknüpft: in der Stärken-Schwächen-Analyse und in der Chancen-Risiken-Analyse. Im Rahmen der analytischen Integration der Einzelperspektiven werden die Informationen verdichtet und strukturiert, um die Komplexität der Daten zu reduzieren und Strategieentscheidungen für eine zukünftige Netzwerkkooperation zu treffen (z. B. Portfolioanalyse).

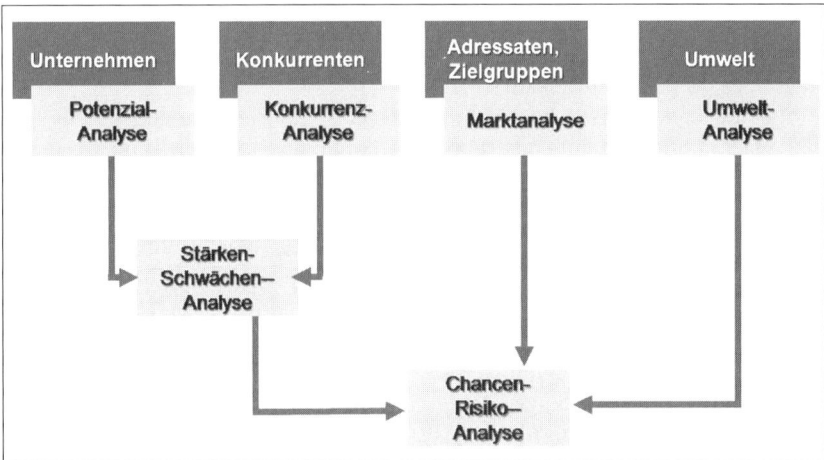

nach Nieschlag et al. 2002: 878

Abbildung 9: Struktur der strategischen Situationsanalyse

Unter den Potenzialen werden im Allgemeinen die Stärken und Ressourcen einer Organisation verstanden. Bei der *Potenzialanalyse* wird geprüft, ob die erforderlichen Ressourcen vorhanden sind und ob sie für die Erreichung der Organisationsziele ausreichen. Dabei werden die besonderen Kompetenzen und Fähigkeiten des Unternehmen benannt, die beispielsweise in den Werten der Unternehmensführung und der Mitarbeiter, in der Unternehmenskultur und Unternehmensphilosophie stecken. Die Analyse liefert Anhaltspunkte, mit welchen Partnerpotenzialen in einer Netzwerkkooperation eine strukturelle Kopplung sinnvoll und wünschenswert ist. In der *Konkurrenzanalyse* werden analoge Daten für andere Organisationen in der Umwelt – als Konkurrenten oder als potenzielle Kooperationspartner – gesammelt und analysiert, um die Optionen struktureller Kopplung auch aus dieser entgegengesetzten Perspektive zu bewerten. Von Interesse ist dabei auch, welche Netzwerkkooperationen die Konkurrenten eingehen und mit welchem Erfolg sie Potenziale interorganisatorisch verbinden.

In der *Marktanalyse* werden im Allgemeinen systematisch die relevanten Sachverhalte über die Zielgruppen als primäre Adressaten erfasst. Es werden aber auch Informationen über potenzielle Kooperationspartner gewonnen; u.a. über Marktvolumen, Marktwachstum, Marktanteil, bisherige und erwartete Preisentwicklungen sowie die Ausgestaltung der Marketinginstrumente. Auf dieser Grundlage können geeignete Partner für eine verkoppelte Dienstleistungsproduktion ermittelt werden. Die Informationen werden einerseits im Rahmen von Sekundäranalysen (Geschäftsstatistiken, prozessproduzierte Statistiken der öffentlichen Hände), andererseits im Rahmen von Primäranalysen gewonnen (Befragungen, teilnehmende Beobachtung).

Die *Umweltanalyse* folgt dem PEST-Ansatz, in dem die allgemeine Umwelt nach politisch-rechtlichen (Political), ökonomischen (Economical), soziokulturellen (Social) und technologischen (Technological) Aspekten strukturiert wird. Auf dieser Makro-Ebene der Umwelt werden (i) politisch-rechtliche Veränderungen (z. B. gestiegene Anforderungen im Rahmen gesetzlicher Reformen), (ii) Aspekte des wirtschaftlichen Wandels (z. B. Liberalisierung des Dienstleistungssektors, EU-Wettbewerbsrecht, Globalisierung), (iii) Merkmale des soziokulturellen Wandels (z. B. erhöhte Anforderungen in Folge der Individualisierung) und (iv) technologische Innovationen (z. B. neue Methoden und Verfahren der Dienstleistungs-/Produktion) unter die Lupe genommen und extrapolierend in ihren zukünftigen Auswirkungen auf die Organisation prognostiziert. Dabei werden auch Faktoren des Wandels zusammengetragen, die Tendenzen der Netzwerkkooperation abbilden. Auf der Mikro- und Meso-Ebene werden in der Aufgabenumwelt als relevante Bezugspunkte auch Veränderungen (i) bei den verschiedenen Gruppen der Adressaten, (ii) in der Akzeptanz und in den Interessen der anderen Stakeholder, (iii) in den Aktivitäten der lokalen und regionalen ‚Konkurrenten' und (iv) in den Prozessketten des Zusammenspiels von vor- und nachgelagerten Dienstleistungen berücksichtigt (Arnold/Maelicke 1998: 330 ff.).

Die *Stärken-Schwächen-Analyse* bzw. Ressourcenanalyse integriert die Ergebnisse der Potenzial- und Konkurrentenanalyse und bewertet die Ressourcen der Organisation und der potenziellen Kooperationspartner in dem strategischen

Geschäftsfeld. In einem Stärken-Schwächen-Profil lässt sich im Vergleich mit den Konkurrenten erkennen, in welchen Feldern die eigene Organisation stark ist und in welchen es Schwächen aufweist. In der Zusammenschau bildet sich ein Profil ab, das verdeutlicht, wie die anzustrebende Netzwerkkooperation beschaffen sein muss, um starke Potenziale zu bündeln und Schwächen zu kompensieren. Die Kategorien der Profilbildung beziehen sich auf (ebd.: 336):
- die finanzielle Situation: z.B. Liquidität, Kreditwürdigkeit, Kapitalverfügbarkeit.
- die physischen Kapazitäten: z.B. Gebäude, Anlagen, Geräte, Transport- und Arbeitsmittel.
- das Humankapital: z.B. Zahl der Mitarbeiter/innen, Zahl der Ehrenamtlichen, verfügbare Qualifikationen.
- die organisatorische Situation: z.B. eingesetzte Informationssysteme, aufgebaute Beziehungssysteme, vorhandene Netzwerkkopplungen.
- den technologischen Stand: z.B. fachliches Know-how, Kompetenzen, Arbeitsmethoden.

Mit der Chancen-Risiken-Analyse wird eine weitere Verdichtungsstufe erreicht, denn dabei werden die Ergebnisse der Markt-, der Umwelt- und der Stärken-Schwächen-Analyse integriert. In einer Lückenanalyse werden die Schwachstellen sowie Engpässe und in einer Fähigkeitsmatrix die Stärken bestimmt, die Anlass zu einer Kooperation geben. Die Chancen und Risiken einer strukturellen Kopplung der eigenen Fähigkeitspotenziale und Lücken mit denen der potenziellen Kooperationspartner werden abgewogen. Es wird prognostiziert, ob in der Bündelung der bestehenden Fähigkeiten mit den Potenzialen in Frage kommender Partner eine kooperative Wertsteigerung erreicht werden kann, weil Stärken und Erfolgspotenziale quantitativ und qualitativ zusätzlich erweitert werden (vgl. Hess 2002: 158ff.). Der Analyseprozess zielt darauf zu ermitteln, mit welchen Akteuren des Umfeldes eine komplementäre Beziehung mit gegenseitiger Ergänzung entwickelt werden kann (Kraege 1997: 56ff). Auf dieser Grundlage wird die Vorteilhaftigkeit einer potenziellen Netzwerkkooperation ermittelt, indem die Wirkungen nach fachlichen Effektivitäts- und ökonomischen Effizienzkriterien bewertet werden (vgl. ebd.: 159).

4.3 Stakeholderanalyse zur Identifikation geeigneter Kooperationspartner

Diejenigen Gruppen, die in einem Sozialraum oder im fachlichen Handlungsbereich Einfluss ausüben, werden als „Stakeholder" bezeichnet (Arnold/Maelicke 1998: 320ff). Freeman definiert die „Stakeholder" als „any group or individual who can affect or is affected by the achievement of the firm's objectives"

(1984: 25). In der deutschen Übersetzung sprechen wir von Interessens- und Anspruchsgruppen, ohne deren Unterstützung eine Organisation nicht existieren kann. „To have a stake" bedeutet in der englischen Sprache einen Spieleinsatz, d. h. auf ein Risiko wetten bzw. etwas setzen. In der Perspektive des Managements handelt es sich um Personen oder Gruppen, von deren ‚Einsatz' die Entwicklung eine Organisation – z. B. eine sozialwirtschaftliche Einrichtung oder ein Träger – abhängt. Umgekehrt hängen die Stakeholder aber auch vom Erfolg der Einrichtung ab – im übertragenen Sinn ist das ihr ‚Gewinn'. Die Stakeholder richten sowohl fachliche als auch wirtschaftliche Ansprüche und Erwartungen an die Organisation. Ein Teil von ihnen hat auch unmittelbaren Einfluss auf die Zuteilung von Ressourcen und auf das Leistungsergebnis. Die bereitgestellten Ressourcen sind zum Beispiel finanzielle Mittel, Vertrauen, Wissen und Kompetenzen.

Die Stakeholder können in fünf Kreise aufgeteilt werden: (I) Kunden bzw. Adressaten als ‚Leistungsabnehmer', (II) interne Stakeholder wie Leitung, Mitarbeiter und Ehrenamtliche, (III) externe Stakeholder aus der gesellschaftlichen Umwelt, (IV) aus der politischen Umwelt und last but not least (V) spezifische Bereitsteller von Ressourcen wie Mittelgeber, Zulieferer, Kooperationspartner oder Rekrutierungsgruppen (Theuvsen 2001: 4).

Vor der Generierung von Vernetzungen zu einer spezifischen Thematik muss das Feld der externen Stakeholder aus der gesellschaftlichen, ökonomischen und politischen Umwelt mit einer Stakeholderanalyse aufgeklärt werden (vgl. Mintzberg/Ahlstrand/Lampel 1999: 284f.). Die Analyse dieses für die Netzwerkkooperation bedeutsamen Ausschnitts der Stakeholder umfasst im Allgemeinen vier Schritte (vgl. Tiemeyer 2002):
(1) die Identifikation der internen und externen Stakeholder und ihre Gliederung in Stakeholdergruppen, die für eine Netzwerkkooperation eine hohe Bedeutung haben;
(2) die Analyse und Bewertung des Einflusses und der Interessen dieser vernetzungsrelevanten Stakeholder,
(3) Identifizierung der Schlüsselakteure in den Stakeholdergruppen, über die eine Vernetzung personal gestaltet werden kann; und
(4) die Ableitung von Strategien und Maßnahmen zur Aktivierung und Vernetzung der Stakeholder.

Erfahrungsgemäß handelt es sich bei Stakeholdern um eine unübersichtliche Zahl von Personen bzw. Institutionen und Organisationen, die im Bezugssystem des Bezugsraums oder des jeweiligen (fachlichen) Handlungsfeldes unterschiedliche und teilweise widersprüchliche Interessen verfolgen (vgl. exemplarisch am Beispiel des Bildungsbereichs: Abbildung 10). In der Phase der Initiierung eines Netzwerks besteht die Grundaufgabe des Netzwerkmanagements darin, die Stakeholder zu ermitteln, ihre Interessen zu identifizieren, die bestehenden Vorvernetzungen zu diagnostizieren, ihren Einfluss auf die spezifische Thematik zu bewerten und geeignete Kooperationspartner auszuwählen. Erst nach der Sammlung und Aufbereitung der Informationen über die Stakeholder liegen hinreichende Informationen vor, um mit der Vernetzungsinitiative zu beginnen.

Quelle: http://www.anuba-online.de/extdoc/Materialien_der_BNW_Fortbildung/BNW_initiieren/BNW_init_1_1_4.pdf

Abbildung 10: Ansprüche von Stakeholdergruppen als Bedingung für die Konstituierung eines Bildungsnetzwerkes

Bei der Sortierung und Strukturierung des komplexen Feldes von Anspruchsträgern können die Akteure nach dem Kriterium der *Machtposition* differenziert werden:
- Unter der Kategorie ‚strategische Ansprüche' werden diejenigen Akteure gesammelt, die eine hohe Macht im Bezugsraum oder im Bezugsfeld ausüben können und diese auch zur Geltung bringen.
- Als zweite Kategorie werden definierbare ‚Interessen' erfasst. Dazu zählen diejenigen Stakeholder, die einen hohen Willen zur Machtausübung artikulieren, deren tatsächliche Macht im Bereich der spezifischen Thematik aber begrenzt ist.
- In der dritten Kategorie stehen ‚Bezugsakteure' im Blickfeld. Dazu zählen Personen und Institutionen, die nur geringen Einfluss auf die spezifische Thematik haben, aber Bezüge dazu aufweisen.

- In die letzte Kategorie fallen die restlichen Akteure der ‚allgemeinen Öffentlichkeit', die aus lebensweltlichen, korporativen oder anderen Motiven – z. B. als Zielgruppen – Berührungspunkte mit der Thematik haben.

Ein weiteres Kriterium bezieht sich auf das *Verhalten* der Interessens- und Anspruchsgruppen (vgl. Freeman 1984). In der Beobachtung ihres Verhaltens können Anhaltspunkte einerseits über das Kooperationspotenzial und andererseits über die mögliche kompetitive Bedrohung gewonnen werden. Auf dieser Basis können Möglichkeiten einer Koalition und die Gestaltung begleitender strategischer Programme vom Standpunkt der eigenen Organisation aus beleuchtet werden.

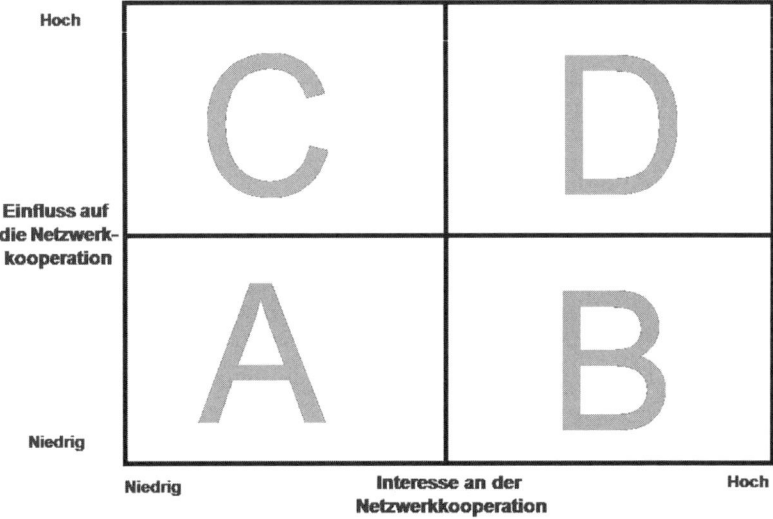

Abbildung 11: Stakeholdermatrix nach Einfluss und Interesse in einer Netzwerkkooperation

Für die Analyse des zweiten Schritts der Stakeholderanalyse – Strukturierung und Bewertung des Einflusses und der Interessen der vernetzungsrelevanten Stakeholder – eignet sich die Form einer Matrix (nach dem Modell der Vier-Felder-Tafel). Mit diesem Instrument kann übersichtlich zusammengestellt werden, welche Stakeholder welchen Einfluss auf eine Netzwerkkooperation nehmen können bzw. welche Interessen sie in einer Vernetzung verfolgen. Im Folgenden wird das am Modell der „Einfluss-Interessen-Matrix" im Kontext des Netzwerkmanagements veranschaulicht (vgl. Abbildung 11).

Zuerst werden die Gruppen, Institutionen und Organisationen erfasst. Um konkrete Ansprechpartner identifizieren zu können, werden anschließend die zu kontaktierenden Schlüsselpersonen ermittelt. Die Relevanz der einzelnen Anspruchsgruppe und ihrer markanten repräsentativen Persönlichkeiten leitet sich aus ihrer strategischen Bedeutung ab: Je abhängiger die eigene Organisation von der Anspruchsgruppe im Hinblick auf die angestrebte Vernetzung ist und je größer die Einflussmöglichkeiten eines Stakeholders auf die Erfolgswahrscheinlichkeit der Vernetzung sind, desto höher ist seine Relevanz für das Netzwerkmanagement. Einfluss auf den Erfolg haben Stakeholder, wenn sich im Rahmen einer Kooperation mit ihnen (a) die eigenen Ziele erfolgreicher umsetzen lassen, (b) die eigenen Innovationsprozesse unterstützt werden und (c) zu Kompetenzen und Ressourcen, die in der eigenen Organisation nicht vorhanden sind, ein effizienter Zugang gewonnen wird – also insgesamt Leistungen erbracht werden können, zu denen die eigene Organisation allein aus eigener Kraft nicht imstande wäre. Auf dieser Grundlage werden die Akteure bestimmt, die in die Vernetzung einzubeziehen sind, und die Grenze zu anderen Akteuren gezogen, die nicht berücksichtigt werden müssen.

Die Stakeholder in Feld A zeigen kaum Interesse an einer Netzwerkkooperation und auch ihr Einfluss ist schwach, weil sie nur in geringem Umfang zum Erfolg einer potenziellen Vernetzung etwas beitragen können. Damit scheiden diese Akteure aus dem Kreis der potenziellen Kooperationspartner aus, aber es kann sinnvoll sein, über Informationsketten im Rahmen von Kommunikations- und Marketingprozessen mit ihnen im punktuellen Kontakt zu stehen. Die Stakeholder in Feld B haben ein großes Interesse an einer Zusammenarbeit, allerdings verfügen sie kaum über den Einfluss, die Netzwerkkooperation erfolgreich zu gestalten. Diese Stakeholder müssen unter Bezugnahme auf ihre Interessen kontinuierlich beobachtet werden, um Kopplungsangebote zu machen, wenn sich die Einflusschancen verschieben. Denn in kritischen Situationen bzw. in Situationen mit veränderten Rahmenbedingungen können sie wichtige Verbündete darstellen. Die Beziehungen zu den Stakeholdern in Feld C sind schwieriger zu gestalten: Sie haben zwar nur geringes Interesse an einer Netzwerkkooperation mit der eigenen Organisation, besitzen aber in hohem Maße Einfluss auf den Erfolg einer potenziellen Vernetzung. Es handelt sich meistens um Konkurrenten um die Vernetzungspotenziale; dazu gehören aber auch formale Positionen von öffentlichen oder institutionellen Akteuren, deren Unterstützung erfolgsfördernd sein kann. Letztere sind dennoch eine wichtige Zielgruppe der Vernetzung, weil ihre Entscheidungen – z. B. über die Zuwendung von Ressourcen – einen tief greifenden Einfluss – haben. Die Stakeholder mit einem hohen Interesse und großen Einflussmöglichkeiten befinden sich im Feld D. Unter ihnen sind die wichtigsten Akteure für die eigene Vernetzungsstrategie zu finden. Akteure im Feld A der Matrix (geringer Einfluss, geringes Interesse) und im Feld B (geringer Einfluss, hohes Interesse) kommen nicht für die direkte Netzwerkkooperation in Frage, können aber wichtige Multiplikatoren der Informationsarbeit eines Netzwerkes und für die Aktivierung von Öffentlichkeitsressourcen sein. Das Feld C (hoher Einfluss, geringes Interesse) muss unter ständige Beobachtung genommen werden, weil dort das größte Bedrohungspotenzial für die eigene Vernetzungsstrategie lauert. Die Repräsentanten im vierten Feld D (hoher Einfluss, hohes Interesse) bilden den Kern der Vernetzung. Im Rahmen individuell ausgerichteter Strategien können einzelne Stakeholder des Feldes C mit gezielten Maßnahmen des Marketings so aktiviert werden, dass sie ins Feld D ,vorrücken'.

Das ,Stakeholdermanagement' zielt somit nach der Identifikation der wichtigsten Akteure (z. B. Befürworter/Gegner) auch darauf, Hinweise abzuleiten, wie einige Schlüsselakteure in der Matrix so ,umpositioniert' werden können, dass aus ihrem Bedrohungs- ein Unterstützungspotenzial wird. Insgesamt sind unterstützende Stakeholder in das Netzwerk einzubinden, um von ihrem Unterstützungspotenzial zu profitieren. Marginale Stakeholder, die weder ein großes Unterstützungs- noch ein bemerkenswertes Bedrohungspotenzial aufweisen, werden in der Vernetzungsinitiative nicht weiter berücksichtigt und allenfalls kontinuierlich beobachtet. Gegenüber nicht unterstützenden Stakeholdern wird eine Verteidigungsstrategie empfohlen, damit die Störkraft ihrer Einflussmöglichkeiten abgemildert werden kann (Theuvsen 2001: 15).

In der Bestandsaufnahme des Akteursfeldes kommt nach der Identifikation des Vernetzungspotenzials die „*Fähigkeitsmatrix*" zur Anwendung, um die Kopplungsoptionen näher zu bestimmen (Kraege 1997: 147ff.). Im Vorfeld der Initiierung einer Netzwerkkooperation werden mit diesem Instrument die vergangenen eigenen Erfolge und Misserfolge sowie die Erfolge und Misserfolge von Stakeholdern in einen direkten Bezug gesetzt, indem die erfolgskritischen Faktoren sowie die zwischen ihnen bestehenden Interdependenzen reflektiert werden. Dabei werden die Kernkompetenzen der identifizierten Akteure überprüft, ob sie sich komplementär zu den eigenen verhalten, zu welchem Grad sie nicht substituierbar sind und welchen Nutzenbeitrag sie leisten können (vgl. Hess 2002: 232ff.). Es wird eine Dekomposition der gesamten produkt- bzw. dienstleistungsbezogenen Wertschöpfungskette der eigenen und der betrachteten Organisation in Subkomponenten und Teilaktivitäten vorgenommen (wie z. B. eingesetzte Technologie, einzelne Schlüsselprozesse oder Zugänge zu den

Adressaten bzw. Kunden). Die möglichen Partner müssen im Ergebnis (Kraege 1997: 160ff.):
- nach Komplementaritätskriterien: ressourcen- und strukturbezogene Anforderungen erfüllen.
- nach Kompatibilitätskriterien: vom Profil der Strategien, Strukturen und der Kultur der Organisationen her ein Zustandekommen der Kooperation ermöglichen und eine Grundstabilität der Partnerschaft sichern.

Aus der Einschätzung der relativen Leistungsfähigkeit und der Passung werden fähigkeitsorientierte Normstrategien für die mögliche Kopplung im Rahmen einer Netzwerkkooperation abgeleitet. Faktoren der Bewertung sind die Transaktionskosten, ein potenzieller Schaden durch „Fähigkeitstransfer" (z. B. das Abschöpfen des eigenen Know-how durch Konkurrenten) und der Verlust an Selbständigkeit. Strategisch wird dabei die Bedeutung der Netzwerkkooperation mit einem betrachteten Stakeholder im Portfolio der eigenen Organisation – in Relation zum Kooperationsfeld und zu den eigenen Kernprozessen – bewertet.

4.4 Diagnose des Vernetzungsstatus mit einer Netzwerkanalyse

Zur weiteren Vorbereitung bietet es sich an, die bestehenden Vorvernetzungen im Rahmen einer Netzwerkanalyse zu untersuchen (vgl. Jansen 2002, Pappi 1987, Schubert et al. 2001). In den Sozialwissenschaften werden insbesondere zwei formale Begriffe von Netzwerk verwandt: Bei einem „ego-zentrierten Netzwerk" werden die sozialen Beziehungen einer bestimmten Person („Ego") in den Blickpunkt gerückt (Pappi 1998: 584). Mit einem Namensgenerator werden je nach Beziehungstyp verschiedene Partner von Ego identifiziert und es wird nur Ego befragt; auf die Bestätigung der Beziehungsangaben durch eine Befragung der Alteri wird verzichtet. Davon sind „Gesamtnetzwerke" zu unterscheiden (Pappi 1998: 585), die Beziehungen eines bestimmten Typs zwischen allen Akteuren bzw. Organisationen einer abgegrenzten Population erfassen (vgl. Wassermann/Faust 1994). In einem „bipartiten" Verständnis müssen sowohl die Personen, die als funktionale Rollenträger Organisationen repräsentieren, in ihren Beziehungen untereinander betrachtet werden als auch die Input-Output-Relationen zwischen den Organisationen selbst.

Bei der formalen Analyse von Gesamtnetzwerken – als abgegrenzte Menge von Elementen und der Menge zwischen ihnen verlaufender Beziehungskanten – werden die Beziehungen unter den Akteuren relational und strukturell betrachtet. Die Akteure gelten dabei nicht als autonom, sondern sind in ihren reziproken Verflechtungen als interdependent wahrzunehmen. Zwei methodische Perspektiven spielen in der Netzwerkanalyse eine wichtige Rolle (Jansen 2002: 47ff.):

- Es werden „*relationale Merkmale*" betrachtet, die nicht Merkmale des einzelnen Akteurs, sondern Eigenschaften von miteinander verbundenen Paaren einer Vernetzung darstellen. In der Netzwerkkooperation können das beispielsweise Formen der Zusammenarbeit, des Austausches oder der Kopplung sein (z. B. direkter informeller Interaktionsaustausch zwischen gleichartigen Organisationen mit starker sozialer Kontrolle, formal und stark kontrollierte direkte Beziehungen zwischen gleichartigen Akteuren in Konkurrenz um knappe Ressourcen oder direkte formelle Verbundenheit von Organisationen mit komplementären Ressourcen aus verschiedenen Sektoren).
- Aus den relationalen Eigenschaften der Beziehungen werden „*strukturelle Merkmale*" für das Netzwerk errechnet. Dabei werden Qualitäten der Vernetzung wie die Dichte der Verbundenheit, die Reichweite sowie Grenze der Verflechtung, die Pfade, auf denen die Akteure über eine spezifische Länge indirekt miteinander verbunden sind, die Redundanz der Beziehungsoptionen und die Flussform der Kooperation abgebildet. Gegenstand der Analyse sind aber auch Beziehungs- und Rollengefüge sowie Positionsstrukturen (wie die Unterscheidung von Feldern mit Akteuren, die stark bzw. schwach in die Vernetzung eingebunden sind, die Unterscheidung von relational verbundenen Teilgruppen (Cliquen, Cluster) von Gruppen mit Netzpositionen struktureller Äquivalenz oder die Identifizierung von Akteuren, die als „Cutpoints" verschiedene Bereiche der Vernetzung zusammenhalten oder als „Gatekeeper" zwei verschiedene Netzbereiche verbinden).

Die Ergebnisse der Netzwerkanalyse liefern nicht nur Erkenntnisse zur Bewertung bestehender Vorvernetzungen für eine geplante Kooperation. Die Netzwerkanalyse ist auch geeignet, um die reale Vernetzungsstruktur während der Netzwerkkooperation als Ist-Situation zu beschreiben und in Bezug zu einer Soll-Struktur zu setzen. Beispielsweise steigt mit der Pfadlänge zwischen kooperierenden Organisationen (durch dazwischen liegende Akteure der Kooperationskette) die Störanfälligkeit beim Transfer von Ressourcen und Informationen (vgl. Wassermann/Faust 1994). Eine Prozesskette kann daher auf der Basis von relationalen und strukturellen Netzbildern weiter entwickelt werden.

Eine ertragreiche Perspektive eröffnet auch die Analyse „struktureller Löcher" (Burt 1992). Schwache Beziehungen zwischen Organisationen, die entweder als „Gatekeeper" verschiedene Cluster des Netzwerks verbinden, überbrücken ein strukturelles Loch. Diese Maklerposition bedeutet eine strategisch gute Ausgangssituation für die Abwicklung des Kooperationsprozesses auf den Austauschebenen von Information und Ressourcen. Für die Aufbauorganisation sind daraus Hinweise abzuleiten, welche Netzpositionen mit Koordinationsfunktionen ausgestattet werden sollten bzw. in welcher Richtung die Organisationsentwicklung zu einer effizienteren Struktur des Kooperationsgeflechts – im Sinne einer optimierten Struktur des Informationsflusses und des Ressourcentausches – führen kann. Dabei gilt: Je höher die Zahl der indirekten Beziehungen, desto höher ist die Effizienz der Netzwerkkooperation; die Effektivität wird netzwerkanalytisch von einer Netzposition aus über die Zahl der insgesamt erreichten Akteure ermittelt (Jansen 2002: 180). Vor diesem Hintergrund ist Redundanz in einem Netzwerk zu vermeiden, indem keine Ressourcen für Direktkontakte ‚vergeudet' werden, zu denen auch eine indirekte Pfadbeziehung besteht (Burt 1992: 51ff.). Die Organisation einer Netzwerkkooperation muss daher „strukturelle Zwänge" minimieren, die daraus resultieren, dass zu viele direkte Beziehungen gepflegt werden, obwohl die Kooperation effizienter über die Koordination indirekter Verflechtungen betrieben werden könnte (vgl. Jansen 2002: 246).

4.5 Managementbausteine und Steuerungselemente

Netzwerkarchitektur und Aufbauorganisation
Ein zentraler Management-Baustein betrifft die Systemarchitektur der Kooperation (Kraege 1997: 96): Er beinhaltet die Kooperationsstrategie, die organisatorische Ausgestaltung der Kooperation (Rechtsform, Aufbau von Managementstrukturen) sowie die Planung des Ressourcenbedarf und der kooperativen Maßnahmen. Zum Gelingen der Kooperation ist ein Managementsystem einzurichten, das von der Besetzung der Koordinationspositionen über die Gestaltung der Informations- und Kommunikationsflüsse zwischen den Partnern bzw. zwischen Netzwerk und Kooperationsträgern bis hin zur Festlegung von Meilensteinen für die Erreichung des Kooperationssachzieles reicht (vgl. Hess 2002: 215ff.).

Für die Gestaltung der Managementstrukturen und Managementprozesse einer Netzwerkkooperation kann auf vier alternative Organisationsmodelle zurückgegriffen werden (Kraege 1997: 97f.):
- das Autonomiemodell (mit einer weitgehenden Herauslösung der Netzwerkkooperation aus den beteiligten Organisationen, z.B. als eigenständiges Projektnetzwerk);
- das Managing-Partner-Modell (mit einer Übertragung der strategischen und operativen Führung der Kooperation auf einen fokalen Akteur);
- das Funktionsmodell (mit einer Teilung der Führungsfunktionen nach den jeweiligen Stärken der Partner) und

- das Vollkonsensmodell (mit einer Wahrnehmung der strategischen und operativen Führung der Kooperation durch alle beteiligten Akteure auf der Basis eines situativ-interaktiv gebildeten Konsenses).

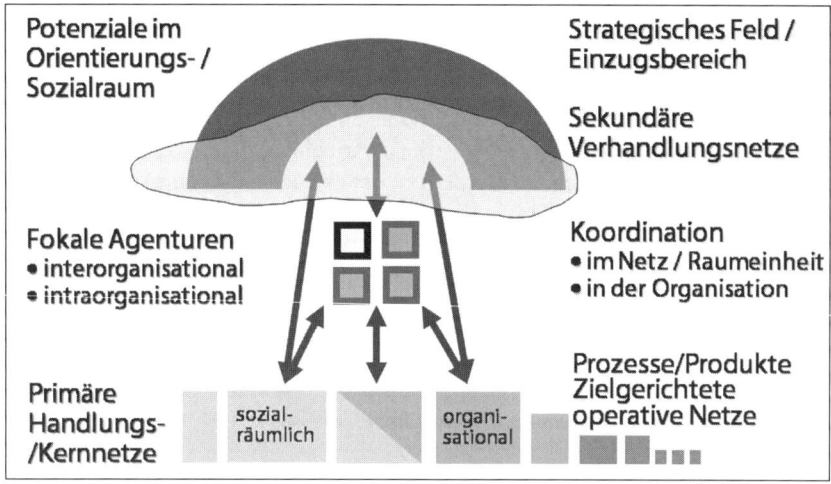

Abbildung 12: Architektur tertiärer Netzwerke

Im Hinblick auf die Schaffung einer effizienten Netzwerkorganisation wird die Einrichtung partiell selbstorganisierender und -steuernder Kooperationsagenturen empfohlen, damit die Einflussnahme der Partner über Direktkontakte begrenzt und somit die notwendige Handlungsflexibilität gesichert ist (vgl. Podolny/ Page 1998: 57ff.).

Der Nutzen einer Kooperation wird umso kleiner, je mehr mit der Größe des Netzwerks die damit verbundenen Transaktionskosten anwachsen. Die Aufbauorganisation eines – insbesondere tertiären – Netzwerkes muss diesem Prinzip Rechnung tragen. Damit die Vernetzungsaktivitäten im ‚Rauschen' eines unübersichtlichen Geflechts vieler Direktbeziehungen von Akteuren nicht unkenntlich werden, ist eine Netzwerkarchitektur mit drei Handlungsebenen (vgl. Abbildung 12) notwendig (Schubert 2005b). Im Feld der kommunalen Daseinsvorsorge bedeutet das beispielsweise: (i) Auf der ersten Ebene werden aus dem gesamten Vernetzungsfeld die aktivierbaren Potenziale gewonnen. (ii) In der Mitte befindet sich vermittelnd eine Koordinationsagentur, die das Netzwerk zur integrativen Bündelung der Kräfte und Leistungen organisiert. (iii) Auf der dritten Handlungsebene bilden sich zu einzelnen Themen und Entwicklungsaspekten horizontale Verbünde von relativ überschaubaren Akteursgeflechten heraus.

- Auf der *ersten Handlungsebene* wird das gesamte *richtungsoffene Vernetzungsfeld* – unter besonderer Berücksichtigung von Akteuren der einschlägigen Fach-, Wirtschafts- und/oder Politiknetzwerke – zusammengefasst. Die Struktur ist im Allgemeinen sehr heterogen, weil die Akteure unterschiedlichen funktionalen und/oder gesellschaftlichen Teilbereichen entstammen. Das Vernetzungsfeld hat keine formale Organisationsstruktur – die richtungsoffene, polyzentrale Vernetzung resultiert vorrangig aus den Selbstbindungen und Definitionen der beteiligten Akteure und nicht aus einem formalen Organisationsstatut.
- Über den strategischen Prozess von Information, Abstimmung und Zusammenwirken bilden sich auf der *zweiten Handlungsebene* zu einzelnen Themen und Entwicklungsaspekten horizontale Verbünde von relativ überschaubaren Akteursgeflechten heraus. Ein solcher Verbund konstituiert sich als – entweder als hierarchisch koordiniertes vertikales oder diagonales oder als selbstorganisiertes horizontales – *Projekt- oder Kontraktnetzwerk* und setzt den einzelnen thematischen Entwicklungsaspekt zielorientiert um. Die Projekt- bzw. Kontraktnetzwerke repräsentieren unter dem Blickwinkel der Ergebnisorientierung den operativen Kern der Vernetzung. Sie besitzen die relativ autonome ‚Zuständigkeit' zur Erfüllung der gewählten Aufgaben und weisen somit ein hohes Maß an dezentraler Entscheidungskompetenz auf. Es sollen dabei nicht nur neue Vernetzungen erzeugt, sondern es soll auch auf bestehende Netzwerke und vorhandene Arbeitsgruppen zurückgegriffen werden.
- Zwischen den richtungsoffenen Verhandlungsnetzen und den zielgerichteten Projekt- und Kontraktnetzen befindet sich als dritte Ebene die *Koordination*. Mit der Koordination ist – insbesondere im Managing-Partner-Modell – eine *fokale Agentur* beauftragt; sie hat vorrangig organisatorische Entwicklungs-, inhaltliche Moderations- und unterstützende Servicefunktionen. Beispielsweise sollen mögliche, noch nicht realisierte Vernetzungen gefördert und Dienstleistungen für die Vernetzung erbracht werden. Im Zusammenspiel der drei Ebenen muss eine Balance zwischen den Eigenaktivitäten der Akteure und der koordinierenden Steuerungsebene angestrebt werden. Wenn dies nicht gelingt, drohen entweder Widerstände der Akteure oder eine Gefährdung der Zielerreichung. Dazu muss – um die o.g. Leitziele von Baitsch und Müller (2001) aufzugreifen – die Koordinationsebene eine Balance zwischen der Herstellung von ‚Ordnung' (durch die Bereitstellung effektiver Arbeitsstrukturen) und dem Zulassen von ‚Unordnung' bzw. ‚Spielräumen' in der Netzwerkperipherie der dezentralen Selbstorganisation (mit dem Ziel effektiver Kooperationsstrukturen) finden.

An die Koordinationsleistungen des Managements werden komplexe „Fähigkeitsanforderungen" gestellt (Kraege 1997: 84): Einerseits werden „politische Fähigkeiten" vorausgesetzt, damit der Zielsetzungsprozess zwischen den Partnerunternehmen kooperativ gestaltet, das Kooperationsprojekt intern durchgesetzt und ein latenter oder akuter Konflikt konstruktiv verhandelt werden kann. Andererseits sind „unternehmerische Fähigkeiten" zum Erkennen von Kooperationschancen und -möglichkeiten sowie zum ständigen Vorantreiben der Kooperation erforderlich. Und drittens werden „analytische Fähigkeiten" zur zielorientierten Planung, Steuerung und Kontrolle der Netzwerkkooperation gewünscht.

Der umrissene organisatorische Aufbau zielt auf eine Bewältigung der ‚äußeren Komplexität' von Kernverflechtungen; daraus ergibt sich eine besondere Aufgabenteilung in der Netzwerkorganisation, damit die ‚innere Komplexität' über eine zunehmende Dezentralisierung von Funktionen steuerbar bleibt (vgl. ebd.: 8). Im skizzierten Strukturmodell werden Macht und Autorität in der Netzwerkorganisation so platziert, dass eine relativ hohe Zahl beteiligter Organisationen (Dezentralisierung) in einer flachen Organisationsstruktur mit wenigen vertikalen Levels (Zentralisierung) eingebettet werden kann (Galbraith 1995: 13).

Für die darunter liegende Perspektive der beteiligten Organisationen wird die Matrixorganisation empfohlen (Becker 2007: 69), wenn die beteiligten und involvierten Mitarbeiterinnen und Mitarbeiter aus den einzelnen Organisationen sowohl einen Anteil ihrer Zeit und Bemühungen für die eigene Organisation als auch einen Anteil für Leistungen der Netzwerkkooperation aufwenden.

Bezogen auf eine sozialraumorientierte Vernetzung zeigt Abbildung 13 eine mögliche Aufbauorganisation. Die Koordinationsagentur organisiert dabei ein sozialräumliches Netzwerk zur integrativen Bündelung der Kräfte und Leistungen. Das Netzwerkmanagement dient dazu, die professionellen Möglichkeiten der beteiligten Träger, Einrichtungen und intermediären Akteure zu verbinden. Außerdem zielt es darauf, die vorhandenen Entwicklungspotenziale im Quartier zu wecken, zu aktivieren und zu unterstützen (vgl. Schubert 2005c). Die Aufbauorganisation ist davon gekennzeichnet, dass das strategische Netzwerkmanagement auf der Ebene der kommunalen Verwaltung hierarchisch koordiniert wird. Damit muss eine verknüpfende Stelle – wie z. B. die Jugendhilfe-/Sozialplanung – innerhalb der Stadtverwaltung beauftragt werden. Auf der Ebene des Sozialraums findet das operative Netzwerkmanagement statt, indem eine Koordinationsagentur – wie z. B. ein ausgewählter Träger – die lokalen Träger, Einrichtungen und zivilgesellschaftlichen Kräfte horizontal über Selbstbindungen vernetzt, in den inhaltlichen Abstimmungen koordiniert und in Verhandlungen nach außen vertritt.

Netzwerkkooperation

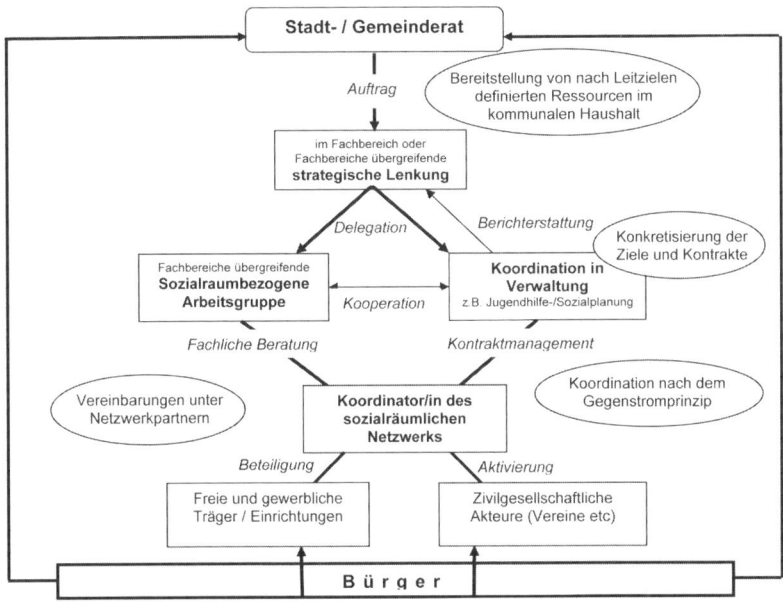

Abbildung 13: Exemplarische Aufbauorganisation eines sozialräumlichen Netzwerkmanagements

Angelehnt an die Logik des Public Management handelt es sich um eine ‚dreifache Koordination', die als Gesamtsystem ineinander greift: (i) Auf der normativen Ebene des Politiknetzwerkes vom Stadt- oder Gemeinderat muss das Netzwerkmanagement rechtzeitig und hinreichend Informationen bereitstellen, damit zielrelevante Entscheidungen getroffen werden können. (ii) Auf der strategischen Ebene der Verwaltungshierarchien werden die durch den Gemeinderat normativ vorgegebenen Ziele weiter entwickelt. Dazu wird eine Koordinationsinstanz benötigt, die Fachbereiche übergreifend – unterstützt durch eine interdisziplinäre Arbeitsgruppe – die Schnittstellen zwischen den Geschäftskreisen bearbeitet (intersektoral-diagonale Koordination), die fachspezifischen Sichtweisen in der Stadtverwaltung bündelt und in Abstimmung mit den Akteuren des sozialräumlichen Netzwerkes kontraktierbare Zielkonkretisierungen aushandelt. (iii) Auf der Ebene des Sozialraums übernimmt eine Koordinationsagentur die konkrete Vernetzungs-, Aushandlungs- und Umsetzungsaufgaben des operativen Netzwerkmanagements (operative Raumkoordination).

Prozess- und Projektmanagement

Damit der Organisationsaufbau eines tertiären Netzwerkes gelingen kann, sind die Netzwerkstrukturen prozessorientiert angemessen aufzubauen und zu gestalten (vgl. Hess 2002: 123ff.). Im Hinblick auf diese Managementaufgaben sind einige Aspekte besonders zu beachten. Das Selbstverständnis des tertiären Netzwerkes darf nicht auf die Ebene der – als Sekundärprozesse angelegte – richtungsoffenen Verhandlungsnetze begrenzt bleiben; besser ist eine Fokussierung auf die – an Primärprozessen ausgerichteten – Aktivitäten als tragende Säule der Vernetzung.

Die Gestaltung der Netzwerkstrukturen erfolgt im Rahmen eines Projektmanagements, das sich bekanntlich signifikant von Standardabläufen abgrenzt. Eine Netzwerkkooperation wird unter Kostengesichtspunkten als Einzelprojekt betrachtet, das bestimmte Leistungen bei den Kooperationspartnern einkauft und entsprechend Leistungen an Dritte verkauft (Becker 2007: 69). Ein Projekt wird, angelehnt an die DIN-Norm 69901, definiert als ein zeitlich begrenztes (einmaliges) und komplexes Vorhaben mit einem formulierten Ziel und einem festgelegten Anfangs- und Endzeitpunkt sowie begrenzten Ressourcen. Die Planung, Organisation, Überwachung, Steuerung und Auswertung einer Netzwerkkooperation und die Führung der interorganisational beteiligten Mitarbeiterinnen und Mitarbeiter sind Aufgaben des Projektmanagements (vgl. Süß/Eschlbeck 2002). Es ist darauf ausgerichtet, die definierten Projektziele innerhalb des festgelegten Zeitraums mit den zur Verfügung stehenden Ressourcen zu erreichen. Deshalb müssen bei der Abwicklung von Projekten der Netzwerkkooperation die angestrebten Zielgrößen Ergebnis (Qualität), Zeit und Aufwand (Kosten) im Rahmen der drei Phasen Projektplanung, Projektdurchführung und Projektsteuerung definiert werden.

Eine gute Projektplanung ist die Grundlage für eine erfolgreiche Netzwerkkooperation und eine qualifizierte Steuerung (Hess 2002: 159ff.). In dieser Phase erfolgt die Projektdefinition; dabei werden die Ausgangssituation charakterisiert und die Projektziele konkretisiert sowie verbindlich festgelegt (vgl. ebd.: 256ff.). Im Rahmen der Zielformulierung werden auch die Indikatoren definiert, mit denen die Zielerreichung der Netzwerkkooperation gemessen werden soll. Ebenfalls in der Phase der Projektplanung werden die Planung und die Organisation des Projektablaufs vorgenommen. Nach der Ermittlung und ergebnisbezogenen Definition von einzelnen Aktivitäten der Netzwerkkooperation werden diese in eine zeitliche Abfolge gebracht und über die Festlegung von Meilensteinen – als zu erreichende Schlüsselereignisse – strukturiert. Zu den einzelnen Aufgaben des Kooperationsprojekts – zerlegt in Teilaufgaben und gegliedert in Arbeitspakete – werden anschließend die verantwortlichen Organisationen – und dort die zuständigen Stellen und Personen – zugeordnet und das integrative Zusammenwirken bis zum nächsten Meilenstein als Ablaufprozess beschrieben. Beim Prozess der Aufgabenfestlegung und der Aufgabenzuordnung müssen die in der Netzwerkkooperation notwendigen Ressourcen eingeschätzt und den einzelnen Partnern zugeordnet werden (Personal-, Zeit-, Geld-, Sachmittel- und Raumbedarf). Die Regelungen für die Budgetierung werden im Allgemeinen in einer Projektvereinbarung festgelegt. Darin werden explizit Ergebnisziele, Verrechnungssätze, Rechte und Pflichten der Koordination, Kalkulationsgrundlagen, das Budget und die eventuelle Einrichtung einer Steuergruppe (interorganisationaler Lenkungskreis) vereinbart.

Insbesondere der Meilensteintechnik wird bei der Zerlegung der Kooperationsaufgabe in zeit- und sachbezogene Aufgabenblöcke eine große Bedeutung zugeschrieben (Kraege 1997: 180f.). Es wird empfohlen, zwischen sachbezogenen und strategischen Meilensteinen zu differenzieren: Strategische Meilensteine werden über das Erreichen von festgelegten Schlüsselgrößen wie Qualität oder Marktanteil, Bekanntheitsgrad, Erzielung von Lernfortschritten o. ä. definiert. Im Unterschied zu monatlichen Berichten des Controllings über den Fortgang der Netzwerkkooperation, die eher sachbezogene Informationen enthalten, sollen die strategischen Meilensteinen Module des jährlichen Strategieberichts bilden, in denen die Kooperationsentwicklung aus einer wertorientierten und potenzialorientierten Perspektive dargestellt wird (Abbildung der strategischen Erfolgspositionen und Realisierungsgrade strategischer Meilensteine). Ein weiterer unterscheidbarer Meilensteintyp betrifft den Kooperationserfolg; in dieser Hinsicht ist die Durchführung gemeinsamer Veranstaltungen verbreitet, die der Entwicklung einer eigenständigen Netzwerkidentität sowie dem Aufbau bzw. der Festigung von Vertrauen unter den Akteuren dienen (Howaldt/Ellerkmann 2007: 40).

In der Phase der Projektdurchführung werden die festgelegten Aufgaben und Arbeitspakete unter Verwendung der vereinbarten Ressourcen mit der Orientierung erledigt, die definierten Projektziele zu erreichen. Die Regelung der Verantwortung, die Überwachung der Abläufe und die Koordination des Ressourcenverbrauchs sind Bestandteile der Projektsteuerung. Gesteuert wird die Netzwerkkooperation auf der Grundlage der Planungsfestlegungen, indem der jeweilig aktuelle Stand und Fortschritt der Kooperation im Rahmen eines kontinuierlichen Ist-Soll-Vergleichs überwacht wird und gegebenenfalls Abweichungskorrekturen vorgenommen werden (Einhaltung von Projektzielen, Kontrolle von Termin- und Kostenvorgaben).

Für ein konsequentes Management tertiärer Netzwerke in Projektform können vor allem folgende Instrumente hervorgehoben werden (vgl. Schubert 2005b, Howaldt/Ellerkmann 2007: 40):

- Zielformulierungen (nach dem SMART-Prinzip: spezifisch, messbar, akzeptabel/attraktiv, realistisch, terminfixiert);
- die Abstimmung arbeitsteiliger Arbeitsschritte und von Meilensteinen für die Zielerreichung im Rahmen des Vernetzungsprozesses;
- eine Definition des operativen Managementprozesses durch die Koordinationsebene (als Sekundärprozess) und Abgrenzung der dezentral, von beteiligten Akteuren selbst verantworteten Aktivitäten (des Primärprozesses);
- der Abschluss von Ziel- und Ergebnisvereinbarungen unter den beteiligten Akteuren für die Umsetzungs- und Arbeitsschritte in den Projekt- bzw. Kontraktnetzen;
- die Einrichtung einer Infrastruktur für die Kommunikation und das organisationale Lernen im Netzwerk wie zum Beispiel Plattformen zum Austausch der Kooperationspartner, Vereinbarung einer Systematik regelmäßiger Netzwerktreffen, Durchführung organisationsübergreifender Workshops und gemeinsamer Qualifizierungsmaßnahmen;
- die Institutionalisierung eines Berichtswesens auf der Grundlage von Indikatoren zur Dokumentation des Outputs der Vernetzung und der Netzwerkqualität sowie zur Überprüfung der Zielerreichung (Wirkung/Ergebnisse).

Damit tertiäre Netzwerke in der kommunalen Daseinsvorsorge durch eine Beschränkung auf korporative Akteure nicht den Realitätsbezug verlieren, gehört zum Prozessmanagement auch eine stetige Öffnung zu den sekundären Netzwerken der zivilgesellschaftlichen Akteure. Dabei geht es oftmals um den Einbezug der Adressaten und Zielgruppen des Vernetzungsanlasses. Eine Beschränkung auf die einschlägigen korporativen Akteure der Verwaltung, der Sozialwirtschaft, der Verbände und der einschlägigen Institutionen beinhaltet die Gefahr, dass Lernprozesse der Problemlösung schnell bei alten Mustern landen. Im Rahmen der Qualitätssicherung muss die kontinuierliche Öffnung zu dieser relevanten Stakeholdergruppe im Projektmanagement angelegt werden.

Kontraktmanagement
Die bisherigen Erfahrungen in Projekten der Netzwerkkooperation unterstreichen, dass eine ausschließlich auf vertraglichen Regeln beruhende Verhaltenskoordination wegen der begrenzten Rationalität der Kooperationspartner und wegen eines nicht prognostizierbaren Wandels in der Umwelt nicht ausreicht; insbesondere interaktive Maßnahmen der Vertrauensbildung unter den Akteuren dürfen nicht vernachlässigt werden. Formale Kooperationsvereinbarungen sind nur bedingt dazu geeignet, das kooperationsinhärente Risiko signifikant zu begrenzen und das Kooperationsmanagement effektiv zu entlasten (Kraege 1997: 7). Dennoch können die komplexen Prozesse des netzförmigen Zusammenwir-

kens nicht nur über informelle Absprachen gesteuert werden; das formale Kontraktmanagement einer Netzwerkkooperation muss in zeitlich kurzfristigeren Rhythmen mit regelmäßigen Feedback- und Fortschreibungsschleifen tiefenschärfer vollzogen werden (vgl. Hess 2002: 253f.).

Im Allgemeinen wird das Kontraktmanagement als Steuerungs- und Planungsinstrument verstanden, bei dem Ziele vereinbart werden, d.h. Absprachen über zu erbringende Leistungen und Ergebnisse, die dafür zur Verfügung gestellten Ressourcen und die Art der Berichterstattung bzw. Ergebnisdokumentation getroffen werden. Ein Kontrakt lässt sich definieren als:

- schriftliche Absprache
- zwischen (zwei oder mehreren) Partnern
- über zu erreichende Ergebnisse (Ziele)
- in einem definierten Zeitraum
- mit einem festgelegten Budget und
- unter kontinuierlicher Berichterstattung über die tatsächlich erzielten Ergebnisse.

Der Zeithorizont einer Kooperationsvereinbarung sollte zeitlich und sachlich befristet sein, damit flexible Anpassungen und Fortschreibungen im Kooperationsprozess möglich sind (Kraege 1997: 67ff). Geregelt werden im Allgemeinen der Kooperationsgegenstand und die Art der Ressourcen- sowie die interorganisationale Funktionsverknüpfung. Ein weiterer Gegenstand ist die Rechtsstruktur der Zusammenarbeit, ob etwa gemeinsam ein neuer organisatorischer Rahmen gebildet werden oder eine Beschränkung auf eine rein projektbezogene Zusammenarbeit erfolgen soll. Die Übertragung von Rechten und Entscheidungskompetenzen unter den Partnern bildet einen relevanten Abschnitt von Kontrakten. In der Kooperationsvereinbarung wird auch der Aktivitätsumfang festgelegt: Bei unifunktionalen Vereinbarungen wird nur eine einzige Aktivität in der Wertschöpfungskette von Partnern gemeinsam ausgeführt (Y-Kooperation); in der multifunktionalen Absprache werden mehrere Aktivitäten der Wertschöpfungskette arbeitsteilig geleistet (X-Kooperation), was komplementäre Fähigkeitsprofile voraussetzt.

Das Instrument des Kontraktmanagements ist dem Führungsmodell „Management by Objectives" (MbO, Führung durch Ziele) nachempfunden. Der Managementzyklus des ‚Kontraktierens' wird dabei als kybernetischer Regelkreis gestaltet: Aus definierten Problemen werden Ziele zu ihrer Beseitigung abgeleitet, und es wird ein Handlungsplan zur Erreichung dieser Ziele aufgestellt. Nach der Ausführung der Maßnahmen bzw. im weiteren Prozess wird der Erreichungsgrad kontrolliert, um aus der Entdeckung von Abweichungen Folgerungen zu ziehen und den Handlungsplan für den nächsten Zyklus zu verbessern. Insofern handelt es sich um eine Steuerung durch Ziele *und* Zielerreichungskontrollen. Vom traditionellen Steuerungsmodell der Normvorgaben unterscheidet sich dieses Vorgehen durch systemische Rückkopplungsbeziehungen, dezentrale Zielverantwortung und dadurch ausgelöste organisationale Lernprozesse.

Netzwerkcontrolling
In der Netzwerkkooperation ist das Controlling eng an die Koordinationsfunktion gebunden, mit der es das „Schnittstellen-Management" (Horváth) – infolge einer Zunahme intra- und interorganisatorischer Schnittstellen bei der Netzwerkkooperation – aktiv unterstützt (ebd.: 7ff.). Anders herum betrachtet, verkörpert eine Koordinationsagentur ein Element des operativen Controllings. Dabei muss das Controlling zwischen den Perspektiven in drei Dimensionen vermitteln: (1) zwischen den unterschiedlichen Phasen des Kooperationsprojekts, (2) zwischen dem Kooperationsprojekt und den Auswirkungen in den Organisationen der Partner sowie (3) zwischen den verschiedenen Einzelperspektiven der Partner (Kraege 1997: 131ff.).

In diesem Kontext setzt das Netzwerkcontrolling einen ‚doppelten Rahmen', um sowohl die operative als auch die strategische Steuerung einerseits auf der interorganisationalen Ebene der Netzwerkkooperation und andererseits auf der intraorganisationalen Ebene der einzelnen Akteure bzw. Partnerorganisationen miteinander zu verzahnen (vgl. Hess 2002: 66ff.). Die partiell unterschiedlichen Ziele und Interessen der Kooperationspartner werden dokumentiert, abgestimmt und nachvollziehbar in das gemeinsame Kooperationsvorhaben integriert, wobei die verbleibenden Zielkonflikte transparent bleiben müssen. Damit schafft das Netzwerkcontrolling die Voraussetzungen, dass die Funktionalitäts- und Flexibilitätserfordernisse im Spannungsfeld zwischen den Partnern und dem Kooperationsaggregat fortschreitend abgeglichen und handlungsleitend koordiniert werden können. Und es wird sichergestellt, dass (a) die Produkt- und Ressourcenstrategie sowie (b) die Organisationsstruktur des Netzwerks mit der spezifischen Umweltsituation korrespondieren und passgenau aufeinander abgestimmt sind.

Im Prozess des Netzwerkcontrollings kommt dem *„Potenzialmanagement"* eine besondere Bedeutung zu (Kraege 1997: 35ff.). Zu Grunde liegt die Orientierung an den Potenzialen und Erfolgsfaktoren der beteiligten Akteure bzw. Organisationen bei der Entwicklung, beim Aufbau und bei der Durchführung der Netzwerkkooperation. Unter den Potenzialen sind im Allgemeinen immaterielle Faktoren, verfügbare Mittel, Möglichkeiten, Fähigkeiten und Energien zu verstehen, die das Leistungsvermögen der einzelnen Partner, aber auch ihrer Vernetzung ausdrücken und im Zusammenspiel der Akteure auf der Ergebnisebene zu Erfolgsgrößen umgewandelt werden sollen. Das Potenzialmanagement wird in drei Dimensionen abgebildet: (a) (monetäre) Erfolge in der Input-Output-Relation, (b) produkt- bzw. marktbezogene Erfolgspotenziale wie Marktanteil, Produktqualität, Service-/ Dienstleistungsqualität als strategische Erfolgspositionen und (c) das organisationsbezogene Fähigkeits- und Kompetenzpotenzial.

In der erweiterten Nutzung bestehender Fähigkeiten und Potenziale verfolgt die Koordination das Ziel, dass die Partner über komplementäre Kopplungen eine kooperative Wertsteigerung erreichen, indem ihre Stärken und Erfolgspotenziale quantitativ und qualitativ verbunden werden (ebd.: 56ff). Die Kooperationspartner partizipieren beispielsweise an intangiblen Ressourcen in Form von „embedded knowledge" (d.h., in organisationalen Routinen verankertes Wissen) und an „tacit knowledge" (d.h., nicht formalisiertes implizites Wissen). Über dieses Wissen verfügen die Einzelorganisationen; in der Zusammenarbeit wird aber auch neues, gemeinsames Wissen dieser Art erzeugt. Eine Grundaufgabe des Netzwerkcontrollings besteht darin, die bestehenden Potenziale (als Potenzialität der Netzwerkkooperation) zu dokumentieren, für die strategische Steuerung den Zusammenhang zwischen den Fähigkeitspotenzialen, Erfolgspotenzialen und dem kooperativen Erfolg zu analysieren und die komplementären Kopplungen zu koordinieren. Vor diesem Hintergrund stellt das Netzwerkcontrolling ein Instrument dar, das den Aufbau, die Sicherung und die Nutzung von Erfolgspotenzialen überwacht, ein hohes Flexibilitätspotenzial sicherstellt und – insbesondere in erwerbswirtschaftlichen Feldern – einen Nutzenbeitrag zum Ausbau einer Unique Selling Proposition (Alleinstellungsmerkmal als Wettbewerbsvorteil) leistet, die aus der kooperativen Integration spezifischer Potenziale resultiert.

Bei der Analyse der Erfolgsfaktoren kommen analytisch-deskriptive Modelle (z. B. Erfahrungskurve, Produktlebenszyklus), die Evaluation von Erfahrungswissen (aus Fallstudien explorativ abgeleitete Erfolgsfaktoren) und empirische Untersuchungen mit statistischen Datenauswertungen zur Anwendung, aus denen Fähigkeitsanforderungen für das Kooperationsmanagement gewonnen werden (ebd.: 84). Als weitere Methode wird das „Kooperationsaudit" genannt (Becker/Ellerkmann 2007: 87), mit dem die Prozessqualität und der Reifegrad des Zusammenwirkens der Kooperationspartner bewertet werden, um auf dieser Erkenntnisgrundlage Verbesserungsschritte einzuleiten. Mit ähnlicher Zielsetzung wird der Kooperationslebenszyklus phasenorientiert strukturiert (Kraege 1997: 84f.): Das Netzwerkcontrolling identifiziert dabei im Entwicklungsverlauf von der Kooperationsinitiierung bis zum Kooperationsabschluss die kooperationsfördernden und kooperationshemmenden Einflussfaktoren, leitet den phasenspezifischen Handlungs- und Anpassungsbedarf ab, ordnet den einzelnen, abgrenzbaren Phasen der Netzwerkkooperation Problemlösungen zu und implementiert Konsequenzen in der Koordination der Kooperation.

Die *Koordinationsfunktion* des Netzwerkcontrollings richtet sich vor allem an den kooperativ vereinbarten Potenzial- und Wertzielen aus (vgl. Hans 2006). Nach der Transaktionskostentheorie ist dabei diejenige institutionelle Koordinationsform zwischen den idealtypischen Steuerungsformen Marktsteuerung, hierarchischer Koordination und Selbstorganisation zu wählen, die zu den niedrigsten Kosten führt (Kraege 1997: 55). Die Zusammenlegung von Funktionen und Kapazitäten von Partnern in einem Netzwerk verfolgt immer eine Kostenreduzierung, weil die Investitionen und Risiken geteilt werden können. Dies besitzt eine besondere Relevanz in reifen und schrumpfenden Märkten der gleichen Branche oder der gleichen Wertschöpfungsstufe mit identischen Stärkenprofilen (ebd.: 61f.).

Indem die Netzwerkkooperation koordinationsorientiert unterstützt wird, gibt das Controlling eine Steuerungshilfe für Führungsprozesse, Willensbildung, Willensdurchsetzung und Willenssicherung (Hess 2002: 151ff.). An den Schnittstellen und Überlappungen werden die Planungs-, Steuerungs- und Kontrollsysteme der einzelnen beteiligten Organisationen über ein zentrales Controlling- und Informationssystem der Netzwerkkooperation eng verzahnt (Kraege 1997: 108). Horvath führt dazu aus: Ein solches „Controlling ist – funktional gesehen – ein Subsystem der Führung, das Planung und Kontrolle sowie Informationsversorgung systembildend und systemkoppelnd koordiniert und so die Adaption und Koordination des Gesamtsystems unterstützt" (1994: 144).

Damit der Aufbau und die Nutzung des strategischen Grundvermögens einer Vernetzung hinreichend geplant und kontrolliert werden können, soll das Netzwerkcontrolling steuerungsrelevante Informationen für die Koordination beim Potenzialaufbau und für die Koordination der Potenzialnutzung liefern:

> „Das Kooperationscontrolling hat auf der Kooperations- und Kooperationsträgerebene eine an den Wert-und Potenzialzielen der Partnerunternehmungen ausgerichtete Kooperationsplanung und -steuerung zu unterstützen und sicherzustellen, für eine ausreichende Informationsbasis bei Kooperationsentscheidungen zu sorgen, eine regelmäßige Kooperationsüberprüfung und -kontrolle durchzuführen sowie die Instrumente für ein wert-und potenzialorientiertes Kooperationsmanagement zu entwerfen, weiterzuentwickeln und deren Anwendung zu überwachen und zu unterstützen." (Kraege 1997: 125)

Der hohe Stellenwert der hierarchischen oder horizontalen Koordinationsweise beim Controlling erklärt sich daraus, dass der Markt als klassischer Koordinationsmechanismus nur begrenzt für die Netzwerkkooperation tauglich ist und die marktbasierten Kontrakte unter den Akteuren nur eine begrenzte Koordinationskapazität aufweisen.

Die wichtigsten Aufgaben des Controllings im Rahmen einer Netzwerkkooperation lassen sich folgendermaßen zusammenfassen (ebd.: 134f.):
- potenzialorientierte Analyse der strategischen Ausgangssituation;
- Erarbeitung und Festlegung von Zielen für den Wertschöpfungsprozess (Primärprozess);
- Lückenanalyse zur Bestimmung von Schwachstellen und Engpässen, die eine Netzwerkkooperation für die beteiligten Akteure attraktiv macht;
- Analyse der Fähigkeiten und Fähigkeitspotenziale in den einzelnen Organisationen der potenziellen Kooperationspartner;
- wert- und potenzialorientierte Beurteilung der Netzwerkkooperation als Mittel zur Befolgung der gewählten Strategie;
- die Bestimmung des Ressourcenbedarfs für die Netzwerkkooperation;
- Informationsbereitstellung für die Kooperationsinitiierung und Partnerfindung – insbesondere zur Partnerkomplementarität und -kompatibilität;
- Beurteilung von Kooperationsalternativen;
- Planung der Konfiguration, Aufbauorganisation und Budgetierung der Netzwerkkooperation;
- Planung der Implementierung nach der Projektmanagementmethode und Koordinierung der Netzwerkkooperation nach einem Projektplan und dem geeigneten Steuerungsmodus;
- Input der Zielkataloge bei den Verhandlungen und bei der Kontraktgestaltung;
- Implementierung eines Informations- und Kontrollsystems sowohl auf der intraorganisationalen Ebene der einzelnen Kooperationspartner als auch auf der interorganisationalen Ebene der Netzwerkkooperation;
- Installierung eines kooperationsbezogenen Früherkennungssystems zur rechtzeitigen Konflikterkennung;
- Koordinierung einer kontinuierlichen sach- und ergebnisbezogenen Kommunikation zwischen den Kooperationspartnern;
- Institutionalisierung eines operativen und strategischen Berichts- und Informationserstattungssystems über die Netzwerkkooperation;
- Durchführung regelmäßiger Strategieaudits;
- Durchführung einer ständigen, den Kooperationsprozess begleitenden, strategischen Kontrolle hinsichtlich der Wert- und Potenzialziele für die Kooperation;
- Abschlussdokumentation der Netzwerkkooperation.

Erfolgsfaktoren von Netzwerkkooperation

Kraege dokumentiert die Ergebnisse einer Befragung von Führungskräften, die aus den Perspektiven der Unternehmensentwicklung, des Controllings, der Koordination und der Unternehmensberatung Erfahrungen mit Netzwerkkooperationen haben. In den Leitfaden-Interviews wurden die folgenden Erfolgsfaktoren von Netzwerkkooperation herauskristallisiert (ebd.: 243ff.):

(1) Der Kooperationsertrag muss ausreichend groß sein, um eine sichere Befriedigung der Interessen aller Beteiligten zu gewährleisten.

(2) Die Güte der mit einer Kooperation verfolgten Strategie bzw. das gesamte unternehmerische Konzept bestimmen das Erfolgspotenzial der Netzwerkkooperation.

(3) Erfolgreiche Kooperationen können nur zwischen Partnern mit komplementären Ressourcen und Zielen durchgeführt werden. Eine Mindestkompatibilität der Kulturen gilt als erfolgsfördernd.

(4) Zwischen den Kooperationsträgern muss ein Grundvertrauen bestehen.

(5) Die Kooperationsziele müssen eindeutig formuliert und kooperationsweit bekannt gegeben werden.

(6) Voraussetzung für jede Netzwerkkooperation ist eine Vision, ein Leitbild, das zwischen den Beteiligten ein Wir-Gefühl entstehen lässt.

(7) Erfolgsfördernd ist der Einbau einer Mindestautonomie der Netzwerkkooperation und der Möglichkeiten zur flexiblen Kooperationssteuerung und -weiterentwicklung.

(8) Voraussetzung für eine erfolgreiche Kooperation ist eine solide, aber nicht zu detaillierte Planung der Kooperation.

(9) Die Kooperationswirkungen und -ergebnisse müssen realistisch geschätzt werden, um negative Wirkungen einer Planungseuphorie auf die Motivation der Beteiligten im Kooperationsverlauf zu vermeiden.

(10) Die frühzeitige und eindeutige Zuordnung von Ressourcen und die personelle Benennung von Verantwortlichen schafft eine erfolgsfördernde Kooperationstransparenz.

(11) Solide und flexible Verträge haben eine stabilitätsfördernde Wirkung.

(12) Zur Planung und Umsetzung von Vorhaben der Netzwerkkooperation bedarf es eines kompetenten Projektmanagements und Netzwerkcontrollings, ausreichender personeller Kapazitäten in den koordinierenden Funktionsbereichen und der Existenz hinreichend einflussreicher Promotoren in den Partnerorganisationen.

(13) Zur Erreichung der Kooperationsziele und zur Bewahrung der Kooperationsstabilität sind eine intensive Kommunikation und ein effektives Konfliktmanagement zwischen den Partnerorganisationen erforderlich.

(14) Der Einsatz flexibler Planungs-, Steuerungs- und Kontrollinstrumente hat auf die Netzwerkkooperation effizienz- und effektivitätssteigernde Wirkungen.
(15) Der Einsatz von externen Beratern wirkt komplexitätsreduzierend und konfliktlösend.

5 Ausblick: Netzwerkplanung

Der skizzierte Handlungsrahmen veranschaulicht, dass das Management von Netzwerkkooperation einen komplexen Prozess und eine differenzierte Anwendung von Instrumenten umfasst. Der Prozess reicht von der Ideengenerierung über die Erhebung und Bewertung der potenziellen Kooperationspartner der Beziehungsoptionen und über Kooperationsverhandlungen zwischen ausgewählten potenziellen Partnern bis hin zur Entscheidung und Realisierung der Netzwerkkooperation. Es ist offensichtlich, dass ein solcher Kooperationszusammenhang systematisch und vorausschauend reflektiert und geplant werden muss. Die Kompetenz der Netzwerkplanung, die dem Netzwerkcontrolling zugeordnet ist, wird in der Zukunft in allen Handlungsbereichen verstärkt gefordert sein. Zur Vorbereitung einer Netzwerkkooperation werden Netzwerkplaner/innen die Aufgabenstellung analysieren, die Generierung der Netzwerkpartner vorbereiten, den Ablauf ihres Ineinandergreifens vorstrukturieren und das Verfahren der gemeinsamen Zielformulierungen und Zielvereinbarungen moderieren. Die professionelle planerische Vorbereitung einer Netzwerkkooperation kann als ein entscheidender Meilenstein für den Erfolg bewertet werden. Dies gilt für alle gesellschaftlichen Funktionsbereiche: sei es die wirtschaftliche Kooperation von Unternehmen, seien es wissenschaftliche Netzwerke oder sei es Vernetzungen im Rahmen der Daseinsvorsorge auf der kommunalen Ebene.

Am Beispiel der kommunalen Daseinsvorsorge sollen die zukünftigen Anforderungen der Netzwerkplanung abschließend verdeutlicht werden: Ein Alleinstellungsmerkmal sozialwirtschaftlichen Handelns im Rahmen der kommunalen Daseinsvorsorge besteht darin, dass die in natürlichen Netzen gebündelten sozialen Ressourcen – wie z.B. die Primärnetzwerke der Familie, des Freundeskreises und vertrauter Kollegencliquen sowie die Sekundärnetzwerke der Vereine – auch Gegenstand der fachlich-professionellen Primärprozesse sind. Mit der Konstruktion künstlicher (tertiärer) Netzwerke werden professionelle Ressourcen gebündelt und fachliche Aktivitäten interdisziplinär koordiniert sowie mit den lokalen Primär- und Sekundärnetzwerken gekoppelt. Die Vernetzungen von öffentlichen, sozialwirtschaftlichen und zivilgesellschaftlichen Akteuren im

Rahmen der kommunalen Daseinsvorsorge fallen in das Aufgabenfeld der sozialen Infrastrukturplanung. Wenn wir die Entwicklungsphasen der Sozialplanung seit den 70er Jahren Revue passieren lassen, ist in der Zusammenschau die Verschiebung von einer ‚univalenten Standardisierung' zu einer ‚polyvalenten Flexibilisierung' festzustellen. In den 1970er Jahren dominierte beispielsweise ein Denken in Einzelproblemen: Jedes Einzelproblem wurde zuerst einem Funktionsbereich zugeordnet (Jugend, Soziales, Gesundheit, Bildung); in dem jeweiligen Handlungsfeld wurde – falls noch nicht vorhanden – zur ‚Bearbeitung des Problems' ein spezifischer Infrastrukturtyp entwickelt und als Betriebsform flächendeckend implementiert. Dabei bildeten sich die bereits beschriebenen (s.o.) Funktions- und Hierarchiebarrieren heraus, die zu einer Zergliederung der institutionellen Unterstützungsstrukturen führten – das System der Einrichtungen des Bildungs-, Gesundheits-, Jugend- und Sozialsektor war in der Folge fragmentiert. Sukzessiv setzte sich ein Denken in Problemzusammenhängen durch, das die individuelle Genese und die lokalen Rahmenbedingungen mit ins Kalkül einbezog. Seit den 1990er Jahren besteht eine Tendenz zu einer flexibleren Infrastrukturplanung, die mehrere Handlungsstränge zu integrieren versucht. Dies erfolgt vor allem in Gestalt einer „projektorientierten", d.h. punktuell intervenierenden Planung, in der die ‚Software' im Sinne der Problemdefinitionen und der Aktivierung der Akteure einen hohen Stellenwert besitzt, die ‚Hardware' im Sinne von Gebäude, Raumprogramm und materieller Ausstattung aber immer weniger Beachtung findet. Zugleich werden formelle Planungsabläufe durch informelle Verfahren ersetzt. In diesen Projekten der Sozialplanung nimmt die Bedeutung der hierarchischen Steuerung im Planungsprozess sukzessiv ab, während der Aspekt der Kooperation und der kooperativen Umsetzung an Bedeutung gewinnt (Planung im Konsens anstatt als Befehlssystem). In der aktuellen Orientierung der Sozialplanung werden spezifische Areale des Siedlungsraums als administrative Raumeinheit genutzt, um darin vorhandene professionelle Interventionen zu koordinieren (Sozialraumorientierung). Statt neue Einzelinfrastrukturen zu planen, wird unter der Kategorie des Sozialraums eine „Netzwerkplanung" betrieben, nach der verschiedene Akteure aus Verwaltung, Bildungswesen, Gesundheitswesen, sozialer Arbeit und Kultur raum- und problemkontextbezogen kooperieren sollen.

Das planerische Konzept der Sozialraumorientierung geht von der infrastrukturellen Ausstattung als räumlich-administratives Bezugssystem auf drei unterschiedlichen Ebenen aus (vgl. Jordan et al. 2001: 17): (i) die Struktur eines Sozialraumes unter administrativen Gesichtspunkten – abgebildet durch eine Sozialberichterstattung; (ii) das Handlungssystem eines Sozialraums – repräsentiert von den Infrastruktureinrichtungen, Organisationen und Praxiselementen ihrer Akteure; und (iii) die Lebenswelten der Bewohnerschaft im Allgemeinen und spezifischer Adressatengruppen im Besonderen, die professionell ‚bearbeitet' werden. Im Mittelpunkt stehen die soziale Dienstleistungsinfrastruktur und ihre Produktkette. Um die Infrastruktur im Sozialraum vernetzt steuern zu können, wird eine spezifische Aufbauorganisation von Agenturen und Gremien implementiert. Mit dem Ziel Probleme und Defizite im Sozialraum zu verringern, wird nach der Bestandsaufnahme der Infrastruktur und nach der Bewertung der Lebenssituation von Bevölkerungs-/Zielgruppen der fachpolitische Handlungsbedarf sektorenübergreifend und unter aktiver Beteiligung der Betroffenen formuliert und planerisch in integrierte Handlungskonzepte übertragen.

Die planerisch initiierten und entwickelten Netzwerke von Infrastruktureinrichtungen eines Sozialraums sind (a) operativ auf einen Primärprozess ausgerichtet (z. B. kindliche Sozialisation), haben (b) durch die Vernetzung von unterschiedlichen Fachleuten einen tertiären Charakter und werden (c) in der Regel vertikal oder diagonal nach dem hierarchischen Steuerungsmodus über Ressortgrenzen hinweg organisiert, um das Zusammenwirken der Akteure adressaten-, qualitäts- und wirkungsbezogen zu koordinieren.

Außerhalb des Einflussbereichs der Sozialplanung liegen die lokalen strategischen Netzwerke der sozialpolitischen Handlungsfelder; sie sind in der Form von miteinander verbundenen kommunalen Politik-, Träger- und Interessennetzwerken heterarchisch aufgebaut, steuern sich in polyzentralen Abstimmungen (nach dem Modus der Selbstorganisation) selbst und bündeln dabei eigene Interessen oder Interessen ihrer Klientel. Die besondere Anforderung an die Sozialplanung besteht darin, den Aufbau von operativen Netzwerken als Fortsetzung der klassischen Infrastrukturplanung zu begreifen und somit als Planungsaufgabe zu besetzen.

Der Schwerpunkt beim Aufbau von lokalen Netzwerken als Fortentwicklung der sozialen Infrastruktur liegt auf den operativen Netzwerken, die aus der Verknüpfung bereits bestehender Einrichtungen und Feldakteure entstehen. Die örtliche Sozial- und Jugendhilfeplanung muss die Chance nutzen und in der Zukunft die Verantwortung für eine netzwerkbasierte Infrastrukturplanung übernehmen. Dabei ist auf eine trennscharfe Unterscheidung zu achten: Denn die Verantwortung für die Organisation von selbstorganisierten Netzwerken liegt in der Regel nicht bei Akteuren mit Planungsverantwortung, sondern bei Akteuren an den Schnittstellen zu Sekundärnetzwerken (wie z. B. Politikraumallianzen in politischen Ausschüssen oder Quartiers-/Sozialraummanager/innen etc.), die selbst organisierte Vernetzungen aus diesen Kontexten heraus generieren.

Der Aufbau und ‚Betrieb' von infrastrukturellen Netzwerken stellt neue Anforderungen an die Planungskompetenzen (vgl. Abbildung 14):

(1) in der Phase der Vorbereitung:
   a. Darstellung der Ausgangssituation mit Mitteln der Berichterstattung (statistische Daten),
   b. Definition des Prozesses der Vernetzungsachse (Primär- oder Sekundärprozess) und
   c. Identifizierung der Stakeholder und Akteure der Vernetzung;
(2) in der Phase der Konstituierung:
   a. Akquisition der Kooperationspartner entlang der Prozesskette,
   b. Formulierung der Netzziele,
   c. Entscheidung über die fokale oder laterale Netzwerkverantwortung und Netzwerkkoordination und
   d. Vereinbarung über die Leistungen der Kooperationspartner und Kontraktierung der Kooperationsweise;
(3) in der Phase der Evaluierung
   a. Institutionalisierung einer indikatorengestützten Netzwerkberichterstattung und
   b. Weiterentwicklung der Netzwerkkooperation.

Abbildung 14: Instrumenteller Kreislauf der Planung von Netzwerken als Infrastruktur

Für die Bewältigung der Anforderungen werden besondere Ressourcen und Methoden für Arbeitsbesprechungen, Workshops, Absprachen und Aushandlungsprozesse etc. benötigt. Die operativen Handlungsnetze um Primärprozesse herum werden nicht Top Down konstruiert, sondern dezentral aus fachlichen Erwägungen und lokalen Potenzialen heraus geknüpft. Den Planungsverantwortlichen kommt dabei die Rolle zu, die spezifischen Potenziale zu bündeln und den Prozess der Vernetzung zu moderieren. Daneben müssen sie sich auch in übergeordneten Steuerungsnetzwerken zur Absicherung und zum Controlling der Prozesse engagieren.

Die Verantwortung für die Vernetzung einer Leistungskette darf allerdings nicht auf die Planungsagentur wie z.B. die Sozialplanung (SOP) oder Jugendhilfeplanung (JHP) ‚abgeschoben' werden. Vielmehr müssen die normative, strategische und operative Steuerungsebene komplementär zusammenwirken: (1) Die (politischen) Aufsichtsgremien in der Kommune müssen die normative Planungsverantwortung übernehmen. Dazu müssen die Leitziele konkretisiert und die generellen Zielrichtungen programmatisch festgelegt werden. Für die Realisierung dieses Orientierungsrahmens sind die Instanzen des Kommunalen Rates konstitutionell verantwortlich. Sie müssen die dezentralen Strukturen normativ absichern (Strukturqualität). (2) Die strategische Planungsverantwortung liegt bei den Fachbereichen der Kommunalverwaltung und wird dort an die Planungsagentur (SOP, JHP) delegiert. Die Agentur entwickelt mit den dezentral und operativ in eine Netzwerkkooperation zu involvierenden Akteuren die Ziele für die Zielfelder Ressourcen (Input), Produkte (Output), Wirkungen (Ergebnisse) und bereitet die Vereinbarungen dazu vor. Für den Prozess stellt die Planungsagentur die erforderlichen Informationen bereit und koordiniert die kreuzfunktionale Verbindung über die verschiedenen Ressorts hinweg. (3) Die Beteiligung der Organisationen, die dezentral in den Sozialräumen operative Netze konstituieren sollen, ist ein Qualitätsmerkmal der Netzwerkplanung. Denn die Ergebnisverantwortung der räumlichen Querkoordination verschiedener Ressorts und des Aufbaus zielorientierter Handlungsnetze liegt im Rahmen der Umsetzung bei ihnen und wird auch mit ihnen kontraktiert.

Die Sozial- und Jugendhilfeplanung ist in der kommunalen Daseinsvorsorge prädestiniert dafür, als Agentur der Netzwerkplanung lokale Kräfte und Leistungen in Gestalt einer Netzwerkkooperation zu integrieren. Unter Aspekten der Qualitätssicherung müssen solche Agenturen darauf achten, dass die operativen Netzwerke nicht nur ‚technokratisch' konstruiert werden, sondern durch ‚Akteursbrücken' dynamisch mit anderen lokalen Netzwerken verknüpft bleiben. Es geht um die Wirkungsrelevanz der Verbindung der sekundären, zivilgesellschaftlichen mit den tertiären, fachlichen Netzstrukturen.

6 Überblick über die Praxisbeispiele in dieser Publikation

Im zweiten Teil dieses Bandes werden Praxisbeispiele des Netzwerkmanagements vorgestellt. Die neun Anwendungsperspektiven werden im Folgenden in die Logik des Grundlagenbeitrags zur „Netzwerkkooperation" eingeordnet und überblicksartig umrissen. Die ausgewählten Beispiele repräsentieren die Heterogenität der Netzwerkorganisation, wie sie aktuell in verschiedenen Praxisfeldern vorzufinden ist. Dabei wird nach einem Sektoren-Modell differenziert: In die Kompilation wurden auf der einen Seite Ansätze aus der Erwerbswirtschaft (Netzwerkmanagement im Profit-Bereich) und auf der anderen Seite aus dem gemeinnützigen Bereich (Netzwerkmanagement im Non-Profit-Bereich) aufgenommen. Als Non-Profit-Organisationen (NPO) werden hier Akteure in frei-gemeinnütziger oder privat-gewerblicher Trägerschaft verstanden, die zusammen mit staatlichen bzw. kommunalen Instanzen sowie ergänzend zum Markt besondere Zwecke der Bedarfsdeckung, der Förderung und/oder der Interessenvertretung für Mitglieder (im Sinne von Selbsthilfe) oder für Dritte (Adressaten) wahrnehmen. Sie verfolgen keine kommerziellen Renditeinteressen (Gewinnabsicht), sondern dienen gemeinnützigen sozialen (oder auch kulturellen und wissenschaftlichen) Zielsetzungen. Auf diese Weise können alle drei Steuerungsmodi von Netzwerken – der Marktmechanismus, die hierarchische Koordination und der Modus der Selbstorganisation – unter Anwendungsbedingungen in der Erwerbswirtschaft und im Non-Profit-Kontext berücksichtigt werden.

Bei den neun Beispielen handelt es sich um Netzwerkkooperationen, deren konstitutive Merkmale unterschiedlich ausgeprägt sind: Der Kooperationsinhalt streut breit über die Anwendungsbereiche vom Maschinen- und Anlagenbau und der Distributionslogistik über das Gesundheitswesen, Schulwesen und die frühkindliche Förderung sowie Erziehung bis hin zur Weiterbildung und Sozialraumarbeit. Auch der Status der beteiligten Akteure weist unterschiedliche Profile auf; neben selbständig in Netzwerkform wirtschaftenden Organisationseinheiten der Erwerbswirtschaft sind Netzwerke der kommunalen Daseinsvorsorge mit besonderen Koordinierungsagenturen in öffentlicher und frei-gemeinnütziger Trägerschaft vertreten. Darüber hinaus zeigt sich ein großer Unterschied bei der Professionalisierung der Netzwerkkooperation in den verschiedenen Handlungsfeldern; die Beiträge spiegeln deutlich, dass im erwerbswirtschaftlichen Bereich sehr elaborierte und differenzierte Konzepte und Praxen eines Netzwerkcontrollings vorzufinden sind, während die Entwicklung von Instrumenten der Netzwerksteuerung im Non-Profit-Bereich erst ‚in den Kinderschuhen steckt'. Allerdings beinhaltet die Netzwerkkooperation dort auch eine umfangreichere und komplexere Vernetzungsaufgabe. Denn die Entwicklung von tertiären Netzwerken im professionellen Bereich verlangt die Anschlussfähigkeit an die natürlichen Netzwerke im lokalen Kontext, muss letztere teilweise unter nicht-ökonomischen Bedingungen (in der Freizeit und unter einem Lebensweltbezug) aktiv mit einbeziehen.

Insofern vermitteln die Beiträge aus den Praxisfeldern auf ganz verschiedene Weise, wie in den verschiedenen Sektoren geeignete Kooperationspartner gesucht und gefunden werden, welche unterschiedlichen Interessen und Erwartungshaltungen der Kooperationspartner ‚unter einen Hut zu bringen' sind, welche einzelnen Arbeitsformen und Arbeitsmethoden Netzwerke je nach Sektor entwickeln können, welche Infrastruktur zur Koordinierung aufgebaut werden kann und welche Regeln für den Kooperationsprozess definiert und in Kooperationsvereinbarungen festgehalten werden. Im Mittelpunkt steht dabei die interorganisationale Ebene der Netzwerkkooperation; die korrespondierenden Maßnahmen auf der intraorganisationalen Ebene der einzelnen Akteure bzw. Partnerorganisationen können aus Platzgründen nicht vertieft betrachtet werden. Die neun Beiträge vermitteln aber, welche partiell unterschiedlichen Ziele und Interessen der Kooperationspartner in das jeweilige Kooperationsvorhaben integriert werden.

6.1 Netzwerkkooperation in der Erwerbswirtschaft

Drei Praxisbeispiele stellen dar, wie der ökonomische und technische Wandel und die damit verbundenen Unsicherheiten und Risiken durch die Netzwerkorganisation in der Erwerbswirtschaft bewältigt werden:

In der ersten Abhandlung beschreibt *Mira Kleinbauer* ein *Kooperationsmodell im Maschinen- und Anlagenbau*. Sie verweist darauf, dass zwischenbetriebliche Kooperationen in verschiedenen Feldern der Erwerbswirtschaft im Laufe der beiden vergangenen Dekaden in den Fokus des Interesses gerückt sind, um neue

---

Mira Kleinbauer
Kooperationsmodell im Maschinen- und Anlagenbau
Im Beitrag werden die Standardkooperationsmodelle Joint Venture, Unternehmensnetzwerk, Virtuelles Unternehmen und die Strategische Allianz beschrieben und auf ihre Anwendbarkeit im Projektgeschäft des Maschinen- und Anlagenbaus hin überprüft. Mit den zwischenbetrieblichen Kooperationen werden die Hoffnungen verbunden, Synergiepotenziale erschließen zu können. Vor diesem Hintergrund wird ein Klassifikationsmodell für Projekte im Anlagenbau erläutert. Anhand eines Beispiels (einer ausgewählten Projektklasse) werden die Standardkooperationsmodelle auf ihre Praxistauglichkeit überprüft und ein projektklassenspezifisches Kooperationsmodell entwickelt.

Synergien zu erzielen. Während unterschiedliche Kooperationsmodelle in der Literatur nur Gegenstand der fachlichen Diskussion sind, werden sie in den letzten Jahren in der Praxis auch ausprobiert. Mira Kleinbauer vergleicht die Standardkooperationsmodelle Joint Venture, Unternehmensnetzwerk, Virtuelles Unternehmen und Strategische Allianz. In einem ausdifferenzierten Verfahren werden sie anschließend auf ihre Anwendbarkeit im Projektgeschäft des Maschinen- und Anlagenbaus hin überprüft. Es wird zwar konstatiert, dass jedes Projekt ein anderes Profil aufweist, dennoch zeigt die Autorin einen Weg, Standardmodelle für individuelle Situationen zu bewerten, um die Managementaufgaben und die damit verbundene Komplexität einschätzen zu können. Das vorgestellte Klassifikationsmodell für Projekte im Anlagenbau wird am Beispiel einer ausgewählten Projektklasse beschrieben und auf seine Praxistauglichkeit überprüft.

Im Mittelpunkt der Abhandlung von Mira Kleinbauer stehen Projekte des verfahrenstechnischen Großanlagenbaus, deren Komplexität bisher in der Literatur nicht angemessen dargestellt werden konnte. Statt einer Beschreibung des Projektablaufs – wie bisher – versucht sie die Realität praxisnah in einem Klassifikationsmodell an Hand von Dimensionen wie die Laufzeit und die Richtung der Kooperation, die Anzahl der Kooperationspartner, der Institutionalisierungsgrad sowie die Macht-, Funktions- und Ressourcenverteilung abzubilden. Es gelingt der Autorin, in dem Beitrag den entwickelten Stand und das erreichte Niveau in der Erwerbswirtschaft zu dokumentieren, auf dem Kooperationsbeziehungen zwischen verschiedenen Gewerk-Unternehmen und Subunternehmen beim Neubau einer Anlage „szenariobasiert" strategisch bewertet und weitergehend planerisch konstruiert werden können.

Das Beispiel des Maschinen- und Anlagenbaus repräsentiert eine Netzwerkkooperation, die vom Marktmechanismus gesteuert wird, also auf der Basis von marktbasierten Transaktionen erfolgt, und in der operativen Abstimmung des Kooperationsprozesses von einem Gewerk-Unternehmen hierarchisch koordiniert wird.

Im zweiten Beitrag stellen *René Böhmer, Sascha Tilli und Markus Ziegler* ein *Netzwerkmanagement in der Transportlogistik* vor, das durch die LGI – Logistics Group International GmbH für einen Kunden umgesetzt wurde. Im Mittelpunkt steht das Projekt „Supply Chain Event Monitoring" (SCEM); dabei wird eine Netzwerkoptimierung im Transportbereich angestrebt, indem auf der Grundlage ermittelter Verbesserungspotenziale eine umfangreiche Supply-Chain-Steuerung aufgebaut werden soll. Anschaulich zeigen die Autoren den Weg, wie ein optimales Transport- und Lagernetzwerk für Retouren- und Tauschteile in der Logistik für Europa gefunden werden kann. Das „Supply Chain Management" als logistische Steuerung der Distributionskette beinhaltet ein schrittweises Re-Design des logistischen Prozesses. Die Kette der Distribution wird so umgestaltet, dass der Wertschöpfungsprozess der Kooperation unter den beteiligten Organisationen optimiert werden kann.

Auch in diesem Praxisbeispiel wird der entwickelte Stand des Netzwerkmanagements in der Erwerbswirtschaft mit Nachdruck veranschaulicht. Die Autoren vermitteln, wie verschiedene Vernetzungsoptionen für die Standortwahl der Lager sowie der Transportaktivitäten untersucht werden. Die Berechnungen beziehen sich zum einen auf die Identifizierung der maßgeblichen Kostentreiber, auf die Bestimmung des optimalen Netzwerkes mit den kostengünstigsten Relationen aus der Synthese der unterschiedlichen Szenarien sowie auf die Berechnung der besten, zentralen Standorte, der so genannten „Centers of Gravity" (Netzwerkschwerpunkte) und der Läger in den Ländern. Über einen detaillierten Vergleich der verschiedenen Szenarien wird der Einfluss unterschiedlicher Prozessgrößen auf das Netzwerk beleuchtet, um eine strategische Entscheidung treffen zu können. Aus den Analysen resultiert der spezifische Aufbau eines „Zentral-Hub-Transportnetzes mit Direktversenden". Mit einem Cost Scaling Algorithmus wird das hochkomplexe Netzwerk, das mehrere hundert Standorte und Kunden sowie Tausende von Produkten umfasst, so berechnet, dass es für veränderte Marktsituationen fortgeschrieben werden kann. Die skizzierten Ansätze des Projektes wurden inzwischen für Europa erfolgreich implementiert.

Die Ergebnisse der erstellten Szenarien werden einer Stärken-Schwächen-Chancen-Risiko-Analyse (SWOT) unterzogen, um die Vor- und Nachteile herauszuarbeiten und die verschiedenen Optionen hinreichend beurteilen zu können. Kriterien dieses Analyseschrittes sind die Gesamtkosten, die Komplexität des Netzwerkes, der dafür notwendige Managementaufwand, die Durchlaufzeiten für die einzelnen Relationen sowie die Flexibilität, neue Prozesse und Relationen integrieren zu können. Nach dem Herausfinden des optimalen Netz-

René Böhmer, Markus Ziegler, Sascha Tilli:
Netzwerkmanagement in der Transportlogistik
In dem Beitrag wird das Projekt „Supply Chain Event Monitoring" (SCEM) einer Profit-Organisation der Erwerbswirtschaft vorgestellt. Mit dem Ziel, ein optimales Transport- und Lagernetzwerk für Retouren- und Tauschteile in Europa zu finden, werden Verbesserungspotenziale analysiert und in einer umfangreichen Supply-Chain-Steuerung ausgeschöpft. Die Optimierung der Netzwerkkooperation im Transportbereich erfolgt mittels Analysen (wie z.B. einer Stärken-Schwächen-Analyse), um verschiedene Optionen zu beurteilen. Als Ergebnis der Analysen wird der Aufbau eines Zentral-Hub-Transportnetzes mit Direktversand beschrieben, das inzwischen erfolgreich in Europa implementiert worden ist.

werkdesigns wird im Rahmen des Frachtenmanagements für jede Relation ein geeigneter und zuverlässiger Partner für die Transporte gesucht. Die Auswahl der Transporteure erfolgt nach den Kriterien Kosteneffizienz, Zuverlässigkeit und Flexibilität.

Abschließend stellen René Böhmer, Sascha Tilli und Markus Ziegler ein Überwachungstool für das Netzwerkmanagement, das auf Basis einer zentralen Datenhaltung des Netzwerkcontrollings, die an den Schnittstellen Informationen von Kooperationspartnern aufnimmt, die Anforderungen eines transparenten Monitorings erfüllt und schnelle Reaktionen oder Interventionen erlaubt.

In der dritten Abhandlung thematisiert *Günter Schicker Praxisnetze im Gesundheitswesen*. Das Gesundheitswesen gehört in Deutschland mit jährlichen Ausgaben von rund 230 Milliarden Euro, einem Anteil von über einem Zehntel am Bruttoinlandsprodukt und über 4 Mio. Beschäftigten zu den wichtigsten Sektoren der Wirtschaft. Bürokratie, Kostensenkung und Wettbewerbsdruck sind einige der Schlagworte, die den strukturellen Wandel des Gesundheitssektors im vergangenen Jahrzehnt charakterisierten. Um trotz dieser Randbedingungen die Versorgungsqualität der Patienten nachhaltig zu verbessern und die Effizienz zugleich zu erhöhen, verfolgen auch Gesundheitsdienstleister das Modell der Netzwerkkooperation. Im Laufe der letzten Jahre wurden in Deutschland über 200 Praxisnetze gegründet. Ein Praxisnetz wird definiert als eine strukturierte und verbindliche Kooperation von Dienstleistern im Gesundheitswesen innerhalb eines räumlichen Radius zur Steigerung der Qualität im Hinblick auf

> Günter Schicker
> **Praxisnetze im Gesundheitswesen**
> Das Gesundheitswesen befindet sich in einem strukturellen Wandel. Um eine bessere Patientenversorgung sicherzustellen und die Versorgungseffizienz zu steigern, werden in Deutschland vermehrt Praxisnetze gegründet. Sie stellen eine Kooperation von niedergelassenen Ärzten und weiteren Gesundheitsdienstleistern dar. Nur etwa fünf Prozent der Netze erzielen gute und sehr gute Ergebnisse; mehr als die Hälfte der Netze weisen hingegen eine geringe Netzreife in puncto Netz-Management, Strukturen und Prozesse sowie Informationstechnologie auf. Der Beitrag beschreibt Koordinationsobjekte und -aufgaben auf der Ebene des Netzmanagements sowie auf der operativen Ebene der Behandlungsprozesse. Dabei werden Koordinationsmechanismen erläutert, die eine systematische Gestaltung des Netzmanagements erlauben. Es wird ein Performance Measurement-Konzept für Praxisnetze vorgestellt, das auf dem Ansatz der Balanced Scorecard basiert. Denn eine zentrale Herausforderung von Praxisnetzen ist das Schaffen von Transparenz hinsichtlich der Netzleistung mittels eines geeigneten Controllings.

Medizin, Betriebswirtschaft, Zeitmanagement, Gesundheitsökonomie und Patientenzufriedenheit.

In dem Beitrag stellt Günter Schicker die Ergebnisse empirischer Untersuchungen vor. Danach können nur fünf von 90 befragten Praxisnetzen gute oder sehr gute Resultate ihrer Kooperation vorweisen; der Autor bezeichnet sie als „Netz-Profis". Mehr als die Hälfte der Praxisnetze erhält das Etikett „Nachzügler", weil es sich um Netzwerkkooperationen mit einer geringen Netzreife in puncto Management, Strukturen und Prozessen sowie Informationstechnologie handelt. Das hängt mit der Streuungsbreite zusammen: Hinsichtlich ihrer Ausprägung und ihres Entwicklungsstandes reicht diese Kooperationsform von losen Treffen einzelner Ärzte bis hin zu professionellen unternehmensähnlichen Organisationen. Der Trend zeigt aber deutlich in die Richtung einer Professionalisierung von unverbindlichen, losen Zusammenschlüssen hin zu differenziert organisierten Dienstleistungsnetzen mit einer integrierten Versorgung.

Der Autor behandelt die Koordinationsaufgaben der Netzwerkkooperation auf zwei Ebenen. Das sind: (1) die Ebene der Gesamtvernetzung als strategischer Sekundärprozess der Dienstleister und (2) die Ebene der Behandlungspfade des operativen Primärprozesses zur Behandlung von Patienten. Die Koordination auf der Ebene des Gesamtnetzwerks erfolgt im Rahmen einer spezifischen Aufbauorganisation – bestehend aus „Netzbeirat", „Netzvollversammlung" und „Netzvorstand" – und im Rahmen von Koordinationsinstrumenten, die das „Netzmanagement" als exekutives Organ zur Anwendung bringt. Auf der zweiten Ebene stimmen die Mitglieder eines Praxisnetzes ihre Behandlungsprozesse und Informationssysteme untereinander ab, um die Zusammenarbeit im Einzelfall zu regeln und so die Netzziele im Primärprozess zu erreichen.

Die Koordination auf der Ebene der operativen Behandlungsprozesse leistet der "Koordinationsarzt", indem er die Leistungen im individuellen Behandlungsprozess der Patienten – wie ein Lotse – koordiniert. Um die Ziele dabei erreichen zu können, ist ein professionelles Netzwerkcontrolling erforderlich, das die Netzleistungen transparent macht. Der Autor stellt ein „Performance Measurement-Konzept" als Instrument der Netzwerksteuerung für Praxisnetze vor, das aus dem Ansatz der Balanced Scorecard abgeleitet worden ist, Elemente einer effizienzorientierten Vergütung integriert und die Netzwerkkooperation durch ein „Performance Cockpit" informationstechnisch (mit standardisierten Daten und schnellem Datenaustausch) unterstützt.

Wie die Abstimmung in einem Praxisnetz an Hand der beiden Grundinstrumente Planung von Zielen und generelle Regelungen bzw. Programme gestaltet wird, veranschaulicht Günter Schicker am Beispiel des Praxisnetzes Nürnberg Nord e.V. (PNN). Dabei wird deutlich, dass Netzwerke im Gesundheitswesen in einem Interferenzbereich von Erwerbswirtschaft und Non-Profit-Sektor agieren. Denn es kommt ein Steuerungsmix von hierarchischer und heterarchischer Koordination zur Anwendung. Bei der hierarchischen Steuerung, die die Netzwerkkooperation mit klassischen Managementinstrumenten der Aufbauorganisation und des Controlling ‚stabilisiert', ordnen sich die einzelnen Kooperationspartner dem Koordinationsarzt als zentraler Instanz unter. Diese verbindliche Koordination richtet die Gesamtstrategie des Praxisnetzes über Pläne und Regelungen gleich aus. Zugleich kommen aber auch Instrumente einer Steuerung über Selbstorganisation zur Anwendung, weil die Kooperationspartner Vertrauen und Kultur in der persönlichen Interaktion aufbauen und ein Mindestmaß an Autonomie bewahren wollen.

6.2 Netzwerkkooperation zwischen Non-Profit-Organisationen in der öffentlichen Daseinsvorsorge

Der Beitrag von *Tassilo Knauf* behandelt das *Netzwerk der Offenen Ganztagsschule in Herford*. Diese Netzwerkkooperation ereignet sich nicht in der Erwerbswirtschaft, sondern in der öffentlichen Daseinsvorsorge.

Im Mittelpunkt der Abhandlung stehen zwei Ebenen der Netzwerkarbeit von Schulen: (1) Auf der ersten Ebene steht die Vernetzung von Schulen untereinander mit dem Ziel der Qualitätssicherung durch einen fachlichen Austausch, durch gemeinsame Absprachen und Planungen. (2) Auf der zweiten Ebene wird der Aufbau von Netzwerkstrukturen zwischen Schule als Institution und außerschulischen Partnern betrieben, um das Aufgabenspektrum von Schule und außerschulischen Bildungs- und Betreuungsagenturen zu verknüpfen und zu

---

Tassilo Knauf
Netzwerk der Offenen Ganztagsschule in Herford
Seit Ende der 1990er Jahre wird die Netzwerkkooperation auch im Bereich der deutschen Schule in zwei Richtungen verfolgt: (1) die Vernetzung von Schulen mit dem Ziel der Qualitätssicherung durch Austausch, Absprachen, Koordination und gemeinsame Planung und (2) der Aufbau von Netzwerkstrukturen zwischen Schule und außerschulischen Partnern, insbesondere der Jugendhilfe mit der Absicht einer Verknüpfung der Aufgabenspektren von Schule und außerschulischen Bildungs- und Betreuungsagenturen. Diese Kooperationen haben durch die Ganztagsschulentwicklung an Bedeutung gewonnen, da im schulischen Ganztagsbetrieb schulbezogene Aufgaben, wie Hausaufgabenbetreuung und Fördermaßnahmen, mit klassischen Aktionsfeldern der außerschulischen Kinder- und Jugendarbeit verbunden werden. Wie die Netzwerkkooperation gelingen kann, wird in dem Beitrag am Beispiel der Umwandlung der Grundschulen in der Stadt Herford zu offenen Ganztagsschulen beschrieben.

erweitern. Durch die von Bund und Ländern geförderte Ganztagsschulentwicklung wurde in den letzten Jahren vor allem die zweite Vernetzungsebene entwickelt. Dabei werden schulbezogene Aufgaben wie Hausaufgabenbetreuung und Fördermaßnahmen im schulischen Ganztagsbetrieb mit der außerschulischen Kinder- und Jugendarbeit verbunden.

Der Ansatz zeigt eine Ähnlichkeit mit dem Beispiel der Praxisnetze: Denn es wird sowohl ein Sekundärprozess der Vernetzung initiiert als auch eine Zuspitzung der Netzwerkkooperation auf den Primärprozess der Förderung von Schulkindern. Allerdings unterscheiden sich die schulischen Netzwerke von den Praxisnetzen durch einen geringeren Professionalisierungsgrad.

Auf der zweiten, Ressorts übergreifenden Ebene müssen für Kinder aus so genannten „Risikofamilien" mit brüchigem sozialökonomischen Status, Bildungsferne und teilweise Migrationshintergrund operative Vernetzungen hergestellt werden, die deren individuellem Bedarfsprofil in der Sprachförderung, bei der Hausaufgabenbetreuung und Vorbereitung auf Leistungstests sowie zur Stärkung der sozialen und personalen Kompetenzen gerecht werden und so den Bildungsprozess günstig beeinflussen. Bei diesen handlungsfokussierten interorganisationalen Netzwerken verschwimmen die traditionellen Funktionstrennungen zwischen Bildung, Erziehung und Betreuung. Die institutionelle Zergliederung der individuellen Lebenswelten der Schülerinnen und Schüler durch die Trennung der Sphären Schule und Jugendhilfe wird überwunden, zumal die Vernetzung von Einrichtungen dieser beiden Sektoren mehr Effizienz und Effektivität gegenüber der Alternative einer entsprechenden Erweiterung der schulischen Aufgabenzuweisung verspricht. Allerdings hängt die Entwicklung von Vernetzungsstrukturen zwischen Schule und Jugendhilfe von der Fähigkeit und Bereitschaft der beiden Systeme ab, produktive Formen der Zusammenarbeit zu finden.

Im Unterschied zu den Beispielen aus der Erwerbswirtschaft fällt beim Netzwerk der Offenen Ganztagsschule die geringere Steuerungstiefe auf: Der Autor weist darauf hin, dass es keine formale Aufbauorganisation gibt, weil im Fördererlass des Landes von 2004 innerhalb des Personaltableaus für den Ganztagsbetrieb keine Koordinationsfunktion vorgesehen ist. So bildet sich an den meisten Schulen in Herford als ‚ungeplante' Lösung heraus, dass die Schulleiterinnen und Schulleiter die Koordination im Rahmen ihrer schulischen Leitungsfunktion übernehmen, was z. T. mit erheblicher Mehrarbeit verbunden ist. Daneben bildet sich – ebenso ungeplant – die Funktion eines „Hauptkooperationspartners" heraus. In vielen Fällen ist das der Förderverein der Schule, der im Geflecht von Sportvereinen, Volkshochschule und Musikschule, Kinder- und Jugendhilfeträger sowie Kirchengemeinden spezielle organisatorische Aufgaben übernimmt (z. B. Buchführung). Erst im Betrieb des Netzwerks haben viele Schulleitungen die Erfahrung gemacht, dass die Bedingungen der Personalbereitstellung nachverhandelt werden müssen, damit die Personalmittel nicht ausschließlich für Angebote und Betreuung verwendet werden, sondern auch eine Ansprechperson bzw. Koordinator/in im Ganztagsbetrieb als strukturelle Netzwerkposition institutionalisiert werden kann.

Das Beispiel von Tassilo Knauf unterstreicht, dass das Netzwerkmanagement im öffentlichen Sektor der Daseinsvorsorge strukturell nur schwach ausdifferenziert ist. Die Netzwerke der Offenen Ganztagsschulen in Herford starteten nach dem Steuerungsmodus der Selbstorganisation, was zu einem Sekundärprozess der Vertrauensbildung und einer Kultur der Anerkennung unter den verschiedenen einbezogenen lokalen Akteuren führte. Das Fehlen eines differenzierten Netzwerkmanagements mit geeigneten Strukturen für die zu initiierenden Primärprozesse der kindlichen Bildung und Erziehung ist aber offensichtlich. Möglicherweise gibt es in Netzwerken der öffentlichen Daseinsvorsorge ein Defizit an vertikaler Steuerung, um die Aufbauorganisation und das Controlling effizienter und effektiver zu gestalten.

In einem Beispiel aus der kommunalen Daseinsvorsorge beschreibt *Holger Spieckermann* das *Netzwerkmanagement in einer „Lernenden Region"*. An Hand der „Lernenden Region Köln" werden Instrumente der Netzwerkentwicklung und ihre praktische Umsetzung dargestellt. Der Autor identifiziert das Netzwerkmanagement als einen integralen Bestandteil der Projektdurchführung und der Entwicklung bestehender öffentlicher Infrastrukturen zu einer Netzwerkorganisation. Den Ausgangspunkt bildet die Unübersichtlichkeit des regionalen Weiterbildungsmarktes mit einer sehr großen Zahl von Anbietern und Angeboten. Durch eine Netzwerkbildung sollen für die Kunden des Bildungsmarktes

---

Holger Spieckermann
Netzwerkmanagement in einer „Lernenden Region"
Am Beispiel des Netzwerkmanagements der „Lernenden Region Köln" werden Instrumente der Netzwerkentwicklung und ihre praktische Umsetzung beschrieben. Netzwerkmanagement wird als ein integraler Bestandteil des Projektmanagements und der Organisationsentwicklung verstanden. Im Mittelpunkt stehen die Koordinierung einer Vielzahl von Akteuren und Gremien im kommunalen Bildungsbereich sowie die Etablierung eines Internetportals als Vernetzungsknoten aller Bildungsakteure. Der Beitrag stellt die Erkenntnisse der externen Evaluationsberatung vor. Im Ergebnis zeigt sich, dass Netzwerke als eigenständiges Produkt nicht zu vermarkten sind, keinen Wert an sich darstellen, sondern nur Mittel zur Erreichung eines Zweckes sind, dessen Nutzen den beteiligten Akteuren vermittelt werden muss.

Transparenz geschaffen und Pfade mit zentralen Anlaufstellen aufgezeigt werden. Vor diesem Hintergrund werden mit der Netzwerkkooperation eine regionale Bildungsinfrastruktur geschaffen, die Bildungsbereiche und Träger übergreift, die innovativen schulischen und betrieblichen Angeboten Raum gibt und ein lückenloses und flexibles Bildungssystem etabliert.

Mit der Gründung des gemeinnützigen Vereins „Lernende Region Netzwerk Köln e.V." als Träger für die Vernetzungsaktivitäten wurde eine formale Organisationsform mit einer spezifischen Aufbauorganisation geschaffen. Beim Steuerungsmodus stellt sich die besondere Anforderung, einerseits das richtungsoffene Netzwerk der vielen Anbieter zu selbst organisierten Abstimmungsprozessen zu führen und andererseits operative Handlungsnetze im Rahmen hierarchischer Steuerung zielorientiert zu koordinieren. Das Management dieser kleinen operativen Netze um Primärprozesse herum erfordert eine besondere Aufmerksamkeit.

Holger Spieckermann vermittelt in seinem Beitrag, dass ein gutes Netzwerkmanagement darin besteht, auf beiden Ebenen der Vernetzung – richtungsoffene Vernetzungen in der Form von Sekundärprozessen zur Bündelung der Potenziale und hierarchisch gesteuerte operative Netze entlang von primären Prozessketten – wirkungsvolle Prozesse zu gestalten. Bei den vorgestellten Netzwerkansätzen scheint die dazu erforderliche Tiefenschärfe der Strukturierung und Instrumentierung nicht immer erreicht zu werden. Der Autor zeigt Gründe dafür auf: So wird skizziert, dass Produkte der Netzwerkkooperation in der öffentlichen Daseinsvorsorge – wie dem Bildungssektor – nur begrenzt marktfähig sind, weil ein Markt für öffentliche Güter nur in eingeschränktem Umfang existiert und kaum eine erwerbswirtschaftlich zu befriedigende Nachfrage generiert werden kann. Unter diesen Bedingungen – Überschneidung von Dienstleistungsangeboten und Verantwortungsbereichen der öffentlichen Hand – besteht das Problem vor allem darin, wer die Kosten der Netzwerkorganisation trägt, wenn sie nicht über Marktstrukturen refinanziert werden können.

In den weiteren Beiträgen wird das Netzwerkmanagement zwischen verschiedenen Organisationen auf kommunaler Ebene betrachtet, wenn zum Beispiel Akteure in frei-gemeinnütziger oder privat-gewerblicher Trägerschaft mit staatlichen bzw. kommunalen Instanzen zusammenwirken.

Bernt-Michael Breuksch und *Katja Engelberg* schreiben über den *Netzwerkaufbau für die Weiterentwicklung von Kindertageseinrichtungen zu Familienzentren in Nordrhein-Westfalen.* Das Bundesland hat den neuen Weg eingeschlagen, Kindertageseinrichtungen zu Familienzentren, d.h. zu Knotenpunkten in einem Familien stützenden und Kinder fördernden Netzwerk, weiter zu entwickeln. Ähnlich wie beim Beispiel der Offenen Ganztagsschule sollen Bildungs-, Erziehungs- und Betreuungsaufgaben von Kindertageseinrichtungen (in freier oder kommunaler Trägerschaft) mit Beratungsangeboten und Hilfen für Familien integriert werden. Die Förderung von Kindern und Familien soll durch Netzwerkbildung entlang der Primärprozessketten kindlicher Sozialisation und elterlicher Unterstützung wirkungsvoller gestaltet werden.

Die Autorin und der Autor verdeutlichen in dem Text, dass es nicht um den Aufbau ‚eines' Netzes geht, sondern um eine multiple Netzorganisation, die verschiedene Gestalten hat. So baut Nordrhein-Westfalen ein – die Professionellen unterstützendes – Netzwerk als Sekundärprozess auf der Landesebene auf, damit die – darunter angesiedelten – operativen Netzwerke für die Primärprozesse in den Familienzentren gelingen. Das Handlungsnetz der Familienzentren muss aus verschiedenen Teilnetzen zusammengesetzt werden, wenn Eltern unter Bezugnahme auf ihr Wohnumfeld angesprochen, Familien mit Beratungsbedarf besser erreicht und Familien mit Erziehungsschwierigkeiten mit vernetzten Hilfeangeboten umfassend unterstützt werden sollen. Zu Grunde liegt ein Steuerungsmodus der Selbstorganisation, weil sowohl die Gestaltung des Landesnetzwerks als auch die Leitlinien der örtlichen Netzwerke von der Landesregierung in der Zusammenarbeit mit den Akteuren vor Ort erarbeitet werden. Es wird auch keine spezifische Aufbauorganisation als Prototyp des Netzwerks eines Familienzentrums vorgegeben, weil die Gestaltungsaufgaben der Vernetzung intraorganisational der Leitungskraft zugeordnet sind. Insofern wird die Netzwerkarbeit vor Ort von jedem Familienzentrum selbst ‚designt' – lediglich Kriterien des Sozialraumbezugs sollen befolgt werden, damit sich jedes Familienzentrum an dem besonderen Bedarf seines Umfelds orientiert. Aus diesem Blickwinkel bleibt es weiter zu beobachten, ob sich in den Fami-

Bernt-Michael Breuksch, Katja Engelberg
Netzwerkaufbau für die Weiterentwicklung von Kindertageseinrichtungen zu Familienzentren
In Nordrhein-Westfalen Kindertageseinrichtungen zu Familienzentren weiter entwickelt. Sie sollen Knotenpunkte in einem neuen Netzwerk werden, das Kinder individuell fördert und Familien umfassend berät und unterstützt. Ziel ist die Zusammenführung von Bildung, Erziehung und Betreuung als Aufgabe der Kindertageseinrichtungen mit Angeboten der Beratung und Hilfe für Familien. Die Förderung von Kindern und Unterstützung der Familien können dann Hand in Hand gestaltet werden. Zum Start des Kindergartenjahres 2007/2008 gab es in Nordrhein-Westfalen rund 1.000 Familienzentren. Der Beitrag beschreibt den Weg der Implementierung des landesweiten Vernetzungsprojektes. Es wird dargestellt, wie die Netzwerkarbeit innerhalb des Landesprojektes (u.a. anhand des Beispiels der Entwicklung des Landesgütesiegels „Familienzentrum NRW") funktionierte.

lienzentren auch ein hierarchischer Steuerungsmodus – diagonal über Ressortgrenzen hinweg – ausbilden wird und mit welchen Managementinstrumenten die primären Vernetzungsprozesse in Zukunft gestaltet werden.

Eine ähnliche Perspektive nehmen *Ursula Müller-Brackmann* und *Bernd Selbach* in dem Beitrag Das „*Netzwerk Frühe Förderung (NeFF)*" ein. Die Autorin und der Autor beschreiben den Aufbau eines Netzwerks zur „Frühen Förderung von Kindern und Familien", das um ein Familienzentrum in Mönchengladbach ‚gespannt' wird. Das Vorhaben wird als Modell von der Fachberatung Jugendhilfeplanung im nordrhein-westfälischen Landesjugendamt des Landschaftsverbands Rheinland gefördert. Der besondere Ansatz besteht darin, dass die kommunale Jugendhilfeplanung (nach §§ 79-81 SGB VIII) die Konstruktion des Netzwerks fachlich begleitet, um die operativ tätigen Akteure bei der Analyse der Bedarfslage und bei der Abstimmung ihrer Angebote zu entlasten. Weil unter den Akteuren der frühen Förderung von Kindern (aus den Sektoren Gesundheitswesen, Schule, Jugendhilfe) eine wirkungsvolle Koordinierung fehlt, wird die Netzwerkgenerierung als kommunales Infrastrukturplanungsprojekt betrieben. Müller-Brackmann/Selbach beschreiben, wie das Netz als Kooperation von verschiedenen Anbietern und Diensten aus dem Bereich der Kindertagesstätten, des Sozialen Dienstes (ASD), der Familienberatung, der Familienbildung, des Gesundheitswesens und der Schulen geplant wird. Damit das exemplarisch beschriebene Familienzentrum in Mönchengladbach als neues Infrastrukturkonzept die Knotenpunktfunktion übernehmen kann, wird eine Tageseinrichtung für Kinder mit einer benachbarten Jugendfreizeiteinrichtung fachlich verzahnt. Neben den beiden Einrichtungen der Jugendhilfe werden darüber hinaus weitere

Ursula Müller-Brackmann, Bernd Selbach
Das „Netzwerk Frühe Förderung" (NeFF)
In dem Beitrag wird der Aufbau eines Netzwerks zur „Frühen Förderung von Kindern und Familien" in Mönchengladbach (Modellstandort des LVR) beschrieben. Die Themenschwerpunkte sind auf zentrale Elemente der ersten Schritte des Pilotprojektes Familienzentrum Rheydt" fokussiert. Kooperationsbedingungen, Kooperationspflege, Kooperationsverträge, das Team-Coaching der Jugendhilfeplanung, der Projektaufbau werden skizziert. Neben der Betrachtung von Strukturen, Rahmenbedingungen und Ressourcen des Familienzentrums werden auch der Aufbau eines übergeordneten Steuerungsnetzwerkes und die einzubeziehenden Kooperationspartner thematisiert. Als weitere wichtige Punkte werden angesprochen: die Fachkräfte, die regionale und sozialraumbezogene Ressourcenausstattung, das Know-how, die gegenseitige Wertschätzung, der Wille zur Veränderung und Optimierung der Arbeitsstrukturen und der Teamgeist.

kommunale und freie Dienstleister in das Familienzentrum integriert, um das Netzwerk für Kinder und Familien in dem Stadtteil zu entwickeln. Die Initiations- und Koordinationsfunktion wird von der kommunalen Jugendhilfeplanung wahrgenommen. In der Folge sind die Mitarbeiter/innen der Jugendhilfeplanung während der Aufbauphase regelmäßig vor Ort und begleiten die Fachkräfte der beiden Jugendhilfeeinrichtungen bei der kooperativen Maßnahmenentwicklung, bei der Gewinnung der Netzwerkpartner und bei den organisatorischen Anforderungen. Durch die übergreifende Netzwerkkoordination durch die Jugendhilfeplanung (als Agentur des Jugendamtes) erhält der Netzwerkaufbau einen hohen Stellenwert. Dabei wird auch der Einsatz von Managementinstrumenten vereinbart, mit denen die Prozesse gesteuert werden (z.B. Kontrakte zwischen Netzwerkakteuren, Projektdokumentationen). Nach der Implementierung der Netzwerkkooperation wird die operative Netzwerksteuerung sukzessiv den Mitarbeiter/innen des Familienzentrums zugeordnet. Von der Steuerungsebene des Jugendamts aus werden bestehende Kooperationsverbünde innerhalb der Stadtverwaltung einbezogen, die die Entstehung von Netzwerken auf der Ebene der Primärprozesse flankieren (Gesundheitsamt, Stadtentwicklung und Statistik, Vermessung und Kataster, Öffentlichkeitsarbeit und Marketing, Volkshochschule und Stadtbibliothek, (... u.a. für den Themenbereich Lesen/Vorlesen /Leseschulungen), Regionale Arbeitsstelle zur Förderung von Kindern und Jugendlichen aus Zuwanderfamilien RAA).

Der Beitrag von Müller-Brackmann/Selbach gibt für ähnliche Projekte Anregungen und bietet Reflexionshilfen. Dies betrifft vor allem die Verantwortung des Jugendamtes für den Aufbau eines übergeordneten Steuerungsnetzwerkes in der Kommune und die Verantwortung der Jugendhilfeplanung für die Gewinnung von Kooperationspartnern für das operative Netzwerk auf der lokalen Ebene.

Die Thematik „Familienzentrum" wird auch im Beitrag von *Vanessa Schlevogt* über *„Das Mo.Ki Netzwerk – Verbesserung der Bildungs- und Entwicklungschancen von Kindern"* berührt. Das Bildungskonzept „Mo.Ki – Monheim für Kinder und Familien" wird von vielen sogar als Vorläufer, Prototyp und Impulsgeber für die Familienzentren als neue Infrastruktur eingeschätzt. Der Kernprozess von Mo.Ki besteht aus dem Aufbau einer Präventionskette, um Kinder und deren Eltern wirkungsvoller zu bilden, zu fördern und zu unterstützen. Um die Präventionskette möglichst früh zu beginnen, werden mit Unterstützung von Familienhebammen und Kinderkrankenschwestern verstärkt die unter dreijährigen Kinder und deren Eltern einbezogen. Weil Mo.Ki Kinder in ihrer gesamten Lebenssituation stärken und fördern soll, gehören auch die Gesundheits- und Sprachförderung in das Unterstützungsnetz.

Im Zentrum der Aufbauorganisation des Netzwerkes steht die „Regiestelle".

Vanessa Schlevogt
Das Mo.Ki Netzwerk
Am Beispiel des städtischen Bildungskonzeptes „Mo.Ki – Monheim für Kinder und Familien" wird die Bedeutung von Netzwerken in der kommunalen Kinder- und Jugendhilfe erläutert. Mo.Ki zielt mit dem Aufbau einer Präventionskette auf die verbesserte Bildung, Förderung und Unterstützung von Kindern und deren Eltern, wobei die Kindertagesstätten als Knotenpunkte eines sozialraumorientierten Netzwerkes fungieren. Im Anschluss an die Darstellung der einzelnen Präventionsbausteine von Mo.Ki und deren Wirkungen werden die Rahmenbedingungen für gelingende Netzwerkarbeit diskutiert. Neben der Bedeutung der zentralen Steuerung durch die Kommunalverwaltung wird auf die wichtige Rolle der Regiestelle als Vernetzungsinstanz hingewiesen.

Die verantwortliche Koordinatorin muss über langjährige fachliche Erfahrungen verfügen und die Akteure kennen, die vernetzt werden sollen, um die vertikale Steuerungsaufgabe der Regiestelle leisten zu können. In Monheim werden die Akteure mit schriftlichen Netzwerkvereinbarungen gebunden. Sie gruppieren sich in Arbeitsgruppen, die thematisch vom „Kindesschutz ab der Geburt" über „bessere Bildungschancen in Kita, Grundschule und weiterführenden Schulen" bis hin zum „erfolgreichen Berufseinstieg" reichen. In dem Sekundärprozess der Arbeitsgruppen werden nach dem Steuerungsmodus der Selbstorganisation die Qualitätsanforderungen an die operativen Teilnetze um Primärprozesse entwickelt. Auch in diesem Beispiel ist somit eine ausgewogene Balance von Vernetzungsprozessen mit sekundären und primären Funktionen festzustellen.

Die Autorin verdeutlicht in den Ausführungen, dass zur Funktionsfähigkeit von Netzwerken im Non-Profit-Bereich nicht nur Akteure und Institutionen als Knotenpunkte gebraucht werden, sondern dass die fokale Koordinierung nach Zielsetzungen ebenso wichtig ist. Die Netzwerkkooperation benötigt klare Vorgaben sowie deutliche Rahmensetzungen; vor diesem Hintergrund wird als Faktor für das Gelingen von Mo.Ki die kommunale Unterstützung auf normativer und strategischer Ebene besonders betont.

Im letzten Beitrag von *Alexandra Birkle* und Andreas *Hildebrand* wird die *Sozialraumkoordination im Kölner Stadtgebiet Höhenberg/Vingst* beschrieben. Mit dem Konzept der „Sozialraumorientierten Hilfsangebote" sollen die Hilfeleistungen in ausgewählten Stadtteilen Kölns flexibler gemacht und näher an die Bürger/innen herangebracht werden.

In dem Konzept ist die Position bzw. Ressource eines/r Sozialraumkoordinator/in vorgesehen; sie liegt in der operativen Verantwortung von freien Trägern der Wohlfahrtspflege. Die Sozialraumkoordination in den Kölner Stadtteilen

Höhenberg und Vingst soll Prozesse der Abstimmung und Weiterentwicklung bestehender Vernetzungen initiieren und Menschen im Stadtgebiet motivieren, sich daran zu beteiligen. Zum Bestand gehören im Sozialraum einerseits zielgruppenspezifische Netzwerke (u. a. für die Bereiche Jugend, Senioren, junge Familien und für den Personenkreis mit Migrationshintergrund), andererseits Stadtteiltreffen, die zum Informationsaustausch und als Netzwerkplattform genutzt werden. Es handelt sich dabei um sekundäre Netzwerke, an denen Stadtteilbewohner/innen in ihrer Freizeit und Vertreter/innen von Einrichtungen und Diensten neben ihrer professionellen Arbeit partizipieren. Für die dynamische Vernetzung dieser zivilgesellschaftlichen und professionellen Potenziale fehlte bisher eine zentrale Agentur, bei der Informationen zusammenlaufen und von der aus Entwicklungen gezielt angestoßen werden. Im Rahmen der Sozialraumkoordination sind zwei Instrumente der Netzwerkarbeit neu implementiert worden: eine jährlich stattfindende Sozialraumkonferenz und eine Internetplattform.

Die Autoren beschreiben die Sozialraumkoordination als eine Aufgabe, bestehende Vernetzungen zu bewahren und neue Verbindungen herzustellen, ohne die gewachsenen Netzwerkkulturen mit Managementinstrumenten zu bürokratisieren und zu komplizieren. Sofern überhaupt von einem ‚Management' gesprochen werden kann, handelt es sich um eine minimal strukturierte Form mit überwiegend informellen Vereinbarungen. Diese Netzwerkarbeit ist von daher eher der Gemeinwesenarbeit zuzuordnen und basiert auf dem Steuerungsmodus der Selbstorganisation.

Das Beispiel von Alexandra Birkle und Andreas Hildebrand entspricht einer Netzwerkkooperation ohne eine differenzierte Organisationsstruktur. Die Sozialraumkoordination folgt der Netzwerklogik von kommunalen Politikfeldern;

Alexandra Birkle. Andreas Hildebrand
Sozialraumkoordination in Köln Höhenberg/Vingst
Die Stadt Köln hat im Jahr 2006 in ausgewählten Stadtteilen das Konzept der „Sozialraumorientierten Hilfsangebote" implementiert, um die Hilfeleistungen im Stadtteil flexibler zu verbinden. Unter Beteiligung der lokalen Bevölkerung und der vor Ort tätigen Akteure sollen die Mittel effektiver und gezielter eingesetzt werden. Die beiden Sozialraumkoordinatoren berichten über die praktische Umsetzung dieses Konzepts in den Kölner Stadtteilen Höhenberg und Vingst, die eine hohe Arbeitslosenquote, ein hoher Bevölkerungsanteil mit Migrationshintergrund, viele kinderreiche Familien und Jugendliche ohne Abschluss und Ausbildung kennzeichnen. Aus der Perspektive der Sozialraumkoordination wird der Aufbau eines Netzwerkes beschrieben, in dem professionelle sowie zivilgesellschaftliche Ressourcen der Bevölkerung integriert werden.

sie ersetzt diese Austauscharena, weil es auf der Ebene des Sozialraumes keine demokratisch legitimierten Instanzen (wie z. B. die gewählte Bezirksvertretung auf der übergeordneten Ebene des Stadtbezirks) gibt. Das sozialräumliche Netzwerk in Höhenberg/Vingst beruht auf lose gekoppelten, persönlichen Beziehungen – weniger auf organisationalen Relationen – und wird heterarchisch organisiert. Bei der von Birkle/Hildebrand vorgestellten Form der Netzwerkarbeit werden Entscheidungen nach dem Bottom-up-Prinzip getroffen. Es wird dem Prinzip gefolgt, dass die Sozialraumkoordination nicht vernetzt, sondern nur Optionen dafür bietet. Weil für die Vernetzung jeder Akteur selbst verantwortlich ist, überwiegen in der Sozialraumkoordination Moderationsmethoden, um unter Bewohnerinnen und Bewohnern Eigenverantwortung für die sozialräumliche Netzwerkarbeit zu generieren. Damit unterscheidet sich die Praxis in Höhenberg/Vingst grundsätzlich von einem Koordinationsansatz, bei dem Dienstleistungen der Daseinsvorsorge in einer fokalen Steuerungsperspektive professionell abgestimmt werden. Mehr Aufmerksamkeit findet stattdessen die Schnittstelle ehrenamtlicher und hauptamtlicher Strukturen mit dem Ziel, dass hauptamtliche Tätigkeiten das Engagement von ehrenamtlich Tätigen nicht einengen.

Mira Kleinbauer

Kooperationsmodell im Maschinen- und Anlagenbau

Aufgrund der Komplexität der in der Praxis vorkommenden Projekte des verfahrenstechnischen Anlagenbaus sind die angefragten Unternehmen gezwungen, mit weiteren Unternehmen zusammen zu arbeiten, um diese umfassenden Projekte bewältigen zu können. Eine erfolgsversprechende Vorgehensweise ist dabei die Bildung einer Kooperation zur gemeinschaftlichen Bearbeitung der Projekte.

1 Skizzierung der Ausgangssituation

1.1 Charakteristik des verfahrenstechnischen Anlagenbaus

Der verfahrenstechnische Anlagenbau ist Teil des Maschinen- und Anlagenbaus (MAB), welcher zu den bedeutendsten Industriezweigen in Deutschland und der Europäischen Union (EU) zählt (vgl. Möhringer 1998: 3). Der Maschinen- und Anlagenbau (MAB) befindet sich schon seit einigen Jahren in einer Umbruchphase, die in großem Maße ihre Ursache in der Integration von neuen Kommunikations-, Informations- und Multimediatechnologien hat (vgl. Pfeifer et al. 2000: 14 ff.). Betroffen davon sind nicht nur die Produkte, Kundenbeziehungen oder Organisationsstrukturen des Maschinen- und Anlagenbaus, vielmehr handelt es sich hierbei um eine vollkommene Umstrukturierung der gesamten Branche. Somit eröffnen sich neue Anwendungsfelder, die zugleich eine Herausforderung als auch eine Chance darstellen.

Die Hersteller verfahrenstechnischer Anlagen und Maschinen bewegen sich in einem weiten Umfeld (vgl. VDMA 2004: S. III). Sie müssen die technischen Trends in verschiedenen anderen Branchen beobachten, um ihre Innovationstätigkeiten anpassen zu können. Aufgrund der wachsenden Globalisierung der Märkte steigt die Zahl der internationalen Konkurrenten. In diesem Zusammenhang kann die EU-Osterweiterung genannt werden, die zwar einen erhöhten Wettbewerbsdruck schafft, aber dennoch neue Beschaffungs- und Absatzmärkte eröffnet. Die sich ändernden wirtschaftlichen Rahmenbedingungen betreffen vor allem die kleinen und mittleren Unternehmen (kmU) in der EU (vgl. o.V. 2003: 7 ff.).

Die Unternehmen des verfahrenstechnischen Anlagenbaus stehen unter einem starkem Wettbewerbsdruck. Die Projekte sind gekennzeichnet durch viele beteiligte Unternehmen, der Erbringung von Leistungen an unterschiedlichen Standorten und durch den hohen Termin- und Kostendruck (vgl. Wasserbauer 2004: 14 zitiert nach: Backhaus et al. 2005: 306). Ständig steigende Kundenwünsche, wie Forderungen nach immer innovativeren und leistungsfähigeren Produkten bzw. Dienstleistungen mit einem Höchstmaß an Qualität, sowie die Forderung nach kompletten Dienstleistungen bzw. Produkten sind für die kmU kaum noch ohne unternehmensübergreifende Zusammenarbeit zu erfüllen. Aufgrund dieser Tatsache gewinnen Kooperationen im Anlagenbau zunehmend an Bedeutung.

1.2 Kooperationsmodelle

Durch die Ausgliederung von eigenverantwortlichen Produktionsstätten entstanden in der Mitte des 19. Jahrhunderts langsam netzwerkartige Gebilde. Bis heute haben Kooperationen im Anlagenbau im Rahmen des Marketings und der Unternehmensführung einen hohen Stellenwert erreicht (vgl. Froböse et al. 2000: 125 f.). Mittlerweile haben fast alle großen Unternehmen Beteiligungen an anderen Unternehmen bzw. kooperative Verbindungen mit anderen Unternehmen.

In den letzten Jahren sind zwischenbetriebliche Kooperationen zunehmend in den Fokus gerückt, um Synergiepotenziale zu erschließen, welche durch die alleinige Optimierung der Prozesse nicht zu erreichen sind (vgl. Stüllenberg 2005: 1 ff.). Eine intra-organisationale Prozessoptimierung ist die Voraussetzung für eine erfolgreiche inter-organisationale Kooperationsstrategie. Eine effiziente und transparente Ausrichtung der internen Abläufe schafft erst die Möglichkeit, kollaborative Ansätze sowohl aktivitätsbezogen als auch organisationsbezogen erfolgreich zu realisieren. Damit einher gehen eine gegenseitige Anpassung der Geschäftsprozesse sowie die Etablierung einer gemeinsamen Organisationsform. Kooperationen bedeuten einerseits eine starke Ausrichtung auf die Anforderungen und Bedürfnisse des Partners und andererseits sind sich die Partner darüber im Klaren, dass damit verbundene Investitionen und Aufwände durch beiderseitige Effizienzgewinne zu amortisieren sind. Darauf müssen die Organisation, die Prozesse und die Mitarbeiter ausgerichtet und entsprechendes Wissen zur Konfiguration und zum Management von Kooperationen bzw. Netzwerken aufgebaut werden.

Die Bedeutung der zwischenbetrieblichen Kooperation spiegelt sich auch in der Auffassung von Hakansson wieder: „Relationships are one of the most valuable resources that a company possesses" (Hakansson 1989, S. 10).

Nicht nur in der Literatur, sondern auch in der Praxis werden unterschiedliche Kooperationsmodelle ausprobiert und diskutiert. Die Standardkooperationsmodelle sind: Joint Venture, Unternehmensnetzwerk, Virtuelles Unternehmen und die Strategische Allianz. Nachfolgend werden die genannten Modelle kurz beschrieben. Für eine ausführliche Beschreibung wird auf weiterführende Literatur verwiesen.

Joint Venture
Der Begriff Joint Venture wurde ursprünglich für eine internationale Kooperationsform verwendet (vgl. Stüllenberg 2005: 37 f.). Inzwischen werden auch nationale Zusammenschlüsse mit diesem Begriff bezeichnet.

Die Kooperationspartner, die eine eigene Rechtspersönlichkeit in Form eines Gemeinschaftsunternehmens gründen, sind wirtschaftlich und rechtlich unabhängige Unternehmen (vgl. Tjaden 2003: 43), von denen mindestens zwei aktiv an der Führung beteiligt sind (vgl. Vornhusen 1994, S. 33). Dabei bringen die Kooperationspartner unterschiedliche Ressourcen in das neu gegründete Unternehmen ein (vgl. Killich 2007: 17). Die Zusammenarbeit der Kooperationspartner ist auf lange Sicht ausgerichtet, wenn nicht gar auf Dauer ausgelegt (vgl. Hagenhoff/Schumann 2004: 14) und somit zeitlich und sachlich unbefristet (vgl. Hess 2002: 10). Die Kooperationspartner arbeiten in einem Joint Venture zusammen, um neue Marktchancen zu erschließen, die einzeln nicht erreichbar wären (vgl. Tjaden 2003: 43).

Virtuelles Unternehmen
Der Begriff „virtuell" hat seinen Ursprung im Lateinischen und bedeutet „scheinbar" und „als Möglichkeit vorhanden" (vgl. Thaler 2003: 3). Demnach kann virtuell als „Eigenschaft einer Sache bezeichnet werden, die zwar nicht real ist, aber doch in der Möglichkeit existiert; Virtualität spezifiziert also ein konkretes Objekt über Eigenschaften, die nicht physisch, aber doch der Möglichkeit nach vorhanden sind" (Scholz 1994: 5).

In den letzten Jahren wurde eine Vielzahl von Definitionen von Autoren entwickelt, welche sich in bestimmten Punkten gleichen, in anderen allerdings unterscheiden (Ausführliche Begriffsdiskussionen sind z.B. zu finden bei Konradt/Hertel 2002, Howaldt/Kopp 2007, Byrne et al. 1993, Stüllenberg 2005). Schlussfolgernd kann gesagt werden, dass der Begriff des Virtuellen Unternehmens in erster Linie mit einem temporären Charakter und einer Projektorientierung verbunden ist. D.h., ein Virtuelles Unternehmen ist eine temporäre Organisationsform mit dem Ziel, unterschiedliche rechtlich selbständige Unternehmen zusammenzufassen, um gemeinsam eine klar umrissene Aufgabe zu lösen (vgl. Dickerhof/Gengenbach 2006: 4 ff.). Virtuelle Unternehmen bilden sich in der

Regel ohne ein explizit festgelegtes, gemeinsames juristisches Dach, um ein gemeinsames Angebot für einen Kunden zu erstellen, einen Kundenauftrag durchzuführen oder gemeinsam ein neues Produkt/eine Dienstleistung zu entwickeln. Wenn der Grund ihres Bestehens wegfällt, lösen sich Virtuelle Unternehmen sofort auf (vgl. Schütte et al. 2006: 16). Im Gegensatz dazu ist ein Virtuelles Netzwerk meist langfristig angelegt (vgl. Beckmann 1998: 9, Kemmner/Gillesen 2000: 10) und ist ein dynamischer Kooperationsverbund von rechtlich und wirtschaftlich selbständigen Unternehmen (vgl. Ries 2001: 20-23). Es dient der Bereitstellung latenter Kooperationsmöglichkeiten als Basis zur Gründung von Virtuellen Unternehmen.

Unternehmensnetzwerk
Das Thema Unternehmensnetzwerk hat in der jüngeren betriebswirtschaftlichen Literatur zunehmend an Bedeutung gewonnen. Trotzdem ist die Begriffsbildung bei Unternehmensnetzwerken noch nicht vollständig abgeschlossen. Zahlreiche Autoren bezeichnen Unternehmensnetzwerke neben anderen Formen, wie zum Beispiel der Strategischen Allianz und dem Joint Venture, als eine mögliche Ausprägungsform zwischenbetrieblicher Kooperationen (vgl. Stüllenberg 2005: 20). Der Begriff des Unternehmensnetzwerkes ist enger gefasst als der Kooperationsbegriff und damit führt nicht jede Kooperation zur Bildung eines Unternehmensnetzwerkes, wobei jedes Unternehmensnetzwerk zwischenbetriebliche Kooperationen umfasst. Sydow beschreibt die Unternehmensnetzwerke als Organisationsform mit Zukunft und verwendet folgende Definition: „Ein Unternehmensnetzwerk stellt eine auf die Realisierung von Wettbewerbsvorteilen zielende Organisationsform ökonomischer Aktivitäten dar, die sich durch komplex-reziproke, eher kooperative als kompetitive und relativ stabile Beziehungen zwischen rechtlich selbständigen, wirtschaftlich jedoch zumeist abhängigen Unternehmen auszeichnet" (2002: 79).

Ein Unternehmensnetzwerk besteht folglich aus mehreren rechtlich selbständigen, aber zumeist wirtschaftlich abhängigen Einheiten. Diese werden als Netzwerkunternehmen bezeichnet. Die bestehenden Beziehungen zwischen den Netzwerkpartnern sind zumeist langfristig vertraglich geregelt. Unternehmensnetzwerke bestehen mindestens aus 3 Partnern, verfügen aber häufig über bis zu zehn oder mehr Teilnehmern. Im Gegensatz zu Joint Ventures werden die betrieblichen Funktionen und Prozesse der einzelnen Partner nicht zusammengelegt, sondern für die Durchführung mehrerer Aufträge abgestimmt. Dies stellt eine neue Form und damit verbunden eine neue Qualität der Zusammenarbeit dar (z. B. Synchronisierung der Fertigungsprozesse u. ä.). Die Zusammenarbeit zwischen den Partnern ist sachlich nicht auf eine Aufgabe begrenzt, sondern zeichnet sich durch Wiederholungen aus (vgl. Hagenhoff/Schumann 2004: 14).

Die Zusammenarbeit der Kooperationspartner erfolgt auf Basis formloser oder schriftlicher Vereinbarungen.

Strategische Allianz
Das mit am häufigsten empirisch auftretende Kooperationsmodell ist u.a. die Strategische Allianz (Jansen 2001: 108). Der Begriff „strategisch" kann in unterschiedlicher Weise gedeutet werden. Zunächst kann er statisch in Bezug auf die Eigenschaft der Allianz betrachtet werden. In diesem Fall spricht man von einer Kooperation als Strategischer Allianz, wenn sie darauf ausgerichtet ist, Wettbewerbsvorteile zu schaffen oder die Erlangung der Wettbewerbsvorteile auf keinem anderen Weg als durch das Eingehen einer solchen Allianz möglich ist. Darüber hinaus ist von einer strategischen Bedeutung auszugehen, wenn Faktoren von strategischem Wert in eine Allianz eingebracht werden. In der Literatur besteht keine eindeutige Begriffsbestimmung für das Kooperationsmodell der Strategischen Allianz.

Die Strategische Allianz zeichnet sich vor allem dadurch aus, dass die Kooperationspartner in der gleichen Branche und auf gleicher Wertschöpfungsstufe tätig sind, um kooperativ strategische Ziele zu verfolgen. Da strategische Ziele langfristige Ziele sind, wird diese Kooperationsform für einen längeren Zeitraum eingegangen (vgl. Jansen 2001: 108).

2 Projektklassifikation des verfahrenstechnischen Anlagenbaus

Im Mittelpunkt stehen Projekte des verfahrenstechnischen Großanlagenbaus. Es ist bislang noch nicht gelungen, die Komplexität der in der Praxis vorkommenden Projekte in der Literatur darzustellen. Bisher existierten nur Beschreibungen von Projektabläufen. Deshalb bedurfte es eines Klassifikationsmodells für Projekte im Anlagenbau, das die Realität möglichst praxisnah abbildet und das beschriebene Defizit verringert (vgl. Kleinbauer et al. 2006: 73 ff.). Die Projektklassifikation basiert auf folgenden Grunddimensionen: das technische Ziel, die Leistungsart und die Vertragsart eines Projektes. Die Dimensionen stellen grundsätzliche Unterscheidungsmerkmale für die Vielzahl von Projekten im Anlagenbau dar.

Kooperationsmodell im Maschinen- und Anlagenbau 111

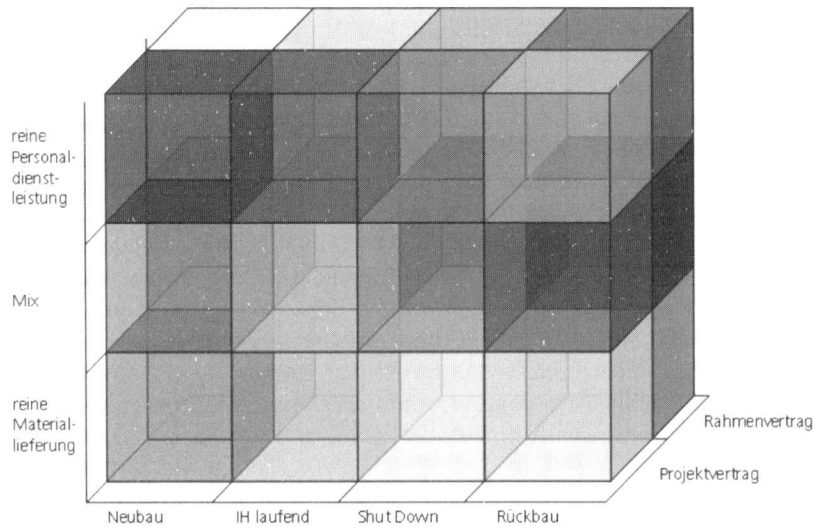

Abbildung 1: Projektklassen im Anlagenbau

Die erste Dimension, das technische Ziel, orientiert sich am Lebenszyklus von Anlagen im verfahrenstechnischen Anlagenbau. So wird auf der Skala der technischen Ziele zwischen „Neubau", „Instandhaltung laufend", „Shut Down" und „Rückbau" unterschieden. Unter Neubau wird die Neuerrichtung einer kompletten Anlage oder bisher noch nicht existierender Teile einer Anlage verstanden. Die laufende Instandhaltung umfasst alle Wartungsmaßnahmen an einer Anlage, ohne dass ein kompletter Stillstand der Anlage stattfindet. Letzteres wird als Shut Down bezeichnet. Während eines Shut Down erfolgen viele Wartungsarbeiten in sehr kurzer Zeit, wodurch eine getrennte Betrachtung zur laufenden Instandhaltung notwendig wird. Rückbau bezeichnet die (Teil) Abbauarbeiten einer Anlage. Der Umbau einer Anlage, welcher innerhalb des Lebenszyklus durchaus vorkommen kann, wird hierbei als Kombination aus Rückbau und Neubau angesehen.

Um die verschiedenen Leistungen, welche im Rahmen von Projekten erbracht werden, zu berücksichtigen, wurde die Dimension Leistungsart definiert. Darunter wird die reine Materiallieferung und reine Personaldienstleistung[1],

---

1 Der Begriff Dienstleistung wird in der Literatur sehr unterschiedlich diskutiert. Wesentlich für eine Dienstleistung ist, dass der Prozess der Leistungserstellung stets immateriell ist. Der Output eines Dienstleistungsprozesses kann materieller Art sein, muss aber zumindest ein Trägermedium beinhalten (vgl. Corsten/Schneider 1999).

aber auch die Verbindung der beiden Leistungsarten verstanden. Die zweite Dimension ist folglich unterteilt in „reine Materiallieferung", „Mix aus Materiallieferung und Personaldienstleistung" und „reine Personaldienstleistung". Diese Unterscheidung ist wichtig, da die Leistungsart Unterschiede in der Projektabwicklung bedingt. So ist z. B. die Einrichtung und der Abbau einer Baustelle bei „reiner Materiallieferung" nicht notwendig, jedoch beim „Mix aus Materiallieferung und Personaldienstleistung" sowie bei „reiner Personaldienstleistung". Der Grund dafür ist, dass bei der reinen Materiallieferung der Kunde einen Lagerplatz zur Verfügung stellt. Bei den anderen beiden Dimensionen ist Personal in den Projekten involviert, weshalb aus Arbeitsschutzgründen räumliche Voraussetzungen für die Arbeit auf der Baustelle geschaffen werden müssen.

Weiterhin werden Projekte danach unterschieden, ob es sich um ein Projekt innerhalb eines Rahmenvertrages oder um ein Einzelprojekt handelt. D. h., es ist sinnvoll die Dimension Vertragsart einzuführen. Die Dimension wird aufgeteilt in „Rahmenvertrag" und „Projektvertrag". Von einem Rahmenvertrag ist die Rede, wenn Mengenbudgets, Einzelpreise und Zeiträume festgelegt werden. Bei Projektverträgen hingegen werden konkrete Mengen, gegebenenfalls Einzelpreise (in der Regel jedoch Gesamtpreise) und konkrete Termine vertraglich definiert.

Aufgrund der drei genannten Dimensionen kann ein 3-dimensionaler Raum aufgespannt werden, in dem alle in der Praxis vorkommenden Projekte abgebildet werden können. Wird der Raum anschließend in die Abschnitte der einzelnen Dimensionen unterteilt, ergeben sich 24 Würfel, wobei jeder Würfel eine Kombination aus den drei Dimensionen darstellt (siehe Abbildung 1).

3 Kooperationsbeziehungen am Beispiel des Neubaus einer Anlage

Für den Neubau einer Anlage sind unterschiedliche Gewerke für die einzelnen Anlagenkomponenten notwendig. In der Abbildung 2 sind die Akteure, die am Bau einer Anlage beteiligt sind, dargestellt.

Anlagenbetreiber
- will die Anlage bauen

Verfahrensgeber
- Entwickler/ Besitzer des Verfahrens - übergibt die notwendigen Datenblätter

Planer
- übernimmt Forderungen des Kunden/ Verfahrensgeber - prüft/ erweitert das Verfahren sowie dessen technische und kommerzielle Realisierung

Gewerk-Unternehmen
- kann für sein Fachgebiet selbst als Planer auftreten - bekommt einen fachspezifischen Auftrag vom Betreiber/ Planer

Subunternehmen
- übernimmt weitere Aufträge als Unterauftragnehmer, die vom Gewerk oder Betreiber übergeben werden

Abbildung 2: Akteure im Anlagenbau

Da für die einzelnen Komponenten der Anlage verschiedene Gewerke notwendig sind, bildet das Gewerk-Unternehmen den Mittelpunkt der zu betrachtenden Kooperationsbeziehungen. Ausgehend vom Gewerk-Unternehmen A ergeben sich dabei folgende Kooperationsbeziehungen:
- Anlagenbetreiber → Gewerk-Unternehmen A
- Gewerk-Unternehmen A → Gewerk-Unternehmen B
- Gewerk-Unternehmen A → Subunternehmen oder Sub-Gewerk-Unternehmen

Die Beziehungen des Gewerk-Unternehmens A zum Planer und Verfahrensgeber werden vernachlässigt, da die Abstimmung über den Anlagenbetreiber erfolgt. Nachfolgend wird exemplarisch für die oben beschriebenen Projektklassen anhand des Beispiels Neubau einer Anlage (Projektklasse 17) in Bezug auf die Kooperationsbeziehungen als Kooperationsgefüge dargestellt.

Kooperationsgefüge: Neubau einer Anlage
Entsprechend den im oberen Abschnitt angeführten Kooperationsbeziehungen ergeben sich für den Neubau einer Anlage folgende Beziehungen:

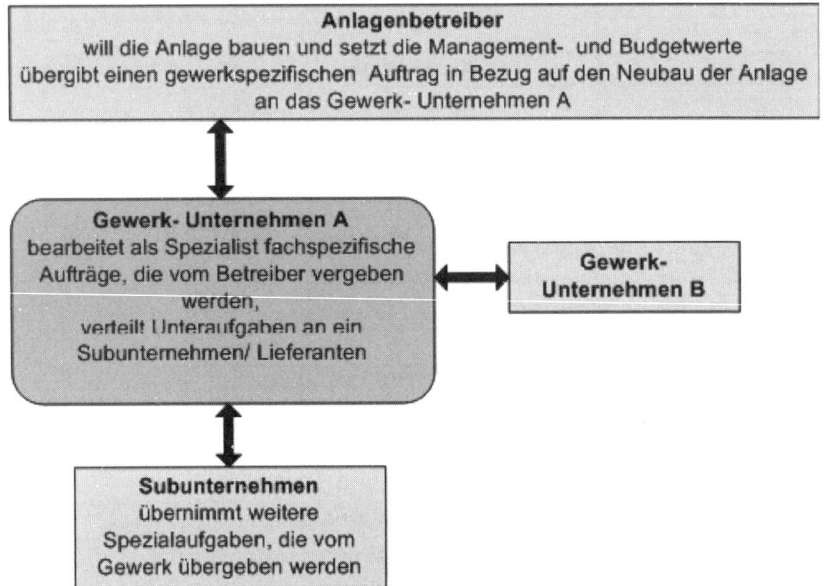

Abbildung 3: Kooperationsbeziehungen am Beispiel Neubau einer Anlage

Eine Anlage besteht aus verschiedenen Anlagenkomponenten für deren Neubau unterschiedliche Gewerk-Unternehmen notwendig sind, die in unterschiedlichen Aufgabenfeldern zusammenarbeiten. Auch eine kooperative Zusammenarbeit mit Subunternehmen, welche das Gewerk-Unternehmen durch fachspezifische Aufträge beim Neubau der Anlage unterstützen, ist möglich.

4 Szenariobasierte Darstellung der Kooperationsbeziehung

Diese szenariobasierte Darstellung der Kooperationsbeziehungen der Projektklassen stellt eine Weiterentwicklung der vom Fraunhofer-Institut für Fabrikbetrieb und -automatisierung erarbeiteten Projektklassifikation dar. Die Beschreibung der Kooperationsbeziehungen in Szenarien orientiert sich an den morphologischen Merkmalen: Laufzeit der Kooperation, Richtung der Kooperation, Anzahl der Kooperationspartner, Institutionalisierungsgrad, Macht- und Funktionsverteilung sowie Ressourcenverteilung (vgl. Kleinbauer et al. 2006a: 121ff.).

Es wird davon ausgegangen, dass in einer Kooperation nur der „best case" vorliegt, weshalb an dieser Stelle auf die Beschreibung des „worse case" verzichtet wird. Die Kooperationsbeziehungen werden aus Sicht des Gewerk-Unternehmens A beschrieben.

4.1 Kooperationsbeziehungen der Projektklasse 17: Neubau, Projektvertrag, Mix aus Materiallieferung und Personaldienstleistung

Der Neubau der Anlage, der von den Auftragnehmern einen Mix aus Materiallieferung und Personaldienstleistung abverlangt, umfasst ein Auftragsvolumen von maximal 1 Mio. Euro und ist damit in den Bereich der Großprojekte einzuordnen. In einem Projektvertrag werden die konkreten Mengen, gegebenenfalls die Einzelpreise, in der Regel aber die Gesamtpreise sowie die konkreten Termine vertraglich definiert.

Bei diesen Projekten fordert der Auftraggeber eine Gewährleistungsbürgschaft von den Gewerkunternehmen sowie Kommunikationsregeln, bei denen die Anzahl der Abstimmungspartner mindestens zwei jedoch nicht mehr als fünf beträgt. Die Prozessschritte Detailprojektplanung, Ressourcenplanung, Einrichtung und Abbau der Baustelle sowie Fertigung und Montage sind für alle Gewerke relevant. Die Personalkosten haben gewerkübergreifend einen Anteil von 25 % bis 50 % und die Materialkosten einen Anteil von 50 % bis 75 %.

Der Anlagenbetreiber benötigt für den Neubau seiner Anlage fachspezifische Gewerk-Unternehmen für die einzelnen Anlagenkomponenten. Die Gewerk- Unternehmen bearbeiten fachspezifische Aufträge, die vom Betreiber vergeben werden. Auftragsinhalte sind neben Materiallieferungen auch Personaldienstleistungen, wie Montageleistungen und Ingenieurdienstleistungen. In einem Projektvertrag vereinbaren der Anlagenbetreiber und das Gewerk-Unternehmen A die konkreten Materialmengen einschließlich der zu erbringenden Personaldienstleistungen, die für die Leistungserfüllung notwendig sind. Im Rahmen des Projektvertrages erfolgt die Festlegung der vertraglich zu erfüllenden Fertigstellungstermine. Eine frühe Integration des Gewerk-Unternehmens A in die Planung des Anlagenbetreibers ermöglicht dem Gewerk-Unternehmen A eine Beteiligung in Bezug auf technologische Spezifizierungen, um seine Erfahrungen und Kompetenzen in das Projekt einzubringen. Des Weiteren gewährt der Anlagenbetreiber in der kooperativen Beziehung dem Gewerk-Unternehmen A die Möglichkeit der freien Wahl des Subunternehmens. Das Gewerk-Unternehmen A kann das oder die Subunternehmen frei nach eigenen Kriterien, wie z.B. Zuverlässigkeit aufgrund bereits vorheriger Aufträge auswählen unter Berücksichtigung der vom Betreiber vorgeschriebenen Qualifikations- und Qualitätsanforderungen. Durch die Festlegung der konkreten Materialmengen im Projektvertrag, die zu einem festgelegten Zeitpunkt zu erbringen sind, kann das Gewerk-Unternehmen A, da ihm die Fertigstellungstermine bekannt sind, anstatt einer kapitalbindenden Lagerhaltung eine „just-in-time"-Strategie verfolgen. Auch die Planung der Personaldienstleistungen kann entsprechend den Terminen der Materiallieferung abgestimmt werden, um Personalengpässe zu vermeiden. Des Weiteren ist der Anlagenbetreiber bereit, seine Projektplanung/Arbeitsplanung offen zu legen. D.h., das Gewerke-Unternehmen A hat jederzeit die Möglichkeit, sich den aktuellen Planungsstand anzuschauen, um Rückschlüsse auf mögliche zukünftige Liefertermine zu ziehen.

4.2 Beziehung zwischen Betreiber und Gewerk-Unternehmen A.

Im Folgenden wird die Beziehung zwischen Betreiber und Gewerk-Unternehmen A anhand der oben genannten morphologischen Merkmale erläutert.

- *Laufzeit*: Der Projektvertrag, der zwischen Anlagenbetreiber und Gewerk-Unternehmen A geschlossen wird, hat eine kurz- bis langfristige Laufzeit, d.h. von weniger als einem Jahr bis zu mehreren Jahren. In dem Projektvertrag verpflichtet sich das Gewerk-Unternehmen A gegenüber dem Anlagenbetreiber zur Leistungserfüllung in Form einer Materiallieferung in Kombination mit einer Personaldienstleistung, wie z.B. der Verarbeitung des Materials.
- *Richtung*: Da die Anlage aus unterschiedlichen Komponenten besteht, benötigt der Anlagenbetreiber das Gewerk-Unternehmen A für die Leistungserbringung. Das Gewerk-Unternehmen A stammt aus der Anlagenbaubranche, gehört aber aufgrund seiner gewerkspezifischen Tätigkeit einer anderen Wertschöpfungsstufe an, als der Anlagenbetreiber. Man spricht in diesem Fall von einer vertikalen Kooperation. Eine Zusammenarbeit mit anlagenbaufremden Gewerk-Unternehmen entspricht nicht dem Anlagenbauprojekt. Demzufolge kann eine diagonale Kooperation ausgeschlossen werden.
- *Anzahl der Partner*: Es wird die Beziehung zwischen dem Anlagenbetreiber und dem Gewerk-Unternehmen A betrachtet.
- *Institutionalisierungsgrad*: Betreiber und Gewerk-Unternehmen A schließen für die kurz- bis langfristige Dauer des Projektes einen Projektvertrag. Während die Kooperationspartner für eine kurzfristige Kooperation keine

eigene Rechtsform gründen, arbeiten die Kooperationspartner bei einer mittel- bis langfristigen Kooperation in einem Gemeinschaftsunternehmen zusammen.
- *Machtverteilung*: Eine Kooperation, die eine Materiallieferung in Kombination mit einer Personaldienstleistung zum Ziel hat, ist mit einem hohen Abstimmungsgrad verbunden. Die im Projektvertrag festgelegten Fertigstellungstermine bedingen einen hohen Planungsaufwand seitens des Gewerk-Unternehmens A aufgrund umfangreicher technischer Dokumentationsvorschriften und der Abstimmung der Lagerplanung und Personalplanung entsprechend den Fertigstellungsterminen. Die Kooperationspartner Betreiber und Gewerk-Unternehmen A stimmen sich auch in Bezug auf die technologischen Maßnahmen ab. In der kooperativen Beziehung kann das Gewerk-Unternehmen A Einfluss auf die Terminplanung des Anlagenbetreibers nehmen, indem der Anlagenbetreiber die Entscheidungen des Gewerk-Unternehmens A in seiner nachfolgenden Planung berücksichtigt. Die Kooperationspartner kommunizieren auf gleicher Machtebene miteinander und sind als gleichrangige Partner einzustufen.
- *Funktionsverteilung*: Da die Funktionen, die sich im Rahmen der Materiallieferung und Personaldienstleistung für das Gewerk-Unternehmen A ergeben, nicht komplementär sind mit den Funktionen, die im Rahmen des laufenden Geschäftes des Anlagenbetreibers anfallen, ist eine Funktionszusammenlegung im Rahmen des Projektes nicht möglich.
- *Ressourcenverteilung*: Mit der Inanspruchnahme der Personaldienstleistung, der eine Materiallieferung voraus geht, greift der Anlagenbetreiber auf den Ressourcenpool des Gewerk-Unternehmens A zu. Man spricht in diesem Fall von einer Ressourcenteilung.

4.3 Kooperationsbeziehung Gewerk-Unternehmen A - Gewerk-Unternehmen B

Eine Anlage besteht aus mehreren Anlagenkomponenten, weshalb sich für das Gewerk-Unternehmen A die Möglichkeit bzw. die Notwendigkeit ergibt, mit weiteren Gewerk-Unternehmen (hier: Gewerk-Unternehmen B) kooperativ zusammen zu arbeiten. Dabei sind folgende Anwendungsfälle denkbar:
1. Gewerk-Unternehmen B erbringt Vorleistungen für Gewerk-Unternehmen A.
   - Gewerk-Unternehmen A kann erst mit seiner Leistungserfüllung beginnen, wenn das Gewerk-Unternehmen B, die Vorleistungen für Gewerk-Unternehmen A erbracht hat.
   - Die Vorleistung des Gewerk-Unternehmens B kann eine reine Materiallieferung, eine reine Personaldienstleistung oder ein Mix aus beidem sein.

a. Dies erfordert eine räumliche Abstimmung, um die Laufwege von Gewerk-Unternehmen A zu minimieren und/oder damit der Lagerort nicht die Arbeiten von Gewerk-Unternehmen A behindert, und
b. eine terminliche Abstimmung, um die Fertigstellungstermine einzuhalten.
   – Abstimmung bzgl. Speditionsleistungen, um gemeinsam eine Spedition zu nutzen unter der Voraussetzung, dass sich die Gewerk-Unternehmen A und B in räumlicher Nähe befinden.
   – Gewerk-Unternehmen A stellt bei der Verarbeitung des Materiales von Gewerk-Unternehmen B technologische Verbesserungsmöglichkeiten fest (Vorteil: technologischer Know-how-Gewinn durch Gewerk-Unternehmen B sowie Imagegewinn gegenüber dem Anlagenbetreiber).

2. Gewerk-Unternehmen A erbringt Vorleistungen für Gewerk-Unternehmen B.
   – Das Gewerk-Unternehmen A erbringt eine Personaldienstleistung die in Verbindung mit einer Materiallieferung steht, die für die Leistungserfüllung des Gewerk-Unternehmens B notwendig ist.
   – Hilfsmaterialien (z. B. Rüstungen), die das Gewerk-Unternehmen A benötigt, können vom Gewerk-Unternehmen B genutzt werden.
   – Abstimmung der technischen Ausführung, damit bei der Montage keine zusätzlichen (nicht eingeplante) Hindernisse für das Gewerk-Unternehmen B entstehen.

3. Gewerk-Unternehmen A arbeitet unabhängig von Gewerk-Unternehmen B, d.h. Gewerk-Unternehmen A erbringt Leistungen, die für Gewerk-Unternehmen B nicht relevant sind.
   – Kooperation nicht sinnvoll, da sich keine gegenseitigen Vorteile ergeben.

Nachfolgend wird die Kooperationsbeziehung Gewerk-Unternehmen A → Gewerk-Unternehmen B erläutert.
- *Laufzeit*: Da der Projektvertrag, der zwischen Betreiber und Gewerk-Unternehmen A geschlossen wurde, kurz-, mittel- oder je nach Gewerk auch langfristiger Art sein kann, ist demzufolge die Zusammenarbeit zwischen Gewerk-Unternehmen A und Gewerk-Unternehmen B entsprechend der Laufzeit des Projektvertrages anzupassen.
- *Richtung*: Da eine Anlage aus mehreren Komponenten besteht, für die verschiedene Vorleistungen notwendig sind, wie im Fall 1 und 2 beschrieben wurde, ergibt sich eine Kooperation zwischen den Gewerk-Unternehmen A

und B auf unterschiedlichen Wertschöpfungsstufen. Da die Gewerk-Unternehmen in der Anlagenbaubranche tätig sind, kann eine diagonale Kooperation ausgeschlossen werden.
- *Anzahl der Partner*: Eine Anlage besteht aus mehreren Komponenten. Für die einzelnen Komponenten sind unterschiedliche Gewerk-Unternehmen für die Leistungserfüllung notwendig.
- *Institutionalisierungsgrad*: Für die projektbezogene Zusammenarbeit finden sich das Gewerk-Unternehmen A und B in einer vertraglich geregelten Kooperation zusammen.
- *Machtverteilung*: Wie im Fall 1 und 2 beschrieben, erbringen die Gewerk-Unternehmen Vorleistungen füreinander. Diese Vorleistungen erfordern einen hohen Abstimmungsgrad und Informationsaustausch in Bezug auf die zu erfüllenden Aufgaben. Es liegt ein gleichberechtigtes Machtverhältnis zwischen den Kooperationspartnern vor, weil die Koordinierung entweder durch den Kunden oder durch den Generalauftragnehmer erfolgt, nicht aber durch eines der Gewerkunternehmen.
- *Funktionsverteilung*: Die kooperierenden Gewerk-Unternehmen A und B verfolgen aufgrund ihrer gewerkspezifischen Aufgabenerfüllung unterschiedliche Ziele, die verschiedene Funktionen für die Bewältigung der Leistungserfüllung erfordern. Eine Funktionszusammenlegung ist nicht möglich, weil die Produktions- und administrativen Prozesse, die im Rahmen der Aufgabenerfüllung anfallen in den einzelnen Unternehmen stattfinden.
- *Ressourcenverteilung*: Da sich die Gewerk-Unternehmen A und B wie im Fall 1 und 2 beschrieben durch personelle und auch materielle Vorleistungen unterstützen, arbeiten sie eng zusammen und nutzen gemeinsam bestimmte Ressourcen, wie Hilfsstoffe und Personal.

4.4 Kooperationsbeziehung Gewerk-Unternehmen A mit den Subunternehmen

Ein weiterer Kooperationsbedarf besteht, wenn das Gewerk-Unternehmen A Kapazitätsengpässe hat, die durch ein Subunternehmen aufgefangen werden können oder das Subunternehmen unterstützt das Gewerk-Unternehmen A durch weitere fachspezifische Aufträge, um die vom Betreiber gewünschte Anlagenkomponente herzustellen. Folgende Anwendungsbeispiele sind denkbar:
1. Ausgleich eines personellen und materiellen Kapazitätsengpasses beim Gewerk-Unternehmen A:
    - Es entstehen nur projektbezogene Personalkosten;
    - eine projektbezogene Neueinstellung und damit verbundene Einstellungskosten und

- Einarbeitungskosten und Bewerbungskosten sowie Verwaltungsaufwand und Betriebsarztkosten entfallen.
2. Das Subunternehmen erbringt Vorleistungen für das Gewerk-Unternehmen A:
   - Das Subunternehmen erbringt die Vorleistung, da diese sein Kerngeschäft ist, zu einem günstigeren Preis, das Gewerk-Unternehmen A müsste aufwändige Fertigungsprozesse durchführen oder ist gar nicht in der Lage, die Vorleistung ohne Subunternehmen zu erbringen.
   - Das Gewerk-Unternehmen A erzielt durch die niedrigeren Kosten für die Personaldienstleistungen und/ oder Materiallieferung einen höheren Gewinn.
   - Durch die Kooperation erweitert der Subunternehmer seine Marktpotenziale, indem er Kontakte zu weiteren Gewerk-Unternehmen schließt sowie mit dem Gewerk-Unternehmen A bei weiteren Aufträgen zusammen arbeitet.

Die Kooperationsbeziehung zwischen Gewerk-Unternehmen A und den Subunternehmen gestaltet sich folgendermaßen:
- *Laufzeit*: Die Laufzeit der Kooperation zwischen dem Gewerk-Unternehmer A und dem Subunternehmen ergibt sich aus der Dauer der Zusammenarbeit, die zwischen dem Anlagenbetreiber und dem Gewerk-Unternehmen A im Projektvertrag festgelegt wurde.
- *Richtung*: Im Rahmen eines Personal- oder auch Materialengpasses arbeitet das Gewerk-Unternehmen A mit dem Subunternehmen auf gleicher Wertschöpfungsstufe zusammen. Das Subunternehmen erbringt für das Gewerk-Unternehmen A materielle Vorleistungen. Des Weiteren kann das Subunternehmen das Gewerk-Unternehmen A durch personelle Dienstleistungen unterstützen. In beiden Fällen arbeiten das Gewerk-Unternehmen A und das Subunternehmen auf unterschiedlichen Wertschöpfungsstufen zusammen. Das Subunternehmen kann in der gleichen Branche tätig sein wie das Gewerk-Unternehmen A oder auch einer anderen Branche angehören.
- *Anzahl der Partner*: Zur Erfüllung fachspezifischer Aufgaben arbeitet das Gewerk-Unternehmen A mit unterschiedlichen Subunternehmen zusammen, um die Materiallieferung und/ oder Personaldienstleistung gegenüber dem Anlagenbetreiber zu erbringen.
- *Institutionalisierungsgrad*: Da es sich um eine kurz- bis langfristige Kooperation handelt, sind in Bezug auf den Institutionalisierungsgrad mehrere Ausprägungen möglich. Während das Gewerk-Unternehmen A und das Subunternehmen in einer kurzfristigen Kooperation meist auf die Gründung

eines Gemeinschaftsunternehmens verzichten, schließen sich die Kooperationspartner für eine langfristige Kooperation zu einer eigenen Rechtsform zusammen, um die finanziellen Beteiligungsverhältnisse und den Abstimmungsaufwand zu vereinfachen sowie administrative Vorteile zu erlangen. Innerhalb des Gemeinschaftsunternehmens lassen sich die Kosten, die für eine gemeinsame Leistung z. B. Speditionsleistung anfallen, entsprechend der Beteiligung der Kooperationsunternehmen verrechnen.

- *Machtverteilung*: Das Subunternehmen erbringt Vorleistungen für das Gewerk-Unternehmen A. Diese Vorleistungen sind entsprechend den Vorgaben des Gewerk-Unternehmens A zu erbringen. Bezüglich der Entscheidungen, die innerhalb der Kooperation zu treffen sind, stimmen sich das Gewerk-Unternehmen A und das Subunternehmen ab.
- *Funktionsverteilung*: Eine Funktionszusammenlegung erweist sich durch die Gründung des Gemeinschaftsunternehmens als vorteilhaft. Neben der gemeinschaftlichen Koordinierung der Projektaufgaben, erfolgt auch eine Zusammenlegung der administrativen Prozesse unter dem Dach eines Partners, um die Kosten so gering wie möglich zu halten.
- *Ressourcenverteilung*: Das Subunternehmen unterstützt das Gewerk-Unternehmen A u.a. durch Personaldienstleistungen, die für die Leistungserfüllung gegenüber dem Anlagenbetreiber notwendig sind. Da Personal auch als eine Ressource bezeichnet wird, bedient sich das Gewerk-Unternehmen A an den Personalressourcen des Subunternehmens.

5 Das projektklassenspezifische Kooperationsmodell

Für die Beschreibung und Entwicklung des Kooperationsmodells der Projektklasse werden zunächst Rahmenbedingungen abgeleitet. Als Rahmenbedingungen werden die Merkmale der Kooperationsmodelle der Projektklassen bezeichnet.

Die Standardkooperationsmodelle[2] wurden mittels der Merkmale des Morphologischen Kastens bereits vorgestellt und beschrieben. Aus diesem Grund orientiert sich auch die szenariobasierte Darstellung der Kooperationsmerkmale an den Merkmalen des Morphologischen Kastens, um die Standardkooperationsmodelle den Kooperationsmerkmalen der Projektklassen gegenüber zu stellen.

---

2 Joint Venture, Virtuelles Unternehmen, Unternehmensnetzwerk und Strategische Allianz werden als Standardkooperationsmodelle bezeichnet.

Die in dem Szenario beschriebenen Kooperationsmerkmale wurden in mehreren Workshops mit Unternehmern der Anlagenbaubranche in Bezug auf ihre Anwendbarkeit diskutiert und angepasst. Die hier beschriebenen Kooperationsbeziehungen Anlagenbetreiber → Gewerk-Unternehmen A, Gewerk-Unternehmen A → Gewerk-Unternehmen B und Gewerk-Unternehmen A → Subunternehmen bilden die Grundlage für die Entwicklung des projektklassenspezifischen Kooperationsmodells, das den bereits in der Literatur vorhandenen Standardkooperationsmodellen gegenüber gestellt wird.

Diese Gegenüberstellung hat zum Ziel, die Merkmale des projektklassenspezifischen Kooperationsmodells mit den Merkmalen der Standardkooperationsmodelle zu vergleichen und auf Anwendbarkeit zu überprüfen.

5.1 Rahmenbedingungen Projektklasse 17

An Kooperationen in der Projektklasse 17, die sachlich und zeitlich befristet ablaufen, sind in der Regel mindestens 5 Partner beteiligt. Die Projekte dieser Klasse können horizontale Kooperationen, d.h. Unternehmen der gleichen Wertschöpfungsstufe, und vertikale Kooperationen, d.h. Unternehmen unterschiedlicher Wertschöpfungsstufen, sein. Auch eine diagonale Kooperation, d.h. Zusammenarbeit zwischen branchenfremden Unternehmen, ist möglich.

Diese Kooperation impliziert die Gründung eines Gemeinschaftsunternehmens, welches eine Funktionszusammenlegung unter dem Dach eines Partners einschließt. Die Kooperationspartner legen innerhalb der Kooperation ihre Ressourcen in einem Ressourcenpool zusammen. Alle an der Kooperation beteiligten Unternehmen greifen damit auf die Ressourcen der anderen Partner zu (Ressourcenteilung).

5.2 Prüfung des Kooperationsmodells der Projektklasse 17

Die Rahmenbedingungen, die aus der szenariobasierten Darstellung des Kooperationsmodells der Projektklasse abgeleitet wurden, werden im Folgenden den Merkmalen der Standardkooperationsmodelle gegenübergestellt. Für die Prüfung und um die Beziehungsstruktur zu untersuchen, wird eine multivariate Analysemethode verwendet, da mittels dieser Methode mehr als 2 Variablen gleichzeitig betrachtet werden können.

Die multivariate Analysemethode ist ein mathematisch-statistisches Verfahren, mit dem simultan eine Mehrzahl von miteinander in Beziehung stehender Variablen analysiert werden kann (vgl. Hinterhuber/Matzler 2000: 220). Mittels dieser Analysemethode wird formal geprüft, welches Standardkooperationsmodell dem projektklassenspezifischen Kooperationsmodell am ähnlichsten ist, um das Standardkooperationsmodell durch Erweiterungen dem Kooperationsmodell der Projektklasse anzupassen. Da es sich bei den Merkmalen um nominal[3] skalierte Variablen handelt, sind nur multivariate Analysemethoden anwendbar, die nominal skalierte Variablen voraussetzen.

Für die Prüfung der Ähnlichkeiten der Standardkooperationsmodelle mit dem Kooperationsmodell der Projektklasse wird ein Ähnlichkeitskoeffizient (Tanimoto-Koeffizient) der Clusteranalyse verwendet. Mittels des Tanimoto-Koeffizienten kann die Ähnlichkeit zwischen zwei Objekten angegeben werden. Je größer der Wert des Ähnlichkeitswertes ist, desto ähnlicher sind sich zwei Objekte (vgl. Backhaus et al. 2005: 483 f.). Der Tanimoto-Koeffizient lässt sich einfach berechnen und misst den relativen Anteil gemeinsamer Eigenschaften (ebd.: 485), so dass sich Aussagen in Bezug auf die Ähnlichkeiten zwischen den Standardkooperationsmodellen und dem Kooperationsmodell der Projektklasse ableiten lassen.

Zunächst wird festgestellt, welche Eigenschaften die Standardkooperationsmodelle mit den Kooperationsmodellen der Projektklassen gemeinsam haben. Übereinstimmungen werden mit einer „1" und keine Übereinstimmungen mit einer „0" gekennzeichnet. Anschließend werden die Eigenschaften gezählt, die lediglich bei einem der Modelle, d.h. entweder beim Standardkooperationsmodell oder beim Kooperationsmodell der Projektklasse, vorkommen. In einer Ausgangsmatrix werden die Merkmale, die die Basis für die charakteristische Beschreibung der Standardkooperationsmodelle und Kooperationsmodelle der Projektklassen bilden, in der Zeile Eigenschaften dargestellt. Diese Eigenschaften werden anhand der Standardkooperationsmodelle Joint Venture (JV), Virtuelles Unternehmen (VU), Unternehmensnetzwerk (UN) und Strategische Allianz (SA) auf ihre Übereinstimmung überprüft und im Falle einer Übereinstimmung mit einer „1" gekennzeichnet. Liegt keine Übereinstimmung vor, wird eine „0" eingetragen. Auch die Kooperationsmodelle der Projektklassen werden in Bezug auf ihre Übereinstimmung mit den Merkmalen mit einer „1" gekennzeichnet.

---

3   Ein Merkmal heißt nominal, wenn seine möglichen Ausprägungen zwar unterschieden, nicht aber in eine Rangfolge gebracht werden können. Bei nominalskalierten Merkmalen wird der Untersuchungseinheit für die entsprechende Ausprägung (genau) ein Name bzw. (genau) eine Kategorie zugeordnet.

Für die Berechnung des Tanimoto-Koeffizient wird folgende Formel angewendet: $S_{ij} = a/(a+b+c)$ mit

Sij : Ähnlichkeit zwischen den Objekten i und j
a: bei beiden Objekten ist die Eigenschaft vorhanden
b: nur Objekt 2 weist die Eigenschaft auf
c: nur Objekt 1 weist die Eigenschaft auf

Mit einem Tanimoto–Koeffizient$_{JV,PK17}$ = 63,64 % (Ähnlichkeit zwischen Standardkooperationsmodell Joint Venture und Kooperationsmodell der Projektklasse 17), Tanimoto–Koeffizient$_{VU,PK17}$ = 54,55 % (Ähnlichkeit zwischen Standardkooperationsmodell Virtuelles Unternehmen (VU) und Kooperationsmodell der Projektklasse 17) und Tanimoto – Koeffizient$_{UN,PK17}$= 50,00 % (Ähnlichkeit zwischen Standardkooperationsmodell Unternehmensnetzwerk (UN) und Kooperationsmodell der Projektklasse 17) liegen die Koeffizienten in ihrem relativen Anteil sehr nah beieinander. Die Ähnlichkeit zwischen Standardkooperationsmodell Strategische Allianz und Kooperationsmodell der Projektklasse 17 beträgt 33,33 %. Somit kann die Strategische Allianz als Kooperationsmodell für diese Projektklasse vernachlässigt werden. Da das Kooperationsmodell der Projektklasse 17 die Gründung eines Gemeinschaftsunternehmens voraussetzt, ist nur das Joint Venture, welches bei der Überprüfung einen Tanomoto-Koeffizienten von rd. 64 % aufzeigt, anwendbar. Übereinstimmungen treten in den Merkmalen horizontale, vertikale und diagonale Kooperationsrichtung, Gemeinschaftsunternehmen, polyzentrische Machtverteilung, Funktionsabstimmung, Ressourcenteilung auf.

Das Joint Venture unterscheidet sich vom Kooperationsmodell der Projektklasse 17 in der Kooperationslaufzeit und der Kooperationspartneranzahl von weniger als 5 Partnern. Als Basismodell für das Kooperationsmodell der Projektklasse 17 dient ein Joint Venture. Das Basismodell Joint Venture wird, um es als Kooperationsmodell für die Projektklasse 17 anzuwenden, in seiner Kooperationslaufzeit entsprechend dem Vorhaben der Projektklasse 17 angepasst und im Merkmal Kooperationspartneranzahl erweitert, so dass mehr als fünf Partner an der Kooperation beteiligt sein können. Für die Zusammenarbeit gründen die Unternehmen ein Gemeinschaftsunternehmen, d.h. die Kooperationspartner gründen eine neue, rechtlich selbstständige Geschäftseinheit, an der die Partner mit ihrem Kapital beteiligt sind. Neben dem Kapital bringen die Kooperationspartner einen wesentlichen Ressourcenanteil an Technologien, Schutzrechten, technischem bzw. Marketing-Know-how ein. In dem Gemeinschaftsunternehmen legen die Partner ihre Funktionen zusammen. Die Produktions- und administrativen Prozesse, die im Rahmen des Gemeinschaftsunternehmens anfallen, werden unter dem Dach eines der Partner ausgeführt.

6 Fazit

Wie bereits eingangs gesagt sind die Themen Kooperation im Allgemeinen und speziellen sowie Netzwerkmanagement im Besonderen nicht nur in der Wissenschaft, sondern auch in der Praxis hoch aktuelle Themen. Da diese Themen sehr umfangreich sind, stehen insbesondere die Unternehmen vor dem Problem, diese Komplexität in der Praxis beherrschen zu müssen. Nicht nur diese Themen, sondern auch die in der Praxis vorkommenden Projekte des verfahrenstechnischen Anlagenbaus besitzen eine ausgeprägte Komplexität. Aufgrund dessen sind die angefragten Unternehmen gezwungen, mit weiteren Unternehmen zusammen zu arbeiten, um diese umfassenden Projekte bewältigen zu können. Eine erfolgsversprechende Vorgehensweise ist dabei die Bildung einer Kooperation zur gemeinschaftlichen Bearbeitung der Projekte.

Die hier dargestellte Methode ist ein Versuch, die Vielzahl an Möglichkeiten im Rahmen des Entscheidungsprozesses, welche Kooperationsform gewählt werden sollte, zu vereinfachen. Nach der Strukturierung mit Hilfe der Projektklassifikation der in der Praxis des verfahrenstechnischen Anlagenbaus vorkommenden Projekte war es möglich, für die 24 Projektklassen einheitliche morphologische Merkmale für kooperative Beziehungen zu entwickeln. Laufzeit der Kooperation, Richtung der Kooperation, Anzahl der Kooperationspartner, Institutionalisierungsgrad, Macht- und Funktionsverteilung sowie Ressourcenverteilung sind die Merkmale mit deren Hilfe, in Abhängigkeit ihrer entsprechenden Ausprägung je Projektklasse, Empfehlungen für die Wahl der am besten geeigneten Kooperationsform ausgesprochen werden können.

Die Untersuchung hat gezeigt, dass keine der Standardkooperationsmodelle perfekt passt, wie am Beispiel der Projektklasse 17 deutlich wurde. Als Basismodell für das Kooperationsmodell dieser Projektklasse dient ein Joint Venture, welches in seiner Kooperationslaufzeit entsprechend dem Vorhaben der Projektklasse 17 angepasst und im Merkmal Kooperationspartneranzahl erweitert werden muss. Betrachtet man die Kooperationsmodelle der Projektklassen näher, dann fällt auf, dass bei der Umsetzung dieser Kooperationsmodelle bzw. Kooperationsvorhaben praktische Probleme auftreten können. Die Strategische Allianz ist aufgrund ihrer strategischen Ausrichtung sehr speziell und somit auf die Kooperationsmodelle der Projektklassen nicht anwendbar. Des Weiteren wird in allen Kooperationsmodellen der Projektklassen eine polyzentrische Machtverteilung gefordert. Aus diesem Ergebnis kann abgeleitet werden, dass entsprechende Adaptionen der Standard Kooperationsmodelle notwendig sind, um einen praxisgerechten „Baukasten" oder Leitfaden den Unternehmen zur Verfügung stellen zu können.

Viele Unternehmen vermeiden Kooperationen, da sie häufig nicht in der Lage sind, den zusätzlichen Verwaltungs- und Kommunikationsaufwand zu bewältigen. Oft verfügen gerade kleine Unternehmen nicht über die notwendigen Kernkompetenzen, die nötig sind, um einen intensiven, bilateralen Informationsaustausch in entsprechender Qualität zu sichern. Dies zeigt die Notwendigkeit auf, praxisgerechte Instrumente für das Kooperations- bzw. Netzwerkmanagement zu entwickeln. Zudem existiert noch immer das verbreitete Argument, dass eine völlige Abhängigkeit von den Partnern „schädlich" wäre. In der Zukunft wird es jedoch in wachsendem Maße Kooperationsbündnisse in der Zusammenarbeit von Unternehmen geben müssen, um die aufkommenden Kundenbedürfnisse schneller bedienen zu können. Durch eine möglichst effektive Aufteilung des Wertschöpfungsprozesses können Netzwerke bzw. Kooperationen diesen Anforderungen eher entsprechen als „Einzelgänger".

René Böhmer, Markus Ziegler, Sascha Tilli

Netzwerkmanagement in der Transportlogistik

Vorgestellt wird in diesem Beitrag ein Projekt, das von der LGI – Logistics Group International GmbH und einem ihrer Kunden umgesetzt wurde. Die LGI ist ein führender europäischer Anbieter von integrierten Logistikdienstleistungen mit Hauptsitz in Böblingen.[1] Vorgestellt wird das Projekt Supply Chain Event Monitoring (SCEM) welches im Bereich der Netzwerkoptimierung speziell im Transportbereich Verbesserungspotenziale ermitteln und umsetzen sowie eine umfangreiche Supply-Chain-Steuerung ermöglichen soll.

1 Die Supply Chain Event Monitoring – Netzwerkorganisation

1.1 Ausgangssituation, Ziele und Gegenstand

Lange Durchlaufzeiten der Prozesse, gesteigerte Kundenerwartungen, Kostendruck sowie die Konzentration auf Kernkompetenzen sind auch in diesem Projekt Auslöser für eine Reorganisation der bisherigen Vorgehensweise. 2004 begann der Kunde der LGI, den After Sales Hardware Support für Europa, für den mittleren Osten und für afrikanische Länder (sog. EMEA-Länder) durch Erneuerung und Einführung eines überarbeiteten Hardware-Support-Modells zu verbessern. Folgende Verbesserungen sollten erreicht werden:
- gesteigerte Kundenzufriedenheit, gemessen in Umfragen,
- Erreichen aller gesetzten Leistungsziele,
- Gesamtkostenverbesserung, gemessen an den Kosten pro Vorgang, den sog. Cost Per Incident (CPI),
- eine Infrastruktur, die wettbewerbs- und an das expandierende Geschäft anpassungsfähig ist, sowie die notwendige Flexibilität für die nächsten zehn Jahre und darüber hinaus gewährleistet.

---

1 Das Unternehmen ging aus dem Zentralbereich Logistik von Hewlett Packard hervor und wurde 1995 als Joint Venture von der Hewlett Packard Deutschland GmbH und der Willi Betz Unternehmensgruppe gegründet, bevor es 1999 zu 100 % in den Besitz der Willi Betz Gruppe überging. Die LGI beschäftigt heute in Europa mehr als 1.600 Mitarbeiter an 35 Standorten und erzielte in 2006 einen Gruppenumsatz von mehr als 150 Mio. Euro.

Das Ziel des neuen Konzepts war daher:

„den Endkunden innerhalb der EMEA-Länder die Möglichkeit zu geben, während der Garantiephase defekte Geräte einsenden oder abgeben zu können und im Gegenzug ein gleich- und neuwertiges Produkt zu erhalten. Die Defektgeräte werden neuwertig repariert und danach bis auf Abruf gelagert."

Darüber hinaus sollte das Konzept zu einer Optimierung der Transport- bzw. gesamten Logistikkosten führen.

Gesucht wurde für dieses Projekt und die daraus resultierenden Dienstleistungen ein Partner, der alle nachgefragten Leistungen liefern konnte. Der Kunde wollte eine Partnerschaft mit einem führenden Logistikdienstleister, der spezifische Lösungen anbieten und ihm eine End to End (E2E) Supply Chain Lösung, d.h. eine Lösung vom Endkunden bis zur Reparaturlinie und wieder zurück, liefern sollte. Dabei war es das Ziel, die Kundenzufriedenheit als Wettbewerbsvorteil zu nutzen. Der Logistikpartner sollte als Schnittstelle für das E2E-Geschäft tätig werden und ggf. Subunternehmer zur Leistungserbringung einsetzen. Der Logistiker wurde in Hinsicht auf seine Fähigkeit gewählt, die bestmögliche Dienstleistung mit den niedrigsten Gesamtkosten zu liefern. Dabei wurde seitens des Auftraggebers ein variables Preismodell gefordert, bei dem gleichzeitig auch das Risiko der Fixkosten zwischen Auftraggeber und Partner aufgeteilt werden sollte, ein sog. Pricing and Risk Sharing Modell. Weitere Kriterien für die Entscheidungsfindung waren die Flexibilität, die Kreativität und die ständige Bemühung, Kosten zu senken, sowie die Leistungen an den Auftraggeber und den Endkunden zu verbessern.

Das Ziel des Konzepts schien eingängig: Den Endkunden innerhalb der EMEA soll ermöglicht werden, defekte Geräte über verschiedene Wege lokal abgeben zu können und im Tausch ein Neu- oder Austauschgerät zu erhalten.

Insgesamt werden heute mehr als 18 unterschiedliche Services abhängig vom Warenwert für die Endkunden angeboten (z. B. Abgabe des Gerätes bei einem Händler oder bei einem Paketshop, Abholung des Gerätes beim Endkunden zu Hause, etc.). Dabei bekommt der Endkunde bei Abgabe seines Defektgerätes sofort ein generalüberholtes Austauschgerät, um den Aufwand für den Kunden möglichst gering zu halten. Das Defektgerät geht nach Vereinnahmung zur Reparaturlinie des Kunden der LGI, wo es ebenfalls generalüberholt und anschliessend bis zur weiteren Verwendung bei der LGI eingelagert wird. Clou ist, dass der Endkunde maximal fünf Tage ohne funktionierendes Gerät auskommen muss.

Hinter dieser kundenfreundlichen Dienstleistung stehen viele miteinander verbundene Supply-Chain-Prozesse, welche im Rahmen des Supply Chain

Event Monitoring-Projekts weit reichende Veränderungen innerhalb der Dienstleistungsstruktur des Auftraggebers sowie des Logistikdienstleisters miteinbezogen.

Die Kundenzufriedenheit zu steigern, war einer der Hauptantriebe, das neue Supply-Chain-Modell zu realisieren. Der Auftraggeber prüfte das Angebot des Logistikpartners und seine potentielle Wirkung auf die Kundenzufriedenheit. Weiterhin wurde der Partner anhand qualitativer und quantitativer Faktoren gemessen, wie zum Beispiel:
- IT-Infrastruktur,
- Fähigkeiten in Supply-Chain- und Materialmanagement,
- Projektmanagement,
- Strategie,
- Unternehmensphilosophie (Werte), Kultur und finanzielle Situation,
- Kundenzufriedenheit der Bestandskunden,
- mögliche Kundenzufriedenheit durch das Konzept des Logistikpartners,
- Partnerschaften, Allianzen,
- Dienstleistungskosten,
- preisliche Wettbewerbsfähigkeit und Nachhaltigkeit,
- variable Kosten/Risikostreuung,
- erwartete Kostenreduktion,
- Prüfung des Angebots basierend auf fehlerfreien und nachhaltigen finanziellen Annahmen.

Um dieses Projekt zu realisieren, musste zuallererst ein Projektmanagement aufgestellt werden. Ein Steuerungskomitee, das sich monatlich trifft, wurde ernannt. Dazu kam wöchentlich ein Jour fix der Projektmanager vom Auftraggeber und der LGI sowie ein allgemeiner Workshop mit einer Dauer von ein bis drei Tagen pro Monat. Die Projektmitglieder der LGI trafen sich ebenfalls einmal die Woche zu einer internen Besprechung. Da im Rahmen dieses Projektes auch regionale Standorte überall in Europa durch die LGI eröffnet werden mussten, waren des Weiteren bei Neueröffnungen teilweise Mitarbeiter vom LGI-Hauptsitz temporär präsent (z. B. Barcelona, Mailand).

Die Projektdokumentation wurde durch einen übergeordneten Masterplan visualisiert, welcher der Projektplan für das gesamte Projekt darstellt. Weiterhin wurden Action Items (AI), d.h. Aufgabelisten mit den verantwortlichen Personen und den Abgabedaten für spezifische Aufgaben, verwendet. Das anlaufende Projekt wurde in einem Projekttagebuch dokumentiert. Ferner wurde der Verlauf in Präsentationen dem Steuerungskomitee vorgestellt. Alle Daten wurden in einem Projektdatenspeicher der LGI und beim Auftraggeber gesichert.

1.2 Beschreibung des Konzepts

In dem zugrunde liegenden Konzept war lediglich ein zentraler Partner vorgesehen, der als Ansprechpartner für den Auftraggeber agiert und der den gesamten Transport sowie die logistische Supply Chain steuert. Als Teil des Managements erwartete der Auftraggeber, dass der Partner die Fähigkeit besitzt, Lagerbestände zu übernehmen, zu überwachen und auch die damit verbundenen Beschaffungsmaßnahmen zu erbringen.

Weiterhin führte der Auftraggeber für seine Endkunden ein vereinfachtes Konzept für den physikalischen Transport der Geräte mit Hilfe von sog. Touch Points[2] ein, wie auch regionale Konsolidierungsdepots und Zentrallager. Lokal gesehen entschied sich der Auftraggeber bei der Errichtung von Zentrallagern für den mittleren Osten, Südafrika und Russland. Als Vorbild diente das schon existierende Lager in Bondorf (Deutschland), welches von der LGI geführt wird.

Der Prozess für den Endkunden wurde wie folgt definiert: Im Falle eines defekten Gerätes ruft der Endkunde beim Call-Center des Auftraggebers an. Hier prüft das Call-Center die Produktnummer und ob ein Garantiefall besteht. Abhängig vom Warenwert schlägt das Call-Center dem Endkunden verschiedene Möglichkeiten vor, wie der Austausch seines Defektgerätes durch ein neuwertiges Gerät erfolgen kann. In der Mehrheit der Fälle entscheidet sich der Kunde für das sog. Touch-Point-Konzept, d.h. der Endkunde geht zu einem Geschäft, einer Tankstelle, einem Paketshop etc. mit verlängerten Öffnungszeiten, wo er zu der für ihn günstigsten Tageszeit sein Defektgerät gegen das überholte Austauschgerät eintauschen kann. Hierdurch muss der Endkunde nicht zu Hause sein, wenn der Paketdienst kommt. Nachdem der Endkunde die von ihm favorisierte Austauschmöglichkeit gewählt hat, gibt ihm das Call-Center abhängig von der Dienstleistung den avisierten Austauschtermin an. Anschließend informiert das Call-Center per Datenschnittstelle die LGI darüber, dass ein neuwertiges Gerät vom Typ XY bis zum Tag X am Touch Point Y im Land Z vorliegen muss. Daraufhin stößt die LGI intern den Austauschprozess an. Das neuwertige Gerät wird per Komplettladung vom Zentrallager zu einem regionalen Hub in der Nähe des avisierten Touch Points gebracht. Ab dem regionalen Hub beauftragt die LGI einen regionalen Paketdienstspezialisten mit dem tatsächlichen Austausch des Gerätes beim Endkunden bzw. Touch Points. Hierzu holt der Paketdienstleister das Austauschgerät bei der LGI ab und informiert den Endkunden per SMS und/oder eMail über den tatsächlichen Austauschtermin. Am avisierten Tag kommt der Endkunde dann mit seinem defekten Gerät zum Touch Point

---

2 Touch Points sind Stellen bei denen der Endkunde durch seinen normalen Lebensrhythmus regelmäßig und automatisch vorbeikommt, z. B. Tankstellen, Kioske, Supermärkte.

und gibt dieses dort ab. Im Gegenzug erhält er das neuwertige Ersatzgerät. Für den Endkunden hat sich damit der Vorgang erledigt. Vom Touch Point geht das defekte Gerät anschließend mit dem regionalen Paketdienstleister zurück zum regionalen Depot der LGI. Hier werden alle defekten Geräte des Landes gesammelt und dann per Komplettladung an das Zentrallager zurückgesendet. Von dort geht es ebenfalls mit einer Komplettladung zu den unterschiedlichen Reparaturlinien des Auftraggebers. Direkt im Anschluss nimmt der Transportpartner der LGI generalüberholte Geräte mit zurück zum Zentrallager, wo die Geräte bis zur weiteren Verwendung eingelagert werden.

Darüber hinaus wurde vom Auftraggeber erwartet, dass die gesamte Supply Chain auf einer web-basierten IT-Plattform abgebildet wird, um so Endkunden und Call-Center jederzeit Überblick über den Verbleib der Ware und somit umfassende Transparenz zu ermöglichen.

Ausgehend von den Anforderungen des Auftraggebers und der teilweise bestehenden Struktur basiert das Konzept der LGI auf einem „kosten- und endkundenorientierten Ansatz". Folgende Punkte sind Hauptmerkmale des Konzeptes:
- Netzwerkerrichtung und Partnermanagement: kosten- und nutzenorientierte Nutzung durch sog. "best of breed", was bedeutet, dass eine Vielzahl von größtenteils mittelgroßen Unternehmen, die in Teilbereichen besondere Fertigkeiten aufweisen, unter Vertrag genommen werden, anstatt dass alle Leistungen aus demselben Hause kommen,
- Transporttransparenz und -optimierung durch webbasierte Auktionen von Relationen zur Steigerung der Kosteneffizienz und Transparenz,
- Anpassung der IT-Systeme an die Kunden- und Endkundenanforderungen.

In Hinsicht auf logistische Dienstleistungen hat die LGI schon bestehende Standorte, wie z. B. in Istanbul, Sofia und Budapest, aber sie hat auch neue potentielle Partner in Italien, Spanien und Skandinavien gefunden. In diesen Gebieten, in denen die LGI nur regionale Dienstleistungen anbietet, hat sie innerhalb von drei Monaten mit neuen Partnern kooperiert. Neben dem schon bestehenden Zentrallager in Bondorf (Deutschland), das ursprünglich von dem Kunden für viele verschiedene Produkte genutzt wurde, hat die LGI, speziell für dieses Projekt, innerhalb von zwölf Monaten lokale Depots in Milton Keynes (UK), Genk (Belgien), Barcelona (Spanien) und Mailand (Italien) eröffnet. Weitere Standorte sind für Kopenhagen (Dänemark), Warschau (Polen), Budapest (Ungarn) und Prag (Tschechien) geplant.

Ein weiterer Vorteil des Partnerkonzepts, bei welchem dem bereits genannten „Best of Breed" Konzept gefolgt wird, ist, dass die LGI sich auf ihre Kernkompetenzen Lagerhaltung und Netzwerkmanagement konzentriert. Für den Transport wurden ebenfalls geeignete Unternehmen gefunden, die als Subunternehmer fungieren und durch die LGI gemanagt werden. Obwohl die LGI eine Vielzahl neuer Partner integrierte, ist es von großer Wichtigkeit, dass es für den Auftraggeber lediglich bei einem Ansprechpartner bleibt.

Um das eher komplexe Management der physikalischen und administrativen Vorgänge zu leisten, erarbeitete die LGI, basierend auf schon existierenden Strukturen, eine kundenspezifische Lösung und konnte somit eine Lösung bei angemessenen Kosten anbieten. Die LGI entwickelte ein Optimierungsprogramm, welches zu einer kosteneffizienten Netzwerklösung führte und dem Dienstleister nun erlaubt, die Prozessflüsse effektiv entweder direkt vom Kunden oder indirekt über die lokalen Konsolidierungsdepots bis zum Zentrallager und von dort zu den Reparaturlinien zu leiten. Eine Kernkompetenz liegt in der Verarbeitung von Daten verschiedener Schnittstellen in dem zentralen LGI-IT-System. Dies ist der einzige Weg, effizientes Kosten- und Partnermanagement zu ermöglichen.

Des Weiteren liefert die LGI, Mithilfe eines Netzwerkes und des Partnermanagements, dem Auftraggeber maßgeschneiderte Lösungen für jeden Prozessfluss. Die LGI verbessert somit durchweg ihre Leistungsfähigkeit intern und nimmt die am besten geeigneten, externen Dienstleister unter Vertrag, um die bestmögliche Leistung für den Auftraggeber zu erbringen. Basis für die Verträge mit den Dienstleistern stellen die mit dem Kunden definierten Prozesse, Schnittstellen, Durchlaufzeiten und Kennzahlen der Supply Chain dar. Der auf diesen Bausteinen aufbauende Prozess sieht detailliert die nachstehenden Abläufe vor.

Die angebotenen Leistungen sind, wie bereits erwähnt, von dem Anschaffungspreis des jeweiligen Gerätes abhängig. Beispiele für die insgesamt 18 Lösungen sind folgende:
- Aufnahme des Gerätes beim Kunden vor Ort,
- Für den Kunden: Abgabe des Gerätes an sog. Touch Point (z. B. Tankstelle, Post),
- Austauschdienst: Aufnahme des defekten Gerätes beim Kunden in direktem Austausch mit einem neuwertigen Produkt,
- Expresslieferung,
- Sendung auf regulärem Postweg,
- Nutzung des Einzelhandels.

Folgende Einheiten sollten ursprünglich bewegt werden:

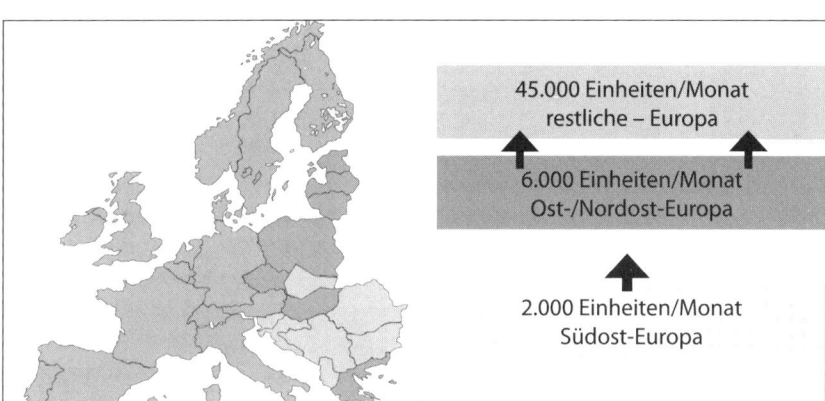

Abbildung 1: Europakarte mit Darstellung des Mengengerüstes

Weiterhin entwickelte die LGI eine Lösung, die auf der einen Seite flexibel und anpassungsfähig, auf der anderen Seite jedoch nicht zu komplex ist. Um die Zahl der möglichen Netzwerklösungen zu minimieren, entwickelte die LGI ein Optimierungsprogramm, das die verschiedenen Lösungen in Hinsicht auf Kosten vergleicht.

Ein wichtiger Aspekt war die Verringerung der Komplexität, indem das gesamte Konzept in Module aufgeteilt wurde. Die Funktionen und Leistungen sind in der Abbildung 2 dargestellt:

Die Funktionen des Konzepts sind:
- Call Center/technische Beratung (derzeit vom Auftraggeber selbst betrieben),
- Touch Points (Einrichtungen für den Endkunden, um innerhalb einer Entfernung von max. 15 km zu einer Stadt, Geräte abgeben bzw. entgegennehmen zu können),
- Regionale Hubs (sog. Local Country Hub, Service Country Hub)
- Zentrallager,
- Reparatur,
- Transport,
  - Internationaler Linienverkehr,
  - Nationaler Transport (Sendung und Aufnahme).

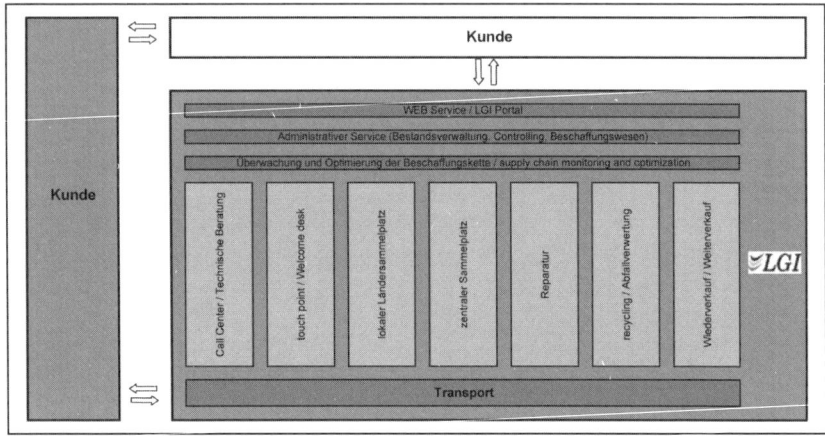

Abbildung 2: Übersicht der Prozessbausteine und Verantwortungsverteilung

Weiterhin wurden noch folgende Dienstleistungen bestimmt:
- WEB-service/LGI portal
  Administrative Leistungen (Lagermanagement, Buchen, Beschaffen),
- Supply-Chain-Management und -Optimierung, sowie Cockpitaufgaben (Überwachung aller Prozesse durch ein Cockpit).
- Ausgehend von den oben genannten Prozessen erfüllt die LGI in diesem Konzept nun sieben Funktionen:
- Cockpit, d.h. Supply Chain Überwachung,
- Regionale Kundendienstleistungen (Touch Point),
- Lokale Depots,
- Zentrallager,
- Errichtung einer kundenspezifischen Supply Chain,
- Frachtenmanagement entlang der Supply Chain
- Bereitstellung einer Supply-Chain-Management- und Event-Monitoring-Plattform.

Darüber hinaus wurden noch weitere Ansätze als Alternativen zum Rückholkonzept entwickelt, die jedoch erst für eine zukünftige Erweiterung in Frage kommen sollen. Folgende Erweiterungsoptionen wurden ebenfalls angedacht:
- Gutscheinkonzept – d.h. ein wertmäßig geringwertiges Produkt wird nicht ausgetauscht, sondern dem Kunden wird ein Gutschein bereitgestellt, den er beim Kauf eines neuen Produktes einlösen kann, wenn er in der Lage ist, zu verifizieren, dass das defekte Gerät ordnungsgemäß durch die LGI entsorgt wurde.

- Wiederverkauf – Sobald die Garantiezeit eines Geräts abläuft, ist es sinnvoll, Restbestände aus dem Lager zu verkaufen.
- Wertschöpfungen aus dem Bestand heraus (bei Ende des Lebenszyklus, Verkauf von nicht-defekten Geräten in andere Länder).

1.3 Sondierung der Vernetzungsoptionen

Zur Umsetzung der bereits beschriebenen Konzeption wurden verschiedene Vernetzungsoptionen für die Standortwahl der Lager sowie der Transportaktivitäten untersucht. Im Vordergrund der Berechnungen standen zum einen die Identifizierung der maßgeblichen Kostentreiber, die Bestimmung des optimalen Netzwerkes mit den kostengünstigsten Relationen aus der Synthese der unterschiedlichen Szenarien sowie die Berechnung des besten, zentralen Standortes (center of gravity) und der Läger in den Ländern. Der detaillierte Vergleich verschiedener Szenarien sollte den Einfluss unterschiedlicher Prozessgrößen auf das Netzwerk beleuchten und so bei der strategischen Entscheidungsfindung unterstützen.

Nachfolgende drei Vernetzungsoptionen für die Lager- und Transportaktivitäten erschienen unter der Betrachtung einer möglichst effizienten Supply Chain realisierbar:
- Direktversand von den regionalen Hubs an die Reparaturlinien
- Nutzung des zentralen Hubs wie ursprünglich geplant und umgesetzt
- Kombination aus den beiden vorhergehenden Szenarios (Nutzung der kosten- bzw. lieferzeitentechnisch günstigsten Variante)

Dabei wurden mittels einer Stärken-Schwächen-Chancen-Risiko-Analyse (SWOT-Analyse) die verschiedenen Optionen untersucht und einer betriebswirtschaftlichen Betrachtung unterzogen. Zur Berechnung und Optimierung des Netzwerkes wurde ein sog. Cost Scaling Algorithmus (CSA)[3], welcher in der Software „ORion-PI" der Firma Axxom verwendet wird, eingesetzt. Das Modul zur Netzwerkoptimierung bedient sich mathematischer Verfahren aus der Gruppe der CSA. Diese ermöglichen selbst in kurzer Zeit die Kalkulation und Optimierung hochkomplexer Netzwerke mit mehreren hundert Standorten und Kunden sowie Tausenden von Produkten. Die hohe Leistungsfähigkeit des CSA sowie der minimale Modellierungsaufwand von „ORion-PI" bieten über die Rechenbarkeit großer Szenarien hinaus noch einen weiteren entscheidenden

---

3 Der Cost-Scaling Algorithmus gehört zur Klasse der Feasible Flow Algorithmen. Der Algorithmus beginnt mit einer beliebigen epsilon-optimalen Lösung auf dem Restnetzwerk und erzeugt in jeder Iteration einen epsilon/2-optimalen Fluss. (Quelle: http://www.informatik.uni-trier.de/~naeher/Professur/PROJECTS/SS06/CS/cost_scaling.html)

Vorteil: Sie erlauben die Operationalisierung der strategischen Planung, d.h. die fortlaufende Optimierung und Anpassung des Netzwerks an die aktuelle Marktsituation, wenn sich z. B. die Mengen der Prozessflüsse verändern.

Ausschlaggebend für die Nutzung des Programms im Falle der LGI war insbesondere die Tatsache, dass die Kalkulation der verschiedenen Szenarien sämtliche relevanten Randbedingungen, wie z. B. Lager- und Transportkosten mit einbezieht. Die Simulation verschiedener Szenarien visualisierte die Auswirkungen einzelner Restriktionen auf die restliche Supply Chain und machte sie bewertbar. Die folgende Abbildung 3 zeigt die Option 1 mit der Organisation als Direktversand aus den regionalen Hubs an die Reparaturlinien.

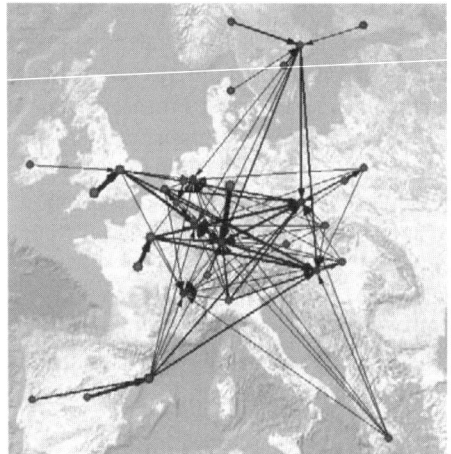 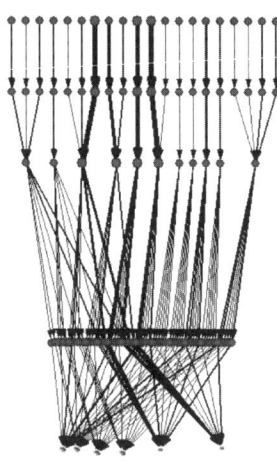

Abbildung 3: Organisation als Direktversand-Transportnetz

Das Szenario 2 geht von einem bündelnden zentralen Hub aus, welches die Transporte zusammenführt und so Transporthauptrouten bildet (vgl. Abb. 4).

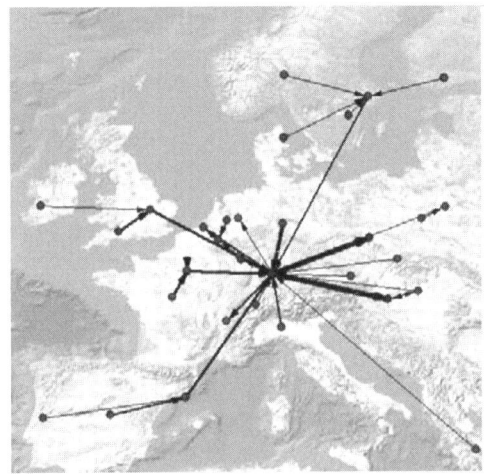 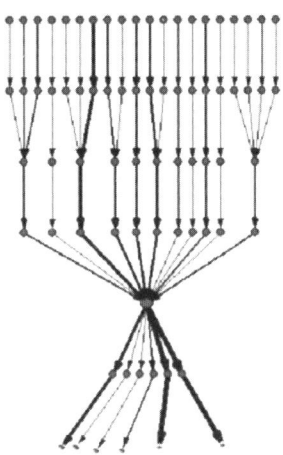

Abbildung 4: Organisation als Zentral-Hub-Transportnetz

Als drittes Szenario wurde die Kombination aus Szenario 1 und 2 untersucht, in dem die jeweils strukturbedingten Nachteile der beiden zuvor gezeigten Möglichkeiten reduziert werden sollen. Ein Beispiel von strukturbedingten Nachteilen ist, dass z. B. Kleinsendungen, die in Option 2 gebündelt werden, durch Direktversende kostenoptimaler transportiert werden können (vgl. Abb. 5).

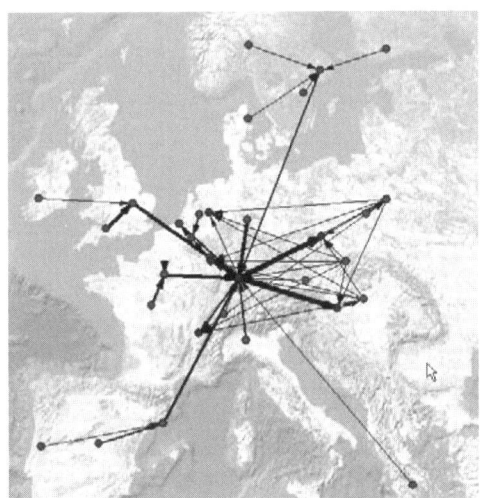 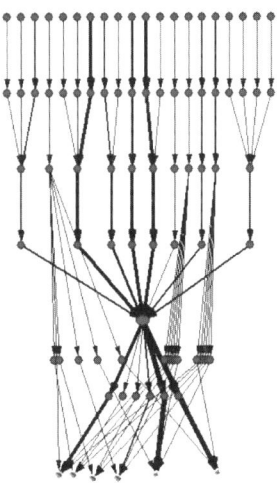

Abbildung 5: Organisation als Zentral-Hub-Transportnetz mit Direktversand

Alle drei erstellten Szenarien wurden anschließend der SWOT-Analyse unterzogen, um die Vor- und Nachteile herauszuarbeiten. Hauptbeurteilungskriterien der Analyse waren die Gesamtkosten, die Komplexität des Netzwerkes, der dafür notwendige Managementaufwand, die Durchlaufzeiten für die einzelnen Relationen sowie die Flexibilität, neue Prozesse und Relationen integrieren zu können. Eine unter betriebswirtschaftlichen Gesichtspunkten durchgeführte Kostenanalyse ergänzte die Beurteilungsgrundlage um monetäre Fakten.

Aus der Gesamtheit der simulierten Szenarien konnte – anhand der Ergebnisse der SWOT-Analyse sowie der Kostenuntersuchung – auf der Basis realer Vorgaben das kostenoptimale Netzwerkdesign ermittelt werden. Somit fiel die Entscheidung für das Szenario 3.

Hauptvorteile die diese Entscheidung untermauerten waren insbesondere:
- 9 % geringere Kosten wie in Szenario 1,
- zweitbestes Szenario in der Übersichtlichkeit der Prozesse und
- hochflexibel für zukünftige Anforderungen.

Das Ergebnis zeigte, dass ein zentraler Standort in Deutschland als Umschlagplatz zwischen regionalen Hubs und Reparatur-/Verwertungszentren aus Transportsicht für den Kunden kostenoptimal sein kann. Denn durch die damit verbundene Konsolidierung der Transporte ergeben sich deutliche Skaleneffekte und die Teilladungsfahrten werden deutlich reduziert. Ferner konnten bei regionalen Hubs mit geringer Auslastung die vom Auftraggeber vordefinierten Qualitätskennzahlen in punkto Lieferzeiten nicht erfüllt werden.

Nachdem das optimale Netzwerkdesign gefunden wurde, suchte die LGI im Rahmen des Frachtenmanagements für jede Relation einen geeigneten und zuverlässigen Partner, der die Transporte durchführen sollte. Bei der Auswahl der Transporteure wurden die Kriterien Kosteneffizienz, Zuverlässigkeit und Flexibilität als übergeordnete Beurteilungspunkte definiert. Im Zuge von Ausschreibeverfahren wurden zunächst insgesamt 16 Partner als Transporteure in das Netzwerk integriert.

1.4 Modell der gewählten Netzwerkorganisation

Der Auftraggeber der LGI sah die größten Schwierigkeiten bei den Kundenerwartungen innerhalb der verschiedenen EMEA-Länder. Daher wurde anfänglich das Projekt auf zwei kompetente Logistikunternehmen mit spezifischen Stärken in den unterschiedlichen Regionen (LGI für Europa und ein Global Player für den mittleren Osten und Afrika) aufgeteilt. Die Organisationsstruktur der LGI und des Auftraggebers für Europa ist unten so aufgezeigt, wie sie vor der Realisierung des Projekts bestand (vgl. Abbildung 6). Der zweite Partner für den mittleren Osten und für Afrika hatte ähnliche Strukturen.

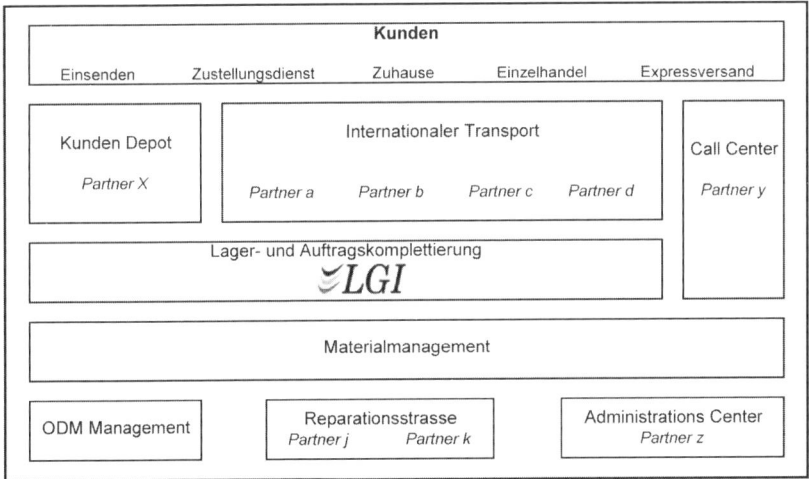

Abbildung 6: Organisationsstruktur der LGI vor Projektstart

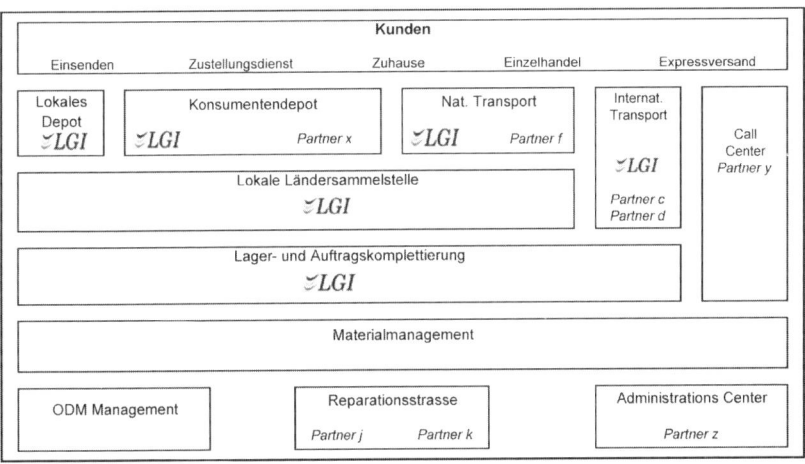

Abbildung 7: Organisationsstruktur der LGI mit zusätzlichen Verantwortungen

Die Leistungen der LGI waren aus Sicht des Auftraggebers herausragend und entsprachen dessen Anforderungen. Somit wurde der LGI von dem Auftraggeber mehr Verantwortung zugesprochen, so dass die Organisationsstruktur verändert wurde (vgl. Abbildung 7). Am Ende des Jahres 2006 wurde die Organisation weiter entwickelt und auch das Materialmanagement an die LGI übertragen (vgl. Abbildung 8).

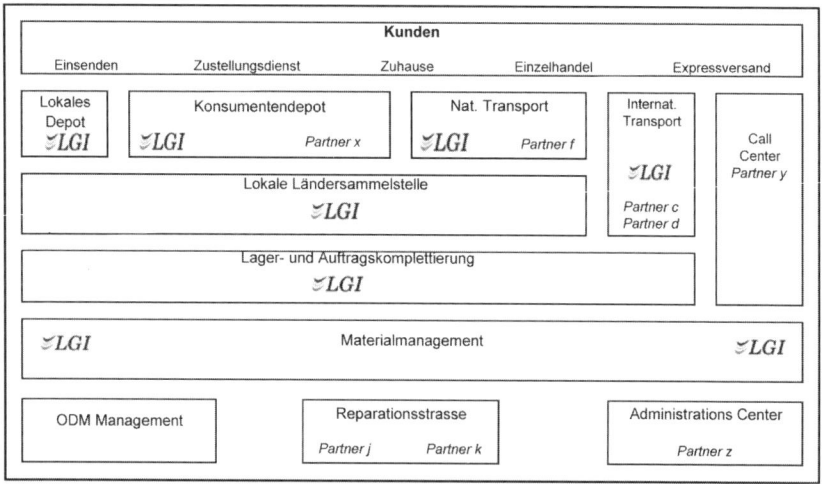

Abbildung 8: Aktuelle Organisationsstruktur der LGI mit Materialmanagement

Die LGI hat für jedes Land und jeden Service verschiedene Lösungen angeboten. Der Auftraggeber verglich diese Vorschläge mit der vorherigen Vorgehensweise und entschied sich dafür, die kosteneffizienteste Lösung zu nutzen.

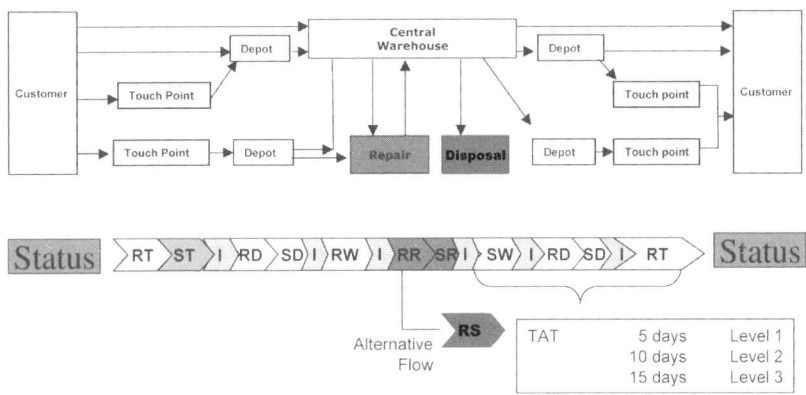

Abbildung 9: Supply Chain und deren EDV-technische Messpunkte

Um Flexibilität auch in Zukunft anbieten zu können, war es notwendig, anfänglich eine einzigartige und durchführbare Supply Chain zu entwickeln. Um den Informationsfluss zu optimieren sowie zu strukturieren, wurde als Ergebnis die in Abbildung 9 dargestellte Supply Chain entworfen.

Auf der Supply-Chain-Plattform liefern alle beteiligten internen und externen Partner Informationen über den aktuellen Status in eine zentrale Datenbank. Folgende Statuspunkte wurden zur Überwachung definiert (vgl. Abbildung 10):

Inbound	Outbound
• Entgegennahme an Touch Point	• Transport zum Zentrallager
• Versenden vom Touch Point aus	• Versenden zum Zentrallager
• Transport zum Depot	• Entgegennahme am Zentrallager
• Entgegennahme am Depot	• Versenden vom Zentrallager aus
• Versenden vom Depot aus	• Transport zum Depot
• Transport zum Zentrallager	• Entgegennahme am Depot
• Entgegennahme am Zentrallager	• Versenden vom Depot aus
• Versenden vom Zentrallager aus	• Transport zum Touch Point
• Transport zur Reparation	• Entgegennahme am Touch Point
• Versenden von der Reparation	• Versenden vom Touch Point aus (Kunden Pick Up)

Abbildung 10: Übersicht Statuspunkte der Supply Chain

Neben diesen Informationen werden ebenfalls geschäftsbezogene Parameter, wie z. B. die Umschlagzeiten (sog. Turnaround Times = TAT), in einer zentralen Datenbank gespeichert. Die TAT ist dabei in Vorlaufzeiten zwischen den einzelnen Punkten unterteilt.

Des Weiteren wurde eine Supply Chain Event Monitoring (SCEM) Plattform eingerichtet, welche die einzelnen Prozesse aufzeichnet und angibt, ob sie innerhalb des vordefinierten Zeitfensters liegen oder nicht. Das Konzept wird in Abbildung 11 veranschaulicht.

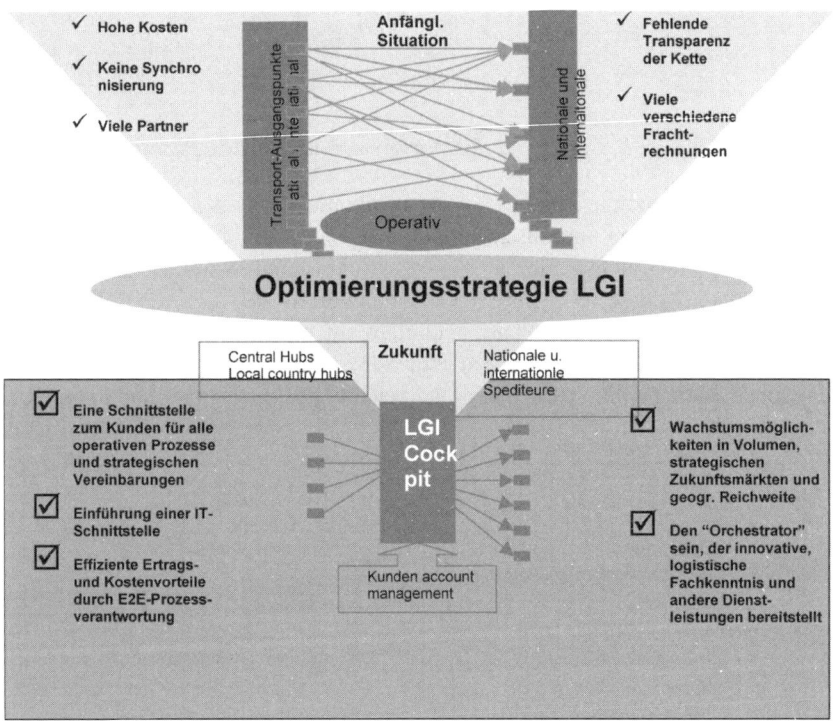

Abbildung 11: Optimierungskonzept mit Cockpit- und Zentralhub

Als Regelung der Koordinationsverantwortung wurde, wie bereits erwähnt, die LGI als zentraler Ansprechpartner definiert. Die interne LGI-Abteilung „Frachtenmanagement" hat mit diesem Projekt die Verantwortung für das Partnermanagement der Transporteure und Subunternehmer übernommen. Die an der Abteilung Frachtenmanagement angegliederte Abteilung „Cockpit" steuert im operativen Tagesgeschäft die Supply Chain. Für deren Arbeit sind die vorher und auch im nachfolgenden Kapitel dargestellten Hilfsmittel der zentralen Datenhaltung sowie die aus dem System generierten Alarmmeldungen für das proaktive Agieren maßgeblich.

1.5 Instrumente und Verfahren der Netzwerkkoordination

Bei einer komplexen Netzwerkstruktur, bei der logistische Aktivitäten sowie Transporte koordiniert werden müssen, ist es unumgänglich, eine zentrale Datenzusammenführung zur Steuerung nutzen zu können. Auf Basis einer zentralen Datenhaltung, die durch Schnittstellen zusätzlich mit Informationen der Partner gespeist wird, entwickelte die LGI ein Überwachungstool, welches die notwendigen Anforderungen einer transparenten und alarmgestützten Überwachung erfüllt. Aufbauend auf den Statusinformationen stehen über Webapplikationen dem zentralen Cockpit, wie auch dem Auftraggeber und dem Endkunden, Filter-, Status- und Auswertungsmöglichkeiten zur Verfügung. Das Webportal stellt allen Nutzern zeitunabhängig alle Statusinformationen zu einer Sendung oder einem Artikel zur Verfügung.

Mittels verschiedenster Auswertungsreports sowie eines aktiven Alarmtools, das bei Ausbruch aus den definierten Parameterwerten die Mitarbeiter des zentralen Cockpits warnt, kann eine aktive proaktive Steuerung der Supply Chain erreicht werden. Bei den gemessenen Parameterwerten handelt es sich um vordefinierte Durchlaufzeiten pro Prozessschritt. Im Kontext zur gesamten Auftragssituation und definierter zeitlicher Messpunkte können so Abweichungen erkannt werden.

Die Koordinierung und Steuerung der Prozesskette ist ein Bestandteil des Netzwerkmanagements. Darüber hinaus müssen zudem die rechtlichen bzw. vertraglichen Rahmenbedingungen als auch die Abrechnungsmodelle betrachtet werden.

Bei diesem Konzept profitiert der Auftraggeber darüber hinaus von der Rechnungsschreibung der LGI. Es wird nur ein Preis pro Gerät (pro Dienstleistung, Land, Auftragsart, z. B. Expresslieferung von Spanien nach Deutschland, reguläre Postlieferung von Polen nach Deutschland) für den gesamten Geschäftsvorgang berechnet. Weiterhin müssen Verhandlungen mit den vielzähligen Partnern nicht mehr von dem Auftraggeber selbst getätigt werden, sondern erfolgen über das LGI Frachtenmanagement.

Diese Abteilung sorgt bei der Gestaltung der Verträge mit den Partnertransporteuren ebenfalls für die Durchgängigkeit der mit dem Auftraggeber der LGI vereinbarten Key Performance Indicators (KPIs). Über die rechtliche und vertragliche Gestaltung sowie die zentrale Datenhaltung werden die Kooperations- und Ergebnisziele gemeinsam erreicht und dauerhaft sichergestellt.

Für dieses Projekt bzw. die Netzwerkstruktur wurden als KPI der Durchlaufzeiten eine Performance für die Frachtdienstleister von 95 % definiert, d.h. die Sendungen müssen zu 95 % innerhalb der definierten Zeiten beim jeweiligen Endkunden ausgeliefert sein. Die ebenfalls involvierten Lager müssen für die Wareneingangs- bzw. auch Warenausgangsleistung bei den definierten Durchlaufzeiten eine Performance von 99,8 % erreichen, d.h. 99,8 % der Aufträge des Lagers müssen innerhalb der Durchlaufzeit verschickt werden.

2 Zusammenfassung, Resümee und Ausblick

Die LGI ist heute bei dem beschriebenen Projekt der einzige Partner des Auftraggebers und agiert als führender Logistikdienstleister zusammen mit den ausgewählten Subunternehmern als Koordinator in diesem Netzwerk.

Ende November 2005 hat die LGI 40 % aller internationalen und 20 % der nationalen Transporte verantwortet, was in Zahlen ausgedrückt 9.500 Einheiten pro Monat nationalem Transport und 15.900 Einheiten pro Monat internationalem Transport bedeutet. Momentan durchlaufen monatlich 53.000 Geräte das Netzwerk der LGI: von lokalen Depots zu den Reparationsstraßen und zurück zum Zentrallager, wiederum gefolgt vom Transport hin zu lokalen Depots.

Verglichen mit der Ausgangssituation bringen die oben genannten, von der LGI angebotenen Dienstleistungen dem Auftraggeber Einsparungen in Höhe von 15 % ein. Durch eine Weiterentwicklung des Transportkonzepts können wahrscheinlich noch einmal 9 % Kosten potenziell eingespart werden. Und dieses ist lediglich der Anfang der Konzeptionsumsetzung. Denn bisher wurden gerade einmal 60 % des Konzepts verwirklicht; deshalb sind weitere Einsparungen zu erwarten. Die Wirkung des Programms auf die Kostenstruktur des Auftraggebers der LGI ist dabei noch größer. Jedoch werden konkrete Zahlen aus Gründen der Diskretion nicht genannt.

Die LGI bezog nicht nur die von dem Auftraggeber explizit geforderten Leistungen in das Projekt mit ein, sondern integrierte auch neuartige Leistungen, die schon von anderen Kunden der LGI genutzt werden.

Im Rückblick ist das Gemeinschaftsprojekt sowohl aus Kundensicht wie aus LGI-Sicht als sehr erfolgreich zu beurteilen. Es wurde ein funktionierendes Netzwerk zwischen Auftraggeber, dem zentralen Logistikdienstleiter LGI und mehreren Subunternehmern als Transporteure implementiert. Darüber hinaus wird dieses Netzwerk durch moderne EDV unterstützt. Die entwickelten IT-Systeme machen das Netzwerk steuer- und kontrollierbar. Ebenfalls ist eine bislang nicht vorhandene Transparenz der Netzwerkpunkte für alle beteiligten Logistikpartner wie dem Endkunden erreicht worden. Alle angestrebten Ziele und Anforderungen des Kunden und deren Endkunden wurden erreicht. Die Projektumsetzung erfolgte reibungslos.

Günter Schicker

Praxisnetze im Gesundheitswesen

1 Vernetzung im Gesundheitswesen

1.1 Bedeutung

Das Gesundheitswesen in Deutschland ist mit jährlichen Ausgaben von rund 230 Milliarden Euro, einem Anteil von über 10 % am Bruttoinlandsprodukt und 4,2 Mio. Beschäftigten einer der wichtigsten Sektoren der Wirtschaft. Eine empirische Studie der Universität Erlangen-Nürnberg bei niedergelassenen Ärzten in Deutschland und in der Schweiz ergab (Schicker et al. 2006: 17), dass 81 % der Beteiligten erwarten, die vernetzte Arbeitsteilung im Gesundheitswesen werde weiter zunehmen (vgl. Abbildung 1).

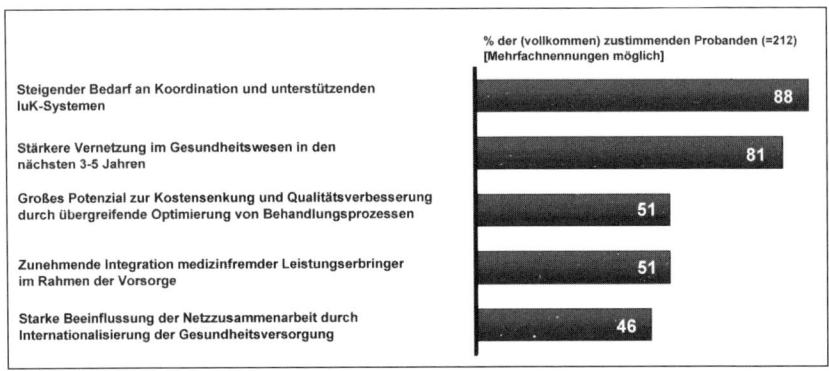

Abbildung 1: Steigende Vernetzung und erhöhter Koordinationsbedarf

Darüber hinaus sind 88 % der Meinung, dass der Bedarf an Koordination und unterstützenden IuK-Systemen ständig steigt. Die Gründe für die zunehmende Vernetzung und den dadurch steigenden Koordinationsbedarf sind:
- Die Integrierte Versorgung (IV) ist ein wesentlicher Treiber der Vernetzung im Gesundheitswesen. Ziel der integrierten Versorgung ist das Erreichen des bestmöglichen Ergebnisses in der medizinischen Versorgung durch sektorenübergreifende Zusammenarbeit (Mühlbauer 2002: 65).

- Gesetzesänderungen fördern die kreuz-sektorale Zusammenarbeit im Rahmen integrierter Versorgungsstrukturen und damit die Vernetzung der Gesundheitsdienstleister (z. B. GKV-Modernisierungsgesetz SGB V §§ 140 a-h). Es wurden die gesetzlichen Grundlagen für flexiblere vertragliche Regelungen zwischen Krankenkassen und Leistungserbringern geschaffen (Gotzen 2003: 8).
- In den nächsten Jahren wird die Konzentration auf Kernkompetenzen weiter zunehmen, um hohe Qualitätsstandards bei begrenzten Kosten realisieren zu können. Zur Abdeckung komplexer Kundenprozesse müssen daher zahlreiche Spezialisten in einem Netzwerk von Prozessen eng zusammenarbeiten, was eine verstärkte Koordination bedingt und damit zu einem hohen Kommunikations- und Informationsbedarf führt. Bereits heute werden 20 bis 40 % der Kosten im Gesundheitswesen durch Kommunikation und Datenerfassung verursacht (Jähn/Nagel 2003: 2ff.).

Die WHO beschreibt Gesundheit als einen Zustand vollständigen körperlichen, geistigen und sozialen Wohlbefindens, der über die Abwesenheit von Krankheit hinausgeht. Zukünftig stehen nicht nur Leistungsprozesse im Vordergrund, die der Heilung von Krankheiten dienen (z. B. Diagnose, Therapie). Vielmehr geht es auch um die Gestaltung neuer Leistungsangebote, indem Prozesse in den Geschäftsfeldern „Gesund leben" (z. B. gesunde Ernährung und Kleidung) sowie „Gesund fühlen" (z. B. Wellness-Angebote) mit herkömmlichen Leistungsprozessen intelligent vernetzt werden, um Leistungserweiterungen zu realisieren.

1.2 Praxisnetze am Beispiel QuE

Ein Gesundheitsnetz ist eine „Kooperation von Dienstleistern im Gesundheitswesen zur Steigerung der Qualität im Hinblick auf Medizin, Betriebswirtschaft, Zeitmanagement, Gesundheitsökonomie und Patientenzufriedenheit" (Schlicht 2001: 252). Es existieren eine Vielzahl von Vernetzungsformen im Gesundheitswesen (z. B. Medizinische Versorgungszentren, Kooperationen im Rahmen des Case Management oder Disease Management), die geschaffen wurden, um die Wirtschaftlichkeit und Qualität der Versorgung durch eine Kooperation der beteiligten Leistungserbringer zu erhöhen.

Eine bedeutende Kooperations- und Netzwerkform zur Unterstützung des integrierten Versorgungsansatzes bilden Praxisnetze. Die Anzahl von Praxisnetzen in Deutschland liegt – je nach Definition – zwischen 200 und 500. Allerdings unterscheiden sich diese Netze hinsichtlich ihrer Ausprägung und ihres Entwicklungsstandes, d. h. sie reichen von losen Treffen einzelner Ärzte bis hin zu professionellen unternehmensähnlichen Organisationen (Lindenthal et al.

2004: 3). Praxisnetze stellen eine strukturierte und verbindliche Kooperation von niedergelassenen Ärzten (v.a. Haus- und Fachärzte) und weiteren Gesundheitsdienstleistern dar, die sich durch intensive Koordination und Kommunikation auszeichnet, regional für definierte Versicherte tätig wird und gemeinsame Ziele (v.a. Verbesserung von Versorgungsqualität, Versorgungseffizienz sowie Patientenzufriedenheit und -souveränität) verfolgt.

Als Beispiel für Praxisnetzorganisationen wird das Praxisnetz Nürnberg Nord e.V. (PNN) bzw. ein genossenschaftlich organisierter Teil des Netzes herangezogen. Das PNN (http://www.praxisnetznuernberg.de) wurde 1998 in Form eines gemeinnützigen eingetragenen Vereins als eines der ersten Praxisnetze Deutschlands gegründet und umfasst derzeit 174 Ärzte. Nachdem zunächst ein auf Freiwilligkeit ausgelegtes System ohne verbindliche Regelungen nicht zum erwünschten Netzerfolg führte, wurde am 01.01.2004 basierend auf der Rechtsgrundlage des § 140 b SGB V in Kooperation mit der AOK Bayern und der Kassenärztlichen Vereinigung Bayern (KVB) das Projekt QuE (Qualität und Effizienz) ins Leben gerufen. 59 Praxen mit insgesamt 88 Mitgliedern jedweder Fachrichtung nehmen an QuE teil und rekrutieren sich aus dem PNN. QuE steht für die Weiterentwicklung des PNN hin zu einem professionellen integrierten medizinischen Dienstleistungsanbieter für die Region Nürnberg. Ziel ist es, neben der Verantwortung für die Qualität der erbrachten Leistungen auch die ökonomische Verantwortung für die eingeschriebenen Versicherten zu übernehmen (Wambach et al. 2005: 11ff.). Aus diesem Grund implementierte QuE als eines der ersten deutschen Praxisnetze ein Kopfpauschalensystem (Full-Capitation-Modell) und ist daher als Praxisnetz der „zweiten Generation" besonders geeignet, zukunftsorientierte Kooperations- und Koordinationsmechanismen und -instrumente zu diskutieren.

2 Ausgangssituation

Der Gesundheitssektor befindet sich in einem strukturellen Wandel. Mit Inkrafttreten des Gesetzes zur Modernisierung des Gesundheitswesens im Jahr 2004 hat sich die Landschaft im deutschen Gesundheitswesen erheblich verändert. Der Druck auf niedergelassene Ärzte nimmt zu: Bürokratie, Kostensenkung und Wettbewerbsdruck durch Klinikketten, die verstärkt auch im ambulanten Bereich tätig werden (z.B. durch den Aufbau und Betrieb Medizinischer Versorgungszentren). Die traditionelle Einzelpraxis scheint den Anforderungen einer umfassenden, sektorenübergreifenden und qualitativ hochwertigen Patientenversorgung auf Dauer nicht mehr gewachsen zu sein (Westebbe 1999: 115). Durch Organisation von niedergelassenen Ärzten in Praxisnetzen wird versucht, auf diesen Druck zu reagieren, um gemeinsam „im Team" die alltäglichen und zukünftigen Herausforderungen besser zu meistern, die Effektivität und Effizienz der ambulanten Versorgung nachzuweisen und dadurch ihre Existenz zu sichern (Lindenthal et al. 2004: 4; Wambach et al. 2005: 9).

3 Vernetzungsziele

Die „Koordination im Allgemeinen und die Koordination wirtschaftlicher Einheiten im Speziellen (...) ist stets zielorientiert [und somit] (...) eine Analyse der Koordination in Unternehmensnetzwerken nicht möglich ohne eine Analyse der verfolgten Ziele" (Siebert 1999: 23). Das Zielsystem eines Praxisnetzes lässt sich dabei nicht losgelöst definieren, sondern leitet sich u.a. aus den Individualzielen seiner Mitglieder ab. Die wichtigsten Ziele, die Praxisnetze im Sinne ihrer Mitglieder verfolgen und die den Erfolg eines Netzes determinieren, sind die Steigerung der Qualität, der Effektivität und der Effizienz der Versorgung sowie eine Verbesserung der Souveränität der eingeschriebenen Patienten (Lindenthal et al. 2004: 9; Siebert 1999: 24; Wambach et al. 2005: 50). Aus Sicht der beteiligten Arztpraxen ist zudem die Sicherung ihrer Existenz von grundlegender Bedeutung und oft ein gewichtiger Grund, sich einem Praxisnetz anzuschließen.

4 Praxisnetzreife und Stand der Vernetzung

Wie leistungsfähig sind diese Praxisnetze heute? Agieren sie professionell genug, um die Herausforderungen der Zukunft bewältigen und die o.g. Ziele realisieren zu können? Um diese Fragen zu beantworten, hat die Studie der Universität Erlangen-Nürnberg den Reifegrad deutscher und Schweizer Ärztenetze untersucht (Schicker et al. 2006). Um die Kooperationen in Praxisnetzen systematisch zu analysieren und daraus den Reifegrad der Zusammenarbeit abzuleiten, wurde das von Österle entwickelte „Drei-Ebenen-Modell des Business Networking" auf Praxisnetze adaptiert, welches den Gestaltungs- und Handlungsrahmen von Kooperationen auf die Ebenen „Strategie", „Prozesse" sowie „Informations- und Kommunikationssysteme" verteilt (Österle 1995). Die Antworten flossen in einen Index ein, der sich aus diesen drei Dimensionen zusammensetzt.

Die Ergebnisse der Erhebung wurden in einem „Reifegrad-Portfolio" zusammengestellt (vgl. Abbildung 2). Dabei zeigte sich, dass nur fünf der 90 teilnehmenden Ärztenetze einen hohen Gesamtreifegrad aufweisen. Der Großteil der Netze befindet sich im niedrigen und mittleren Reifebereich.

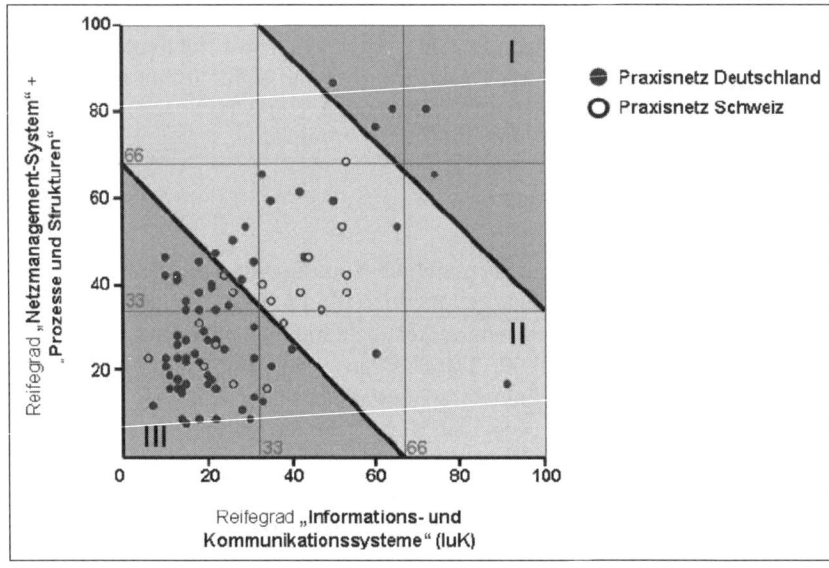

Abbildung 2: Reifegrad-Portfolio

Wird dem theoretischen Ideal die Realität bestehender Praxisnetze gegenübergestellt, stößt man schnell auf erhebliche Defizite und ungelöste Probleme, die den Erfolg der Kooperationen beeinträchtigen. Ausgewählte Aspekte der Praxisnetz-Studie 2006 zeigen nachfolgend typische Schwächen auf und erlauben Rückschlüsse auf den aktuellen Reifegrad der Praxisnetze (Schicker et al. 2006: 55ff.).

- *Vollzeit- vs. Teilzeit-Management:* Zahlreiche Praxisnetze werden durch Leistungserbringer im Rahmen eines Teilzeitmodells, d.h. „neben der eigentlichen Arzttätigkeit" geführt Dabei zeigt sich, dass Praxisnetze mit mindestens einem Vollzeit-Manager deutlich bessere Ergebnisse in allen Untersuchungsdimensionen aufweisen als teilzeitgeführte Netze.
- *Barrieren:* Fast die Hälfte der befragten Netzärzte fühlt sich durch den hohen Organisationsaufwand in ihrer Netztätigkeit behindert. Das Netzmanagement bemängelt vor allem das fehlende Engagement der Netzteilnehmer.
- *Praxisnetz-Controlling:* Während ¾ der Befragten klar definierte Netzziele angeben, verfügen nur 17 % über ein strukturiertes Controllingsystem, um das Erreichen der Leistungsziele analysieren und bewerten zu können. Nur 8 % der Netze übernehmen bislang Budgetverantwortung. Und nur jedes

elfte Praxisnetz verfügt über ein Datenmanagement, das ein Controlling systematisch, regelmäßig und in automatisierter Form erlaubt.
- *Doppeluntersuchungen:* In drei von vier befragten Praxisnetzen treten noch immer Doppeluntersuchungen im Rahmen der normalen Patientenbehandlung auf, obgleich die Vermeidung von Mehrfachuntersuchungen eines der am meisten genannten Ziele von Praxisnetzen ist.
- *EDV-Systeme:* Die Internetpräsenz ist derzeit die einzige weit verbreitete Anwendung auf Netzebene (50 %). Weitergehende Systeme zur Unterstützung der gemeinsamen Netztätigkeit (z. B. Patientenakte, Controllingsystem) sind die Ausnahme.
- *Kommunikationsmittel:* Nur 35 % der Praxisnetz-Mitglieder in Deutschland verfügen über einen E-Mail-Account. Auch dies zeigt den Stand der informationstechnischen Entwicklung im ambulanten Sektor.

Zusammenfassend zeigt sich, dass sich bislang nur wenige Netze als eine Organisationsform mit gemeinsamen, verbindlichen Zielen verstehen, die der systematischen Gestaltung und der Abstimmung der Strategien, Prozesse, Strukturen und Informationstechnologien bedarf.

Die o.g. Studie zeigt jedoch große Unterschiede hinsichtlich der Netzreife zwischen progressiven Netzen („Profi-Netze") und der Mehrheit der Netze („Nachzügler"). Bezogen auf das Praxisbeispiel QuE kam die Erhebung zu dem Ergebnis, dass es in puncto „Netzmanagement-System" und „Prozesse und Strukturen" eine führende Position einnimmt. Trotzdem bestehen v.a. im Bereich des Netz-Controllings und einer durchgängigen Unterstützung durch Informations- und Kommunikationssysteme zahlreiche Herausforderungen.

5 Modell der gewählten Netzwerkorganisation

Der Zusammenschluss niedergelassener Ärzte zu Praxisnetzen gilt als adäquate Maßnahme, um die Unwirtschaftlichkeiten der fragmentierten Versorgung zu beheben. Allerdings kann es auch innerhalb eines Praxisnetzes im Zuge der kooperativen, integrierten Leistungserstellung – insbesondere an den Schnittstellen zwischen den Netzmitgliedern – zu Ineffizienzen kommen. Um Praxisnetze dennoch zum Erfolg zu führen, bedarf es der Koordination der beteiligten Akteure (Mühlbacher et al. 2003: 6). Sie ist immer dort notwendig, wo Abhängigkeiten zwischen Netzteilnehmern bestehen, Informationsdefizite existieren oder die Gefahr besteht, dass Leistungserbringer nicht netzzielkonform agieren.

5.1 Koordinationsobjekte und -aufgaben

In Praxisnetzen sind zwei Koordinationskomplexe bzw. -ebenen zu unterscheiden (vgl. Abbildung 3):

		Gesamt-Netzebene	Behandlungspfadebene
Objekt-dimension	Was wird koordiniert?	Dauerhafte Zusammenarbeit im stabilen Netz (normative, strategische Managementprozesse).	Ad-hoc und ziel-/ aufgabenorientierte Konfiguration der beteiligten Leistungserbringer entlang des Behandlungspfades des Patienten (operative Behandlungsprozesse)
Ursachen-dimension	Warum wird koordiniert?	Erreichung der Netzziele	Patienten-Heilung unter Berücksichtigung der Netzziele
Subjekt-dimension	Wer koordiniert?	Netzbeirat, -vorstand und -management	Koordinationsarzt (Gatekeeper)
Kontext-dimension	In welcher Situation wird koordiniert?	Netzvollversammlung, Beiratssitzungen, Zirkelarbeit, Zielvereinbarungsgespräche	Vorbereitung, Durchführung und Nachbereitung von Patientenbesuchen, Abstimmung mit anderen Leistungserbringern (z.B. Fachärzten)
Instrumental-dimension	Mit welchen Mitteln wird koordiniert (Mechanismen und Instrumente)?	Vertrauen, Kultur, Konsens-/Zielbildung, Anreizschaffung, Definition koordinationsbedarfsreduzierender Maßnahmen wie Gatekeepership (verstärkt heterarchisch)	Leitlinien, Prozesse, Verfahrens- und Arbeitsanweisungen (verstärkt hierarchisch)

Abbildung 3: Ebenen und Dimensionen der Koordination in Praxisnetzen

Strategisch-normative Koordination auf Gesamtnetz-Ebene
Netzübergreifend werden die für eine dauerhafte, stabile Zusammenarbeit im Netzwerk relevanten Koordinationsaufgaben bearbeitet, um die Netzziele zu erreichen. Dabei geht es v.a. um normativ-strategische Koordinationsbedarfe auf Gesamtnetz-Ebene, wie z.B. die Festlegung der Netzziele, die Ausgestaltung von Capitation-Modellen (Kopfpauschale als im Voraus bestimmte Jahrespauschale für die medizinische Versorgung pro Versichertem) oder die Organisation der Zirkelarbeit. Darüber hinaus werden die für die operative Koordination der Netzwerkaktivitäten im Rahmen der Behandlung von Patienten relevanten Koordinationsmechanismen eruiert, festgelegt und ausgestaltet (z.B. Festlegung von Hausarztmodell, Verabschiedung von Leitlinien sowie Arbeits- und Verfahrensanweisungen). Die Koordination auf Gesamtnetz-Ebene erfolgt primär im Rahmen der strukturellen Koordination durch Netzbeirat, Netzvollversammlung und Netzvorstand sowie durch deren exekutives Organ, das Netzmanagement.

Operative Koordination auf der Ebene der Behandlungsprozesse
Die Steuerung von Behandlungsprozessen sowie die Koordinationsunterstüt-

zung für den Patienten stellt ein wesentliches Element des Managed Care sowie der Integrierten Versorgung zur Qualität- und Kostensteuerung dar (Mühlbacher 2002: 66). Um die Zusammenarbeit in Praxisnetzen zu ermöglichen und die Netzziele zu erreichen ist es notwendig, dass Praxisnetzteilnehmer ihre Behandlungsprozesse und Informationssysteme aufeinander abstimmen und ihre operativen Tätigkeiten überbetrieblich koordinieren (Lindenthal et al. 2004: 3ff.). Bezogen auf den Behandlungsprozess entsteht ein Bedarf an Koordination vor allem an den Schnittstellen zwischen den Leistungserbringern im Netz. An jeder Schnittstelle im Behandlungsprozess kann es zu Problemen kommen, da unterschiedliche Interessen, Verhaltensweisen oder Techniken aufeinander treffen. Aufgrund dieses mangelnden Ineinandergreifens entstehen Ineffizienzen in Form von Verzögerungen, Fehltherapien oder höheren Behandlungskosten.

Zentrales Koordinationsorgan für die operative Koordination auf Behandlungsprozessebene ist der Koordinationsarzt, sofern das Hausarztmodell bzw. die Gatekeepership im Netz als Koordinationsmechanismus und Managed Care-Instrument definiert und implementiert ist[1]. Koordinationsärzte sind für Patienten die „Eintrittspforte" in Praxisnetze und stellen in der Regel die Schnittstelle zu Fachärzten dar. Sie haben den Auftrag einer allumfassenden Patientensteuerung (Wambach et al. 2005: 64). Im Hausarztmodell fungiert der Hausarzt innerhalb des Praxisnetzes als Lotse für den Patienten und koordiniert den individuellen Behandlungsprozess und die damit verbundenen Leistungen und Akteure (vgl. Abbildung 4).

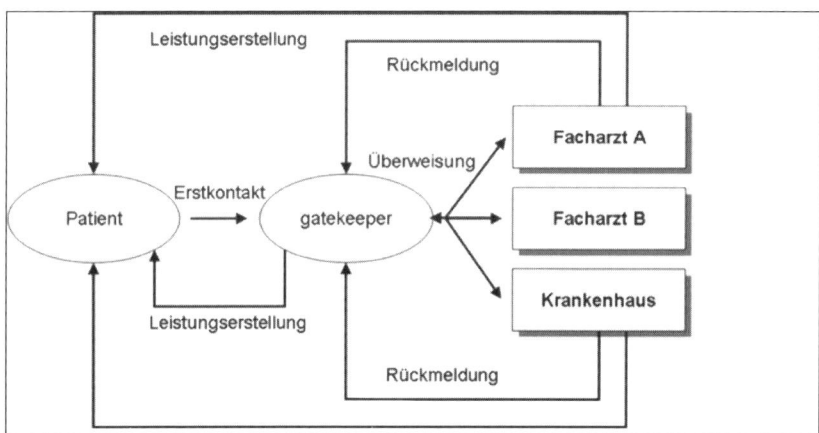

Abbildung 4: Gatekeeper-System (in Anlehnung an Amelung et al. 2000: 98)

---

[1] Wie die Praxisnetz-Studie zeigt, nutzen 60 % der Praxisnetze in Deutschland das Hausarztsystem als Koordinationsinstrument (Schicker et al. 2006: 16).

Der Hausarzt soll einen Beitrag leisten, um die Schnittstellenproblematik einer sektoralen Gesundheitsversorgung zu lösen und dabei für einen koordinierten Informationsfluss zwischen den beteiligten Leistungserbringern sorgen. Informationen werden von ihm gebündelt, Zusammenhänge zwischen Diagnosen hergestellt und geeignete Behandlungspläne in Abstimmung mit anderen Leistungserbringern und dem Patienten erstellt (Lindenthal et al. 2004: 58). Die notwendigen Behandlungen werden entweder durch eigene medizinische Leistungen oder durch eine Überweisung der Patienten an andere Leistungserbringer organisiert, um die Leistungen qualitäts- und kostenoptimal zu erbringen.

5.2 Koordinationsmechanismen

Strukturelle Koordination
Unter struktureller Koordination in Unternehmensnetzwerken werden traditionell Koordinationsorgane verstanden, die dauerhaft oder auf einen bestimmten Zeitraum beschränkt, Koordinationsaufgaben bewältigen. Corsten bezeichnet diese Koordinationsmechanismen auch als strukturelle Ansatzpunkte zur Reduktion des Koordinationsbedarfs, da durch Schaffung relativ geschlossener Verantwortungsbereiche übergreifende Koordinationsprobleme vermieden werden sollen und auf diese Weise die o.g. Interdependenzen internalisiert werden (Corsten 2000a: 2ff.). In Praxisnetzen repräsentieren die in Abbildung 4 skizzierten Koordinationssubjekte die strukturelle Koordination.

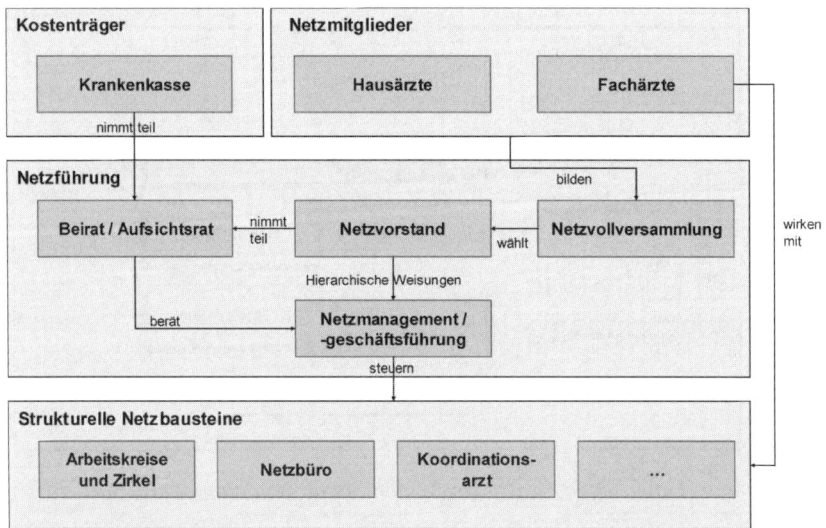

Abbildung 5: Aufbauorganisation (in Anlehnung an Braun/Güssow 2005: 65ff.)

Praxisnetze werden durch eine Netzvollversammlung im Rahmen einer konstituierenden Sitzung durch die Mitglieder gegründet und i.d.R. mit Organen mit definierter Entscheidungskompetenz und Verantwortung ausgestattet.

Sofern das Praxisnetz gemeinsam mit Krankenkassen integrierte Versorgungsstrukturen vertraglich festlegt (z.B. Capitation-Modelle), nimmt neben der Netzvollversammlung der aus Vertretern aller Vertragsparteien gegründete Netzbeirat bzw. Aufsichtsrat eine wichtige Kontroll- und Lenkungsfunktion wahr. Der Status der Zielerreichung auf Gesamtnetz-Ebene werden ebenso diskutiert wie zentrale strategische Fragestellungen (z.B. Definition geeigneter Maßnahmen zur Gegensteuerung bei Zielabweichungen).

Das für die Führung des Netzwerkes verantwortliche Organ ist in den meisten Praxisnetzen das Gremium des Praxisnetzvorstands, der normative und strategische Koordinationsaufgaben auf Netzwerkebene übernimmt. Hierzu gehören u.a. Aufgaben des Controllings wie Planung, Kontrolle, Informationsversorgung, Organisation und Personalführung. Ziel der strategisch-normativen Koordination ist es, die Ziele von Praxisnetzen durch Realisieren von Synergien zu erreichen.

Die Ausführungsunterstützung bei der Koordination der normativ-strategischen Aufgaben leistet ein Praxisnetzmanagement, häufig unterstützt durch administrative Kräfte eines Netzbüros. Die v.g. Praxisnetz-Studie ergab, dass 22 % der befragten deutschen Praxisnetze mindestens einen Vollzeit-Manager beschäftigen (Schicker et al. 2006: 33ff.). In den meisten Netzen wird diese Funktion derzeit noch durch Ärzte im Nebenberuf ausgeübt.

Die funktionsorientierte Koordination zur Bewältigung konkreter Fachthemen übernehmen in Praxisnetzen häufig Arbeitskreise oder Zirkel. Sie werden z.B. für die Entwicklung, Abstimmung und Implementierung indikationsspezifischer Leitlinien (z.B. Koronare Herzkrankheiten, Diabetes) ebenso gegründet wie für die Gestaltung netzweiter Qualitäts- und Prozessthemen (z.B. Erarbeitung von Arbeits- und Verfahrensanweisungen).

In Praxisnetzen mit Hausarztsystem werden die genannten Koordinationssubjekte um eine weitere – auf operativer Ebene tätige – Koordinationsinstanz ergänzt. Durch einen Gatekeeper bzw. Koordinationsarzt erfolgt die prozessorientierte, interorganisatorische Koordination auf Behandlungsprozessebene.

Technokratische Koordinationsmechanismen
Strukturelle Koordinationsmechanismen sind nur punktuell als Lösungsansatz für Koordinationsprobleme geeignet, da sie dem Trend zur stärkeren Spezialisierung und damit einer Zunahme der Arbeitsteiligkeit bei den wertschöpfenden Prozessen (medizinische Behandlungsprozesse sowie Querschnittsprozesse) widersprechen. Sie werden ergänzt durch technokratische Koordinationsmecha-

nismen, die sich im Sinne der Transaktionskostentheorie im Markt-Hierarchie-Kontinuum definieren. Gemeinsam ist sämtlichen in Netzwerken eingesetzten Mechanismen das Fehlen einer klassischen, hierarchischen Weisungsinstanz. Die Abstimmung der Netzwerke auf die kollektiven Zielsetzungen wird vielmehr über eine differenzierte Ausgestaltung der beiden Grundinstrumente Planung und generelle Regelungen bzw. Programme sichergestellt.

Ein Plan stellt einen Koordinationsmechanismus für arbeitsteilige Prozesse dar, sofern er den beteiligten Organisationseinheiten Angaben für Handlungen in spezifischen zukünftigen Perioden vorgibt. Mit Hilfe einer Planung soll eine Abstimmung der interdependenten Individualentscheidungen und Einzelmaßnahmen im Hinblick auf die übergeordneten Ziele sowie deren Integration in einen sachlich-zeitlich übergreifenden Wirkungszusammenhang ermöglicht werden (Hoffmann 1980: 247). Beispiele für Pläne in Praxisnetzen sind gemeinsame Ziele, die z. B. jährlich im Zuge der Netzvollversammlung diskutiert und verabschiedet werden. Diese können bis auf die Ebene der einzelnen Leistungserbringer heruntergebrochen und der tatsächlichen erbrachten Leistung gegenüber gestellt werden, um den Beitrag zur Zielerreichung transparent zu machen.

Generelle Regelungen und Programme bilden neben der Planung einen zweiten grundlegenden Mechanismus der technokratischen Koordination. Im Vergleich zur Planung sind generelle Regelungen und Programme jedoch längerfristig ausgerichtet und bieten folglich auch eine geringere Flexibilität. Sie dienen zur Festlegung von Verhaltens- und Handlungsspielräumen zwischen den Partnern im Netzwerk und können als Verhaltensrichtlinien sowohl schriftlich als auch in impliziter Form vorliegen. Grundsätzlich haben sie eine standardisierende und stabilisierende Wirkung auf die Netzwerkinteraktionsprozesse und reduzieren damit tendenziell den laufenden Koordinationsaufwand (ebd.: 345ff.). Beispiele hierfür sind z. B. der Netzkodex bzw. der Netzvertrag zwischen Arzt und Praxisnetz, der Ziele der Kooperation sowie Rechte und Pflichten der Akteure definiert . Leitlinien und Behandlungspfade sind weitere Koordinationsmechanismen, die dieser Kategorie zuzurechnen sind. „Praxisnetz-Leitlinien" geben eine Empfehlung, welche diagnostischen und therapeutischen Handlungen für den einzelnen Arzt unter rationalen Gesichtspunkten sinnvoll sind. Interdisziplinäre Behandlungspfade sind abteilungs- und berufsgruppenübergreifende, medizinisch und ökonomisch abgestimmte Handlungsleitlinien für den gesamten Behandlungsablauf einer Gruppe homogener Behandlungsfälle (Greiling 2004: 45).

Neben den bisher geschilderten Koordinationsmechanismen, die eine direkte Koordinationsrichtung aufweisen, d.h. unmittelbar auf die Abstimmung der Akteure einwirken, sind in Netzwerken indirekte Koordinationsmechanismen – v.a. Vertrauen und Kultur – von besonderer Bedeutung für den Netzerfolg.

Koordinationsmechanismen im Überblick

Die Beherrschung der interorganisatorischen Interdependenzen erfordert den Einsatz geeigneter Koordinationsmechanismen, die ihren Fokus auf die Abstimmung und die Sicherstellung des kollektiven strategischen Handelns legen und letztlich die Wahl der geeignetsten Form der Netzwerkorganisation determinieren (Sjurts 2000: 165). Durch die Wahl geeigneter Koordinationsmechanismen sollen letztlich Transaktionskosten minimiert werden (z. B. Such-, Informations-, Verhandlungs- und Entscheidungskosten, Kontroll- und Anpassungskosten oder Kosten durch opportunistisches Verhalten). Demnach ist jeder Koordinationsmechanismus unter Effizienz- bzw. Kosten-/Nutzengesichtspunkten auszuwählen.

Abbildung 6 zeigt zusammenfassend die zuvor beschriebenen Koordinationsmechanismen, die in Praxisnetzen eingesetzt werden und unternimmt den Versuch einer Einordnung. Die Koordination in Praxisnetzen basiert in der Regel nicht aus isoliert eingesetzten Instrumenten. Vielmehr kommen hybride Koordinationsmechanismen zur Anwendung, welche Kombinationen von heterarchischen und hierarchischen, strukturellen und technokratischen Koordinationsmechanismen verwenden.

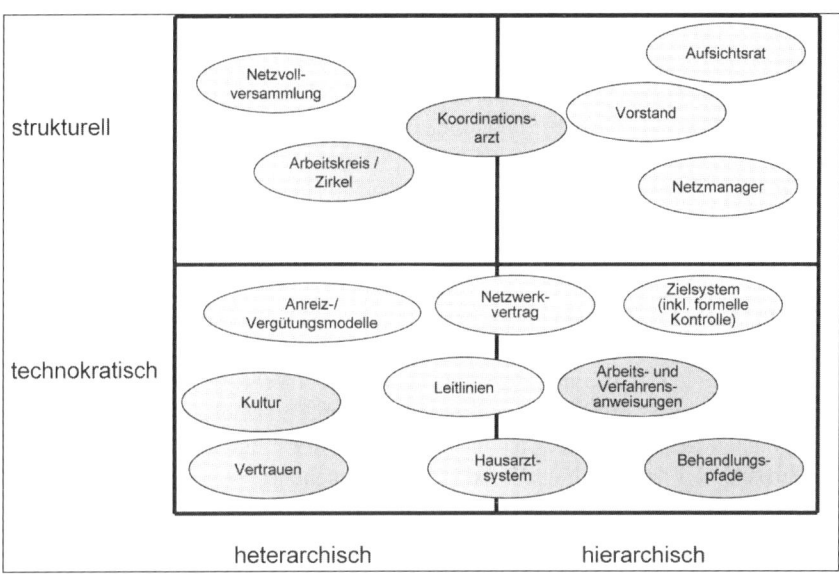

Abbildung 6: Koordinationsmechanismen

Auf eine umfassende Bewertung der Wirksamkeit der Koordinationsmechanismen in Gesundheits- bzw. Praxisnetzen wird an dieser Stelle verzichtet und auf die Arbeit von Gotzen verwiesen, der Vor- und Nachteile sowie die Effizienz verschiedener Netzwerkarrangements einer empirischen, institutionenökonomischen Analyse unterzog (Gotzen 2003: 146).[2]

6 Instrumente und Verfahren der Netzwerkkoordination

Wie in Abschnitt 4 dargestellt, herrschen bezüglich der Koordination und des Controllings in Praxisnetzen derzeit erhebliche Defizite. Um die Zielerreichung sowohl aus Sicht der beteiligten Vertragspartner bei Netzverträgen (z. B. Krankenkassen, Kassenärztliche Vereinigungen) als auch innerhalb des Netzes messen und verbessern zu können, ist jedoch die Transparenz der Leistungen im Netz erforderlich. Deshalb werden am Beispiel des QuE erforschte Konzepte und Lösungen für die Finanzierung und das Controlling von Praxisnetzen dargestellt.

6.1 Capitation

Die Finanzierung der Leistungen im Gesundheitswesen durch die Kostenträger (Krankenkassen) erfolgt derzeit i.d.R. ausschließlich auf Basis der EBM-Leistungskataloge. Um Budget- und Entscheidungskompetenz zusammenzufassen und dadurch eine integrierte Steuerung zu Gunsten von Qualität und Wirtschaftlichkeit zu realisieren, gewinnt das Capitation-Modell zunehmend an Bedeutung (Lindenthal et al. 2004: 20). Capitation impliziert die Übernahme ökonomischer Verantwortung für eine definierte Versichertenpopulation durch das Praxisnetz (ebd.: 15). Netze – wie z. B. auch das Praxisbeispiel QuE – schließen zu diesem Zweck einen Versorgungsvertrag mit einer Krankenkasse und vereinbaren für eine definierte Versichertenzahl eine Pauschalvergütung je Versicherten (z. B. in Abhängigkeit von Krankheitsstatus, Alter, Geschlecht, Berufs-/Erwerbsunfähigkeit). Das vereinbarte Budget deckt alle vom Versicherten in Anspruch genommenen Leistungen ab, unabhängig davon, ob sie einen Leistungserbringer innerhalb oder außerhalb des Praxisnetzes aufsuchen.

---

2   Gotzen unterscheidet obligatorische und optionale Elemente, um das Netzwerkergebnis positiv zu beeinflussen. Obligatorisch sind der Netzwerkvertrag, informelle und soziale Kontrollen sowie Vertrauen. „Flankierend" dienen ein mit umfassenden Kompetenzen ausgestatteter Vorstand sowie das Gatekeepermodell. Formale Kontrollen und Sanktionen sind keine wesentliche Voraussetzung für den Netzwerkerfolg, solange andere Kontrollmechanismen wie soziale und informelle Kontrollen existieren (Gotzen 2003: 146).

Mithilfe eines derartigen Vergütungsansatzes wird das Denken und Handeln in Versorgungsprozessen forciert, da sich angebotsinduzierte Nachfrage, Schnittstellenprobleme und Prozessabweichungen für alle Leistungsanbieter negativ auf das Betriebsergebnis auswirken. Da dem Praxisnetz für die betreuten Versicherten die Gesamtsumme der Pauschalen zur eigenständigen Verwaltung überlassen wird, steigen die Einflussmöglichkeiten der Netzkoordinatoren erheblich.[3] Gleichzeitig erhöht sich jedoch der Koordinationsaufwand im Netzwerk, da nur durch eine aktive Gestaltung der Zusammenarbeit im Netz die beabsichtigten Potenziale (u.a. Kostensenkung, Qualitätssteigerung) realisiert werden können. Lindenthal verweist darauf, dass die Vergütung des Praxisnetzes mittels Capitation von der netzinternen Vergütung der Leistungserbringer gedanklich zu trennen ist. Letztere ist an den gemeinsamen Zielen des Praxisnetzes auszurichten, wobei gerade die geeignete Anreizsetzung für den Netzerfolg entscheidend ist (ebd.: 20ff.).

6.2 Performance Measurement

Damit Praxisnetze die in sie gesteckten Erwartungen erfüllen und in diesem Zusammenhang die Basis für die Steuerung mittels Capitation-Modellen schaffen können, ist ein professionelles Netz-Controlling zwingend erforderlich. Da in Netzen mit rechtlicher und teilweise wirtschaftlicher Selbständigkeit der Akteure der indirekten Koordination und Führung besondere Bedeutung zukommen, eignen sich Kennzahlen- und Zielsysteme gut für das Controlling in Praxisnetzen (Picot et al. 2003: 538ff.). Daher hat das Praxisnetz QuE gemeinsam mit dem Lehrstuhl für Wirtschaftsinformatik II ein Performance Measurement-Konzept erarbeitet. Performance Measurement wird als kennzahlenorientierter Ansatz zur Ausrichtung der Führungsteilsysteme auf die Unternehmensstrategie verstanden. Dies umfasst auch die Ausrichtung der operativen Ziele an der Netzstrategie und die Beurteilung der Effektivität und Effizienz operativer Maßnahmen (Gleich 2001: 22).

---

3   Für diese These spricht auch, dass 80 % der Leistungsausgaben der Gesetzlichen Krankenversicherung durch direkte oder indirekte Entscheidungen niedergelassener Ärzte der Primärversorgung beeinflusst wurden, obwohl diese nur 16,1 % der Ressourcen für sich beansprucht haben (Lindenthal et al. 2004: 19).

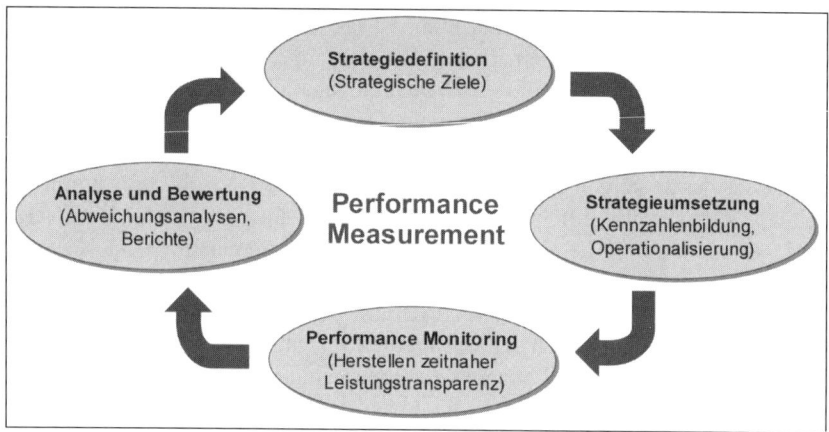

Abbildung 7: Aufgaben und Ablauf des Performance Measurements

Das Performance Measurement umfasst vier Teilaufgaben, die in Abbildung 7 dargestellt sind und nachfolgend erläutert werden (Schicker et al. 2007: 917ff.):

- *Strategiedefinition*: Das Performance Measurement setzt bei der Strategiedefinition ein. Dazu sind die Ziele der wichtigsten Stakeholder zu identifizieren und in Strategien umzusetzen (Gleich 2001: 22ff.). Die strategischen Ziele bilden dann die Basis für die operativen Ziele und Pläne. Abbildung 8 zeigt exemplarisch die Anwendung des Balanced Scorecard-Ansatzes mithilfe einer Strategy Map.
- *Strategieumsetzung*: Die strategischen Ziele sind in ein strukturiertes Kennzahlensystem umzusetzen. Zu diesem Zweck sind Messkriterien für die einzelnen strategischen Ziele zu definieren und so zu operationalisieren, dass sie innerhalb der Strukturen und Prozesse der Organisation umgesetzt werden können. Ein wichtiger Bestandteil der Strategieumsetzung ist die Kopplung der Kennzahlen an das betriebliche Anreizsystem.

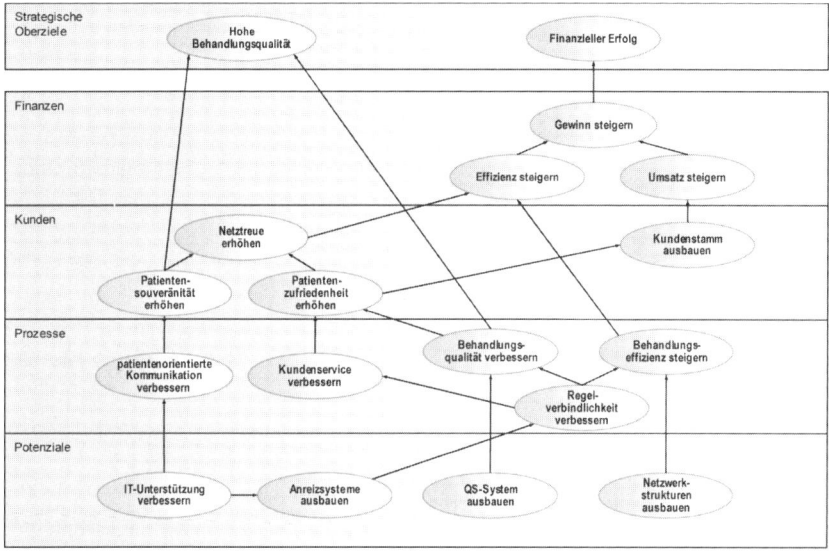

Abbildung 8: Strategy Map für ein Praxisnetz

Wegen der Autonomie der Praxisnetz-Teilnehmer ist es nicht möglich ausgehend von den Netzzielen Balanced Scorecards auf die einzelnen Akteure herunter zu brechen und diesen damit ein verbindliches Controllingsystem vorzugeben (Wenninger-Zeman 2003: 82). Vielmehr dient die Balanced Scorecard zur Visualisierung der Leistungen bzw. der Überwachung von im Netz verabschiedeten Regeln. Die Scorecards, die auf die einzelnen Leistungserbringer herunter konkretisiert werden, sind in diesem Sinne keine klassischen Balanced Scorecards, sondern ein Instrument zum Nachweis der Compliance (Regeleinhaltung) einzelner Akteure zu den Zielen des Netzes. Diese Scorecards werden im Folgenden als Compliance Scorecards bezeichnet.

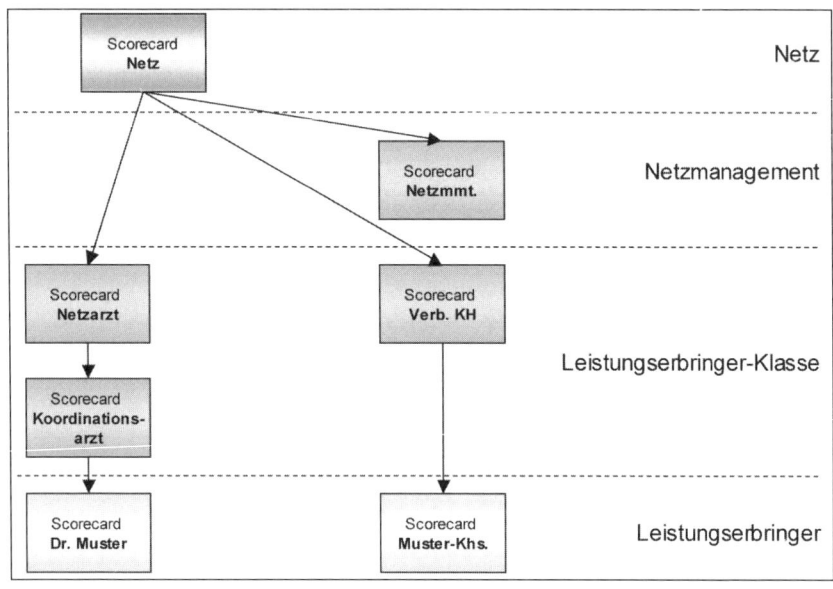

Abbildung 9 Exemplarische Scorecard Hierarchie

Bei der Compliance Scorecard für Ärzte handelt es sich um ein Reporting Instrument, das die Ergebnisse eines Leistungserbringers in allen für ihn relevanten Indikatoren darstellt. Anhand der Compliance Scorecards werden zwischen Netzmanagement und Leistungserbringern Ziele und deren Erreichbarkeit diskutiert. In Abbildung 9 wird eine exemplarische Scorecard Hierarchie dargestellt.

- *Performance Monitoring*: Eine wichtige Aufgabe im Rahmen des Performance Measurement ist die Erhebung von Daten des laufenden Geschäfts zur Berechnung der Kennzahlen (Gleich 2001: 23f.). Unter Berücksichtigung der Relevanz der zu erhebenden Daten und der Kosten der Datenerhebung sind die EDV-Systeme so zu gestalten, dass möglichst viele Daten automatisch und zeitnah erhoben werden können. Im Vergleich zu klassischen Steuerungssystemen kommt hier der Informationsversorgung über nicht-monetäre Daten eine besondere Bedeutung zu. Neben der Erhebung der Ist-Daten gehört die Aufbereitung dieser Daten zu Kennzahlen zu den Aufgaben im Rahmen des Performance Monitoring.
- *Analyse und Bewertung*: Die Leistungsmessung über das Performance Monitoring stellt den Ausgangspunkt dar für die Zusammenfassung der Ergebnisse in Berichten, für die Abweichungskontrolle sowie für die ggf.

integrierten Anreiz- und Vergütungssysteme. Hier kommt den o.g. Compliance Scorecards eine wichtige Bedeutung zu. Bei Abweichungen können Analysen zur Identifizierung der Ursachen durchgeführt werden. Die Ergebnisse der Analysen können in einem neuen Zyklus in die Planung eingearbeitet werden.

6.3 Anreizsysteme und effizienzorientierte Vergütung

Anreizsysteme sind Instrumente zur Verhaltensbeeinflussung über die Gestaltung und Abstimmung von Stimuli (Berthel/Becker 2003: 423). In Praxisnetzen soll damit das Verhalten der Netzärzte an den Netzzielen ausgerichtet werden. Sie bilden damit einen Gegenpol zur Einzelleistungsvergütung, die tendenziell Anreize zur Leistungsausweitung setzt. Die Anreize sind an den Netzzielen und der Compliance der Netzärzte auszurichten. Dazu werden geeignete medizinische und ökonomische Kriterien benötigt.

Im Praxisbeispiel des Netzes QuE wurde bei der Konzeption des Vergütungssystems „Top-5" darauf geachtet, „Anreize für eine qualitäts- und effizienzorientierte Versorgung der eingeschriebenen Versicherten zu setzen" (Wambach et al. 2005: 69). Die Vergütung der QuE-Ärzte setzt sich aus drei Bestandteilen zusammen. Die ambulanten vertragsärztlichen Leistungen werden nach dem einheitlichen Bewertungsmaßstab (EBM) abgerechnet. Außerdem erhält jede Praxis eine netzspezifische Entlohnung, die sich aus einer Teilnahmepauschale, einem aktivitätsabhängigen Honorar und einer Förderung für das Qualitätsmanagement zusammensetzt. Drittens erhält jeder eingeschriebene Arzt eine erfolgsabhängige Entlohnung, falls das so genannte virtuelle Budget des Netzes in der Betrachtungsperiode nicht vollständig ausgeschöpft wurde. Folglich handelt es sich bei diesem Vergütungssystem um eine Kombination aus einer Einzelleistungsvergütung und einer erfolgsorientierten Vergütung.

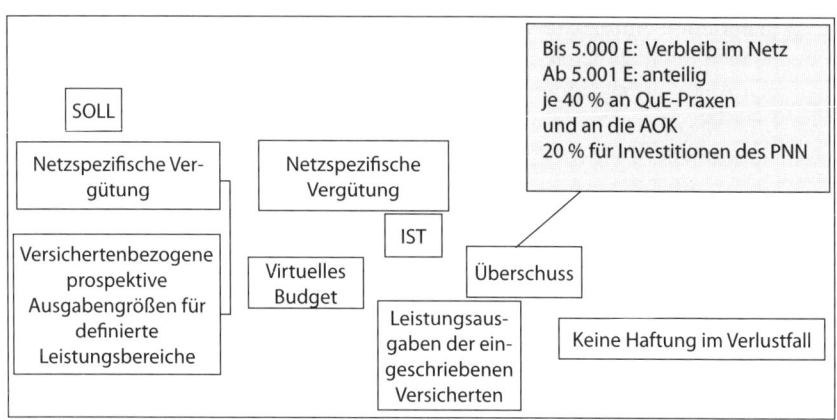

Abbildung 10: Erfolgsorientierte Vergütung im Projekt QuE (nach Wambach 2005: 70)

Abbildung 10 zeigt die Berechnung des erfolgsorientierten Gehaltsbestandteils. Der Betrag, der einen Überschuss von 5.000 Euro übersteigt, wird zu 40 Prozent an die Praxen und zu 40 Prozent an die AOK ausgeschüttet. Der restliche Anteil von 20 Prozent steht für Investitionen in die Netzinfrastruktur zur Verfügung (Wambach et al. 2005: 70). Für die Bewertung der Ärzte ist ein Punktwertmodell maßgebend, welches zukünftig eng an die o.g. Compliance Scorecard gekoppelt wird.

6.4 IT-Unterstützung durch ein Performance Cockpit

Bislang existieren für Praxisnetze kaum kommerzielle Performance Monitoring- und Controlling-Lösungen. Zugleich werden die Controllingdaten, die u.a. von gesetzlichen Krankenkassen an die Praxisnetz-Betreiber weitergegeben werden sollen, nicht zeitnah bereitgestellt. Aus diesem Grund herrscht derzeit Intransparenz hinsichtlich zahlreicher Leistungsindikatoren – sowohl auf der Ebene der Patientenprozesse als auch auf der Gesamtnetzebene (vgl. Abschnitt 4). Mit dem zunehmenden Druck, die durch integrierte Versorgungssysteme in Aussicht gestellten Potenziale nachzuweisen bzw. zu realisieren, wächst der Bedarf an IT-gestützten Controllinglösungen.

Die im Rahmen einer Balanced Scorecard für Praxisnetze definierten Ziele und daraus abgeleiteten Kennzahlen werden im Rahmen eines Performance Cockpits zur Steuerung des Praxisnetz-Geschehens zielgruppengerecht aufbereitet (Schicker et al. 2007: 917ff.).

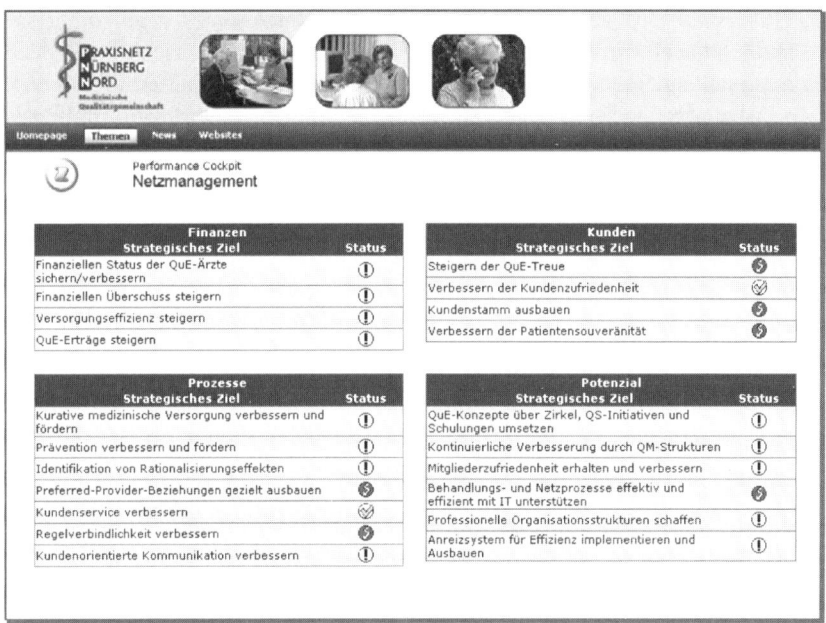

Abbildung 11: Dashboard mit Balanced Scorecard-Dimensionen

Die webbasierte Plattform schafft für Koordinationsärzte und Netzmanagement Transparenz hinsichtlich Prozess-, Struktur- und Ergebnisqualität (vgl. Abbildung 11). Durch die Lösung erhalten Praxisnetze die Möglichkeit zur faktenbasierten Steuerung der Netzaktivitäten. Außerdem werden indirekte Koordinationsmechanismen der sozialen Kontrolle wie z.B. Rangfolgen oder Bestenlisten durch entsprechende Reports unterstützt.

7 Resümee

Aufgrund der teilweise deutlichen Leistungsunterschiede zwischen den „Profi-Netzen" und dem Gros der „Nachzügler" ist einerseits in den Netzen aber andererseits auf der Ebene der Politik, der Kassen sowie der ärztlichen Vereinigungen über die Notwendigkeit einer stärkeren Professionalisierung des Netz-Managements und entsprechende Finanzierungsmodelle zu diskutieren. Auf diese Weise lassen sich die heute häufig genannten Barrieren (z.B. hoher Organisationsaufwand, geringes Engagement) in den Griff bekommen, da Kapazität und Know-how an der richtigen Stelle zur Verfügung gestellt werden.

Das Praxisnetz QuE zeigt – wie andere führende Netze auch – wohin die Reise vermutlich gehen wird: von unverbindlichen, losen Zusammenschlüssen hin zu professionell agierenden Dienstleistungs-Einheiten der integrierten Versorgung. Dabei ist eine Balance von heterarchischer und indirekter Koordination auf Basis von Vertrauen und Kultur auf der einen Seite und verbindlicher, hierarchischer Koordination über Pläne und Regelungen auf der anderen Seite erfolgskritisch. Die Auswahl und Ausgestaltung der Koordinationsinstrumente kann jedoch nur netzspezifisch erfolgen und ist nicht zuletzt abhängig von den individuellen Zielen und Einstellungen der Netz-Akteure.

Heute leiden viele Netze unter „zahlenmäßigem Blindflug", da Controllingkonzepte und -systeme fehlen, Datenquellen nicht standardisiert sind und Informationen zwischen den Vertragsparteien nicht schnell genug ausgetauscht werden. Gerade vor der Herausforderung, die Existenz der Netze langfristig zu sichern und zu diesem Zweck nachprüfbare Qualitäts- und Effizienzvorteile nachzuweisen, müssen deshalb professionelle Controlling-Konzepte konzipiert und durch entsprechende IT-Systeme unterstützt werden. Nur so wird auch die Bereitschaft der Netze zur Übernahme von Budgetverantwortung zunehmen.

Tassilo Knauf

Netzwerk der Offenen Ganztagsschule in Herford

1 Einführung

In seiner Sammelrezension zu regionaler Schulentwicklung und Bildungsnetzwerken geht Martin Heinrich vom Bild des Lehrers als „Einzelkämpfer" aus (vgl. Heinrich 2007: 50). Dieses Bild findet tagtäglich im Schulalltag seine Bestätigung. Doch Heinrich konstatiert auch einen „Klimawandel hin zu einer kooperativen Arbeitskultur" und zu „organisationsübergreifenden Formen der Zusammenarbeit" (ebd.). Ein solcher Klimawandel hat mit der Krise der Schule zu tun, die in den 60er Jahren mit der Feststellung des „Bildungsnotstands" begann, nach den schulpolitischen Auseinandersetzungen um die Gesamtschule und um die „Kooperative Schule" (in NRW) vertagt wurde, aber spätestens seit der PISA-Studie wieder aufgebrochen ist.

Dementsprechend ist schulische Netzwerkarbeit primär auf „Qualitätsverbesserung in Schulen und Schulsystemen" gerichtet. So lautet auch die Bezeichnung eines Modellversuchs, der unter der Abkürzung „QuiSS" 1999 bis 2004 vom Bundesbildungsministerium gefördert und in 14 Bundesländern durchgeführt wurde (vgl. Brackhahn/Brockmeyer 2004: IX).

Parallel wurde die schulische Netzwerkarbeit auch außerhalb der Bundesrepublik in deutschsprachigen Regionen entwickelt und gefördert. Dies gilt etwa für Südtirol, wo auf der Basis des Schulautonomiegesetzes von 2000 regionale Schulverbünde und -netzwerke entwickelt wurden. Der Schulverbund Pustertal nennt als sein Ziel, „die *Qualität von Unterricht und Schulleben gemeinsam zu sichern und zu optimieren.* Durch systematischen Austausch soll die *Schulentwicklung* im Bezirk belebt werden" (Päd. Institut Bozen 2005; Hervorhebung im Original). Das „Netzwerk Luzerner Schulen" orientiert sich an ähnlichen Intentionen: „Hauptziel der Netzwerkarbeit ist die verbindliche Zusammenarbeit bei der Weiterentwicklung der Schulen im Kanton Luzern. Es geht darum, sich durch Austausch, Absprachen, Koordination und durch gemeinsame Planung und kooperative Realisierung gegenseitig zu unterstützen" (Netzwerkschulen Luzern 2005).

Neben der zwischenschulischen Netzwerkarbeit gewinnen Netzwerke mit außerschulischen Partnern an Bedeutung. Dies hängt vorrangig damit zusammen, dass immer mehr Schulen erweiterte Öffnungszeiten benötigen, um einen breiter werdenden Erziehungs-, Bildungs- und vor allem Betreuungsbedarf zu decken. Dies kann vor allem in Kooperation mit Institutionen und Trägern der Jugendhilfe oder mit anderen außerschulischen Partnern gelingen.

Die Zunahme des Betreuungsbedarfs hängt vor allem mit der gesellschaftlich erwünschten Vereinbarkeit von Familie und Beruf zusammen. Öffentlich verstärkt wahrgenommen wird aber auch die wachsende Zahl der Kinder aus so genannten „Risikofamilien", die sich durch brüchigen sozialökonomischen Status, Bildungsferne und teilweise Migrationshintergrund auszeichnen. Diese Kinder haben oft einen erhöhten Bedarf an

- Sprachförderung,
- Hausaufgabenbetreuung,
- einer Stärkung sozialer und personaler Kompetenzen.

Ein weiterer Aspekt ist die zunehmende *Heterogenität von Kindern*. Sie verlangt, dass die Schule ihre curricularen Angebote flexibilisiert und differenziert. Das Zauberwort, mit dessen Realisierung dies erreicht werden soll, heißt: „*individuelle Förderung*".

2 Integration von Bildung, Erziehung und Betreuung

Mit diesen neueren Entwicklungen bahnt sich ein *Verschwimmen der traditionellen Funktionsschneidungen zwischen Bildung, Erziehung und Betreuung* an. Die mit der Industrialisierung der Gesellschaften sich herausbildende institutionelle Trennung der öffentlichen Verantwortungsbereiche von Schule und Jugendhilfe kommt unter Legitimationsdruck. Beide Bereiche stellen aber stabile gesellschaftliche Subsysteme mit politischem Einfluss, hoher organisatorischer Durchstrukturierung und beachtlicher finanzieller wie personeller Ausstattung dar, so dass ein Neuzuschnitt ihrer öffentlichen Aufgaben nicht ohne Weiteres in Frage kommt. Die Entwicklung von Formen der Vernetzung zwischen Schule und Jugendhilfe erscheint daher realistischer als die Erweiterung der schulischen Aufgabenzuweisung.

Schon in den frühen 90er Jahren wurde die Arbeits- und Aufgabenbeziehung zwischen Schule und Jugendarbeit breit diskutiert. Dabei wurden recht unterschiedliche Positionen vertreten: Auf der einen Seite wurde bereits damals für „kooperative Netzwerke" plädiert (vgl. Zacharias 1994: 125 ff.), diese sollten sich aber bewusst außerhalb des „etablierten Supersystems" Schule entwickeln (ebd.). Auf der anderen Seite wurde davon ausgegangen, dass es zu einer Erweiterung des „Aufgabenspektrums" und des „Angebots" von Schulen kommen werde, woraus sich eine „Aufweichung der Grenzen zwischen Schule und Jugendarbeit" ergebe (Hornstein 1992).

Die Entwicklung von Vernetzungsstrukturen zwischen Schule und Jugendhilfe hängt u.a. von einer Bedingung ab: von der Fähigkeit und Bereitschaft der Systeme Schule und Jugendhilfe, vor allem ihrer Akteure, Formen der Zusammenarbeit zu finden (vgl. Knauf 1995). Ulrich Deinet (2003) hat die grundlegenden Probleme der Zusammenarbeit von Schule und Jugendhilfe bei der Entwicklung von Ganztagsangeboten geschildert. Er beschreibt die extrem unterschiedlichen Organisationsstrukturen (ebd.: 147f.), die Unklarheiten beim Bild vom anderen System, bei den wechselseitigen Erwartungen und Zielvorstellungen (ebd.: 151 ff.). „Beide Systeme sind sehr stark mit sich selbst beschäftigt und in sich geschlossen" (ebd.: 150). Dennoch konstatiert Deinet die Entwicklung eines „sehr breiten Spektrums unterschiedlicher Kooperationsformen" (ebd.: 142) in den letzten Jahren. Oft basieren sie auf dem Engagement Einzelner.

3   Die Offene Ganztagsgrundschule in NRW

In Nordrhein-Westfalen ist mit dem Konzept „Offene Ganztagsschule im Primarbereich" eine Einladung an Schulen und Schulträger verbunden, standortspezifische Lösungen für ein Ganztagsangebot bis ca. 16 Uhr zu entwickeln. Um eine möglichst große Resonanz zu erzielen, wurden die Vorgaben zur Umgestaltung von Schulen in offene Ganztagsschulen bewusst wenig spezifiziert. Der Runderlass zur „Offenen Ganztagsschule im Primarbereich" vom 12.02. 2003 (bzw. vom 02.02.2004) nennt dafür aber deutlich Ziele und Grundsätze dieser neu akzentuierten Schulform:
- Schaffung einer „neuen Lernkultur zur besseren Förderung der Schülerinnen und Schüler";
- Förderung der „Zusammenarbeit von Lehrkräften mit anderen Professionen";
- Ermöglichung von „mehr Zeit für Bildung und Erziehung, individuelle Förderung, Spiel- und Freizeitgestaltung";
- Verbesserung der Rhythmen des Schulalltags (Ministerium für Schule, Jugend und Kinder des Landes NRW 2004: 4f.).

Die offene Ganztagsgrundschule soll die „Selbstständigkeit und Eigenverantwortung" der Schülerinnen und Schüler und die „Erziehungsarbeit" der Eltern unterstützen. Voraussetzung ist die „Kooperation mit vielfältigen Partnern", zum Beispiel (kommunale) Einrichtungen der Kulturvermittlung, Kirchen, Vereine, engagierte Einzelpersonen (ebd.).

Ähnlich wie bei der Ganztagsschulentwicklung in Rheinland-Pfalz wird von vier Inhaltsbereichen der Ganztagsangebote ausgegangen; diese sind aber nicht wie dort obligatorisch und stärker dem Gedanken der Schulöffnung und Projektorientierung verpflichtet:
- Förderangebote insbesondere für Kinder mit besonderen Bedarfen oder Begabungen;
- themenbezogene, klassenübergreifende Aktivitäten, Arbeitsgemeinschaften und Projekte;
- Angebote zur musisch-ästhetischen Erziehung und Bildung sowie Bewegung und Spiel;
- Projekte der (außerschulischen) Kinder- und Jugendhilfe (ebd.: 6).

Schon fast 10 % der Grundschulen in NRW hatten nach erfolgreichem Antrag mit dem Schuljahresbeginn 2003/04 die Umgestaltung zur offenen Ganztagsschule vollzogen. Für das Schuljahr 2007/2008 wird erwartet, dass annähernd 2.700 der ca. 3.200 Grundschulen an dem Umgestaltungsprozess beteiligt sind (vgl. Reichel 2007). In Herford waren es im ersten Jahr fünf von elf Grundschulen. Die verbliebenen sechs Schulen wollten erst die Erfahrungen in den Anfangsmonaten der ersten „Ganztagsschulgeneration" abwarten; sie haben inzwischen ebenfalls die Umwandlung in Offene Ganztagsgrundschulen vollzogen.

4 Planung und Implementierung der Offenen Ganztagsgrundschule in Herford

Bei der Planung der Offenen Ganztagsgrundschule in Herford haben sich in ganz spezifischer Weise Bottom-up- und Top-down-Elemente miteinander verschränkt: Ausgangspunkt war im Herbst 2002 das Interesse einer Schulleiterin, mit ihrer Schule an den sich anbahnenden Planungen des Landes zur Einführung Offener Ganztagsschulen zu partizipieren. Der Schulleiterin gelang es, den Schulträger für die Idee zu interessieren, der den Verfasser mit der Prozessberatung beauftragte. Bei den Vorarbeiten wurde klar, dass es vor allem darum gehen musste, mehrere Organisationen mit unterschiedlichen Kompetenzen in eine *netzwerkartige Zusammenarbeit* einzubinden:
- die *Einzelschulen*, auf die bei der Planung, Implementierung und beim langfristigen Betrieb die Hauptlast an Verantwortung und Arbeit ruhen würde,
- der *Schulträger*, der politische, finanzielle und administrative Risiken und Belastungen eingehen musste, allerdings auch ein erweitertes Dienstleistungsspektrum für die Stadt gewinnen konnte,

- die *Schulaufsicht*, die beratend und Ressourcen sichernd an dem Gesamtprozess zwangsläufig beteiligt war,
- „Schule & Co" als Gemeinschaftsprojekt des Schulministeriums und der Bertelsmann-Stiftung, das sich für die Entwicklung des Kreises Herford zu einer Bildungsregion engagierte und dafür bundesweit Beachtung fand,
- die *Kinder- und Jugendhilfeträger*, die bislang den wesentlichen Anteil an der Schulkinderbetreuung leisteten, dafür auch Ressourcen zur Verfügung hatten, deren Abbau nun mit der Offenen Ganztagsgrundschule drohte,
- Der *externe Berater* von der Universität Duisburg-Essen, der Überzeugungsarbeit gegenüber den Schulen, der Schulöffentlichkeit und den Kinder- und Jugendhilfeträgern leisten und plausible Vorschläge für den Planungsprozess vorlegen musste.

Mit dem Schulträger, der Schulaufsicht und Schule & Co wurde im Jahr 2002 ein Aktionsprogramm vereinbart und bis Herbst 2004 implementiert.

5 Qualitätsmerkmale Offener Ganztagsgrundschulen und ihre Umsetzung in Herford

Auf der Basis der Arbeitsgruppenergebnisse eines Workshops im Februar 2003 mit Vertretern aller involvierten Organisationen, Institutionen und Gruppen wurde vom externen Berater ein Leitbild und Handlungskonzept formuliert, das in die Beschlussfassung des Schulträgers zur Umgestaltung von Grundschulen in offene Ganztagsgrundschulen Eingang gefunden hat.

Die Präambel dieses Textes hatte folgenden Wortlaut: „Leitbild – Die Stadt Herford übernimmt Verantwortung für ihre Kinder. Sie sichert ihnen eine qualitative Vielfalt von Lern-, Handlungs-, Welt- und Ich-Erfahrung, um sie für das Leben jetzt und in der Zukunft stark zu machen. Die Offene Ganztagsgrundschule unterstützt den schulischen Bildungs- und Erziehungsauftrag, sie vermittelt Kindern in einer sich verändernden Lebenswelt entwicklungsnotwendige Erfahrungen, sie unterstützt und entlastet die Familien und nicht zuletzt erleichtert sie den Frauen die Teilhabe am berufliche, sozialen und kulturellen Leben. Die Offene Ganztagsschule erfüllt damit sowohl pädagogische als auch gesellschaftliche Funktionen" (Knauf 2004a: 38).

In dem Handlungskonzept werden folgende Qualitätskriterien für offene Ganztagsgrundschulen angesprochen:
- Elternpartizipation
- Offene Ganztagsgrundschule als Nachbarschaftsschule
- Anknüpfen an gewachsene Angebotspalette

- Kooperation mit verschiedenen Partnern
- Einsatz professioneller und (ehrenamtlich) Engagierter
- Gleichberechtigung, Kooperation und Zuständigkeitsklarheit der Akteure
- Kontinuierliche Qualitätsprüfung
- Balance zwischen Verantwortung der Einzelschule und zentraler Koordination
- Weiterentwicklung der Schulprogramme
- OGS als bewegte, ästhetische und kulturelle Schule
- Orientierung an Bildungsansprüchen:
- Sprachkompetenz
- individuelle Förderung
- Persönlichkeitsentwicklung
- soziale Kompetenzen
- lebenspraktische Kompetenzen
- Schlüsselqualifikationen
- Zeitrhythmisierung
- Flexibles Verhältnis von Wahlfreiheit und Verbindlichkeit
- Beratung von Eltern und Kindern

Bei der geplanten Visitation der Offenen Ganztagsschulen im Januar und Februar 2004 wurden Leitfadeninterviews mit den Schulleiterinnen und Schulleitern durchgeführt. Im Folgenden wird auf einen Teil der Ergebnisse eingegangen (vgl. Knauf 2004b):

(1) Multiprofessionalität: Die schmale Personalmittelbasis erzwang an allen Schulen den Einsatz unterschiedlich ausgebildeten Personals mit divergierenden Verdiensterwartungen. Die Schulleitungen versuchten mit unterschiedlichen Mitteln die Finanzierungsengpässe zu kompensieren: Nutzen verschiedener Fördermöglichkeiten der Arbeitsverwaltung, Einwerben von Sponsorenmitteln, Einbringen von Überstunden in die Ganztagsangebote, konsequente Honorardeckelung oder personenbezogen gestaffelte Honorarverträge. Trotz der Mittelknappheit bemühten sich die Schulleitungen einzelnen Personen akzeptable Verträge anzubieten, um sie als Träger spezifischer Qualifikationen und Verantwortlichkeiten an die Schule zu binden. Daneben wurden semi- und nichtprofessionellen Personen (z.B. Lehramtspraktikantinnen, engagierte Mütter ohne einschlägige Ausbildung) auf Honorarbasis in das Personalangebot einbezogen, während unbezahlte ehrenamtliche Tätigkeit kaum eine Rolle spielt.

(2) Kooperation und Vernetzung: Organisationen und Institutionen haben gerade in der Startphase des Ganztagsbetriebs an den beteiligten Schulen eine wichtige Rolle gespielt, z.B. lokale Fördervereine, Sportvereine, die

Volkshochschule und die Musikschule, Kinder- und Jugendhilfeträger, daneben noch Kirchengemeinden, die Kollegschule und die Universität im benachbarten Bielefeld. Diese Kooperationspartner konnten mit ihrem Know-how, etwa bei der Gestaltung von Dienst- und Honorarverträgen, der Buchführung oder Organisation von Mahlzeiten, in der schwierigen Anlaufphase den Schulleitungen eine willkommene Unterstützung bieten. So übernahmen zwei Fördervereine, die VHS und ein lokaler Jugendhilfeträger bei einzelnen Schulen die Rolle des *Hauptkooperationspartners*. Andere Organisationen waren ausschließlich bei der Personalrekrutierung von Bedeutung. Doch war insgesamt die Bindung an Kooperationspartner von Schule zu Schule sehr unterschiedlich.

(3) Die Rolle von Koordinatoren und Ansprechpartnern: Diese in der Überarbeitung des Fördererlasses des Landes vom 02.02.2004 empfohlene Position innerhalb des Personaltableaus für den Ganztagsbetrieb ist auf dem Herforder Workshop im Februar 2003 noch nicht explizit gefordert worden. An einer der fünf Herforder Ganztagsgrundschulen der „ersten Generation" ist allerdings frühzeitig diese Rolle definiert und von einer Ingenieurin besetzt worden. An den übrigen Schulen übernehmen dagegen zunächst noch die Schulleiterinnen und Schulleiter diese Position als für sie zwangsläufige Konsequenz ihrer schulischen Leitungsfunktion. Sie nehmen damit z. T. erhebliche Mehrarbeit in Kauf, haben allerdings teilweise spezielle organisatorische Aufgaben, wie die Buchführung, an den Hauptkooperationspartner abgegeben.

(4) Bilanzierung der Schulleitungen: Alle Leiterinnen und Leiter der fünf Grundschulen, die im Sommer 2003 in Herford mit dem Ganztagsbetrieb begannen, identifizieren sich mit ihrer Entscheidung für die vorgenommene Neuakzentuierung der Schulform Grundschule. Sie sind zwar mit dem vorher nicht kalkulierbaren Umfang der *Mehrarbeit* nicht zufrieden, akzeptieren dies aber als eine normale Konsequenz aus der Entscheidung für eine *schulische Innovation*. Sie beurteilen den Start in den Ganztagsbetrieb insgesamt als gelungen und frei von größeren Pannen. So ist dann auch ein gewisser Stolz auf ihre *Organisationsleistung* mehr oder weniger erkennbar. Sie sehen ihre überwiegend positive Einschätzung des Ganztagsbetriebs durch die vorherrschende *Zufriedenheit* von Kindern, Eltern und zunehmend auch der Kolleginnen und Kollegen bestätigt. Besonders erleichtert sehen sich die Schulleiter durch die relative Leichtigkeit, mit der *geeignete Personen* als Anbieter und Akteure im Ganztagsbetrieb zu gewinnen waren. Zufrieden sind sie auch mit der konstruktiven Zusammenarbeit mit den verschiedenen externen *Kooperationspartnern*, die bei der Übernahme organisatorischer Aufgaben und bei der Personalrekrutie-

rung vielfach eine wichtige Rolle spielen. Ein Teil der Schulleitungen sieht allerdings die Notwendigkeit einer Nachverhandlung der von einigen Organisationen verlangten Preise für die Personalbereitstellung. Die Schulleiter sehen aber auch die Notwendigkeit, eingeworbene Personalmittel zukünftig nicht ausschließlich für Angebote und Betreuung zu verwenden, sondern auch eine *Ansprechperson oder einen Koordinator* im Ganztagsbetrieb präsent zu haben; denn nur so kann Transparenz in einem größer werdenden Ganztagsbetrieb gesichert und eine Mehrarbeitsentlastung bei den Schulleitungen erreicht werden.

Insgesamt sehen die Schulleiter/innen, dass ihre Schulen lebendiger geworden sind. Sie begrüßen diese Entwicklung und können sich auch damit arrangieren, dass *Lebendigkeit* nicht Perfektion zu jeder Zeit garantieren kann. Mit dieser Einstellung fällt es leichter, aus Erfahrungen und auch aus Fehlern zu lernen.

6 Das Netzwerk der Offenen Ganztagsschule in Herford: Struktur und aktuelle Entwicklungen

Im Frühjahr 2007 wurden Gespräche mit einzelnen Akteuren geführt, die am Gesamtprozess der Umgestaltung der elf Herforder Grundschulen in offene Ganztagsgrundschulen maßgeblich beteiligt waren. Die Erfahrungen aus vier Jahren Schulentwicklungsarbeit konnten dadurch summiert werden.

Als eines der wesentlichen Ergebnisse kann konstatiert werden, dass die Vernetzung in der pädagogischen und organisatorischen Arbeit der elf Schulen nicht als ein kontinuierlich sich verstetigender Prozess zu interpretieren ist. Die Schulleitungen und ihre Kollegien verstehen sich nach wie vor als im Wesentlichen verantwortlich für ihre Schule und versuchen, für den eigenen sozialräumlich definierten Aufgabenbereich Bedingungen und Ergebnisse ihrer Arbeit zu optimieren. Dabei kommt es durchaus zu Interaktionen zwischen den Einzelschulen:
- Absprachen, um sich gegenüber Schulträger und Schulaufsicht nicht gegeneinander ausspielen zu lassen;
- Zweckbündnisse benachbarter Schulen, um Konflikte etwa bei der Schüler-, Personal- und Finanzmittelakquisition zu minimieren;
- offener oder versteckter Wettbewerb um die Präsentation in der Öffentlichkeit oder um die Einwerbung von Mitteln oder Mitarbeitern.

Die Veränderung der Organisationsstrukturen und die Erweiterung des pädagogischen Aufgabenfelds der Grundschulen haben insgesamt die Arbeits- und

Kommunikationsbeziehungen zwischen den Offenen Ganztagsschulen deutlich intensiviert: Notwendig wird dies durch den schulübergreifenden Abstimmungsbedarf, der wie der einzelunternehmerische Handlungsbedarf deutlich gestiegen ist. Dieser Bedarf hat aber nicht zu der Ausbildung kontinuierlich gepflegter und stabiler Kommunikations- und Kooperationsformen geführt, wie sie mit der Netzwerkidee verknüpft werden. Die Schulleitungen haben ihre Gewohnheit, die Fülle auflaufender Probleme und Entscheidungen weitgehend innerschulisch und vor allem ad hoc zu bearbeiten, im Wesentlichen beibehalten. Diese flexible administrative Praxis scheint sich in einem hohen Maße auch unter dem vergrößerten Problem- und Entscheidungsradius zu bewähren. Weder die innerschulischen Abläufe, noch die interinstitutionellen Arbeitsstrukturen wurden als grundlegend modernisierungsbedürftig betrachtet. Das Bild des Schulleiters hat sich im Bewusstsein der Akteure nicht grundlegend gewandelt, auch wenn sich faktisch eine Reihe von Veränderungen ergeben hat:
- Das Verhältnis von pädagogischen zu organisatorischen Aufgaben hat sich drastisch zugunsten letzterer verschoben.
- Administrative Aufgaben gewinnen vielfach pädagogische Implikationen (z. B. Zeitmanagement und Zeitrhythmisierung, Personalauswahl und Personaleinsatz, Entscheidung für Inhalte und Quantifizierung von Ganztagsangeboten).
- Kaufmännische Fragestellungen, Evaluation, Controlling und Qualitätsmanagement nehmen einen ganz anderen Stellenwert ein als vor Einführung des Ganztagsbetriebs.

Parallel zum Wandel der Schulleiterrolle verändern sich auch die (inhaltlichen) Strukturen der Schulleitersitzungen und (informellen) Schulleitertreffen. Hier werden dann auch Ansätze netzwerkartiger Strukturen erkennbar:
- Der *Erfahrungsaustausch* zum Management des Ganztagsbetriebs nimmt eine bedeutende Stellung ein.
- Es werden dabei sowohl gelungene Entwicklungen als auch problematische Erfahrungen kommuniziert; das *Lernen am Modell* wie auch das *Lernen aus Fehlern* wird Alltag.
- Es werden – vor allem durch den Leiter des Schulverwaltungsamtes – *neue Akteure für Ganztagsangebote* vorgestellt und eingeschätzt.
- Insgesamt werden Fragen von *Schulqualität* häufiger und grundsätzlicher diskutiert.

Damit gewinnen Ziel- und Handlungsdimensionen in der Interaktion zwischen den Schulen eine nicht nur marginale Bedeutung, die bei den eingangs zitierten Schulnetzwerken in Südtirol und der Schweiz eine zentrale Rolle spielen: Erfahrungsaustausch, Qualitätssicherung, Gestaltung des Schullebens und Schulentwicklung.

Formale Netzwerkstrukturen haben sich in bemerkenswerter Weise unterhalb der Schulleiterebene entwickelt: Schon in den ersten Monaten des Ganztagsschulbetriebs wurde deutlich, dass die Schulleiter dem erheblich gewachsenen Aufgabenspektrum nur gewachsen sein konnten, wenn sie sich spezieller zusätzlicher Personalressourcen sicher sein konnten. Es entstand nach und nach ein neues personalisierbares berufliches Aufgabenfeld, das des *Ganztagskoordinators*. Anfangs gab es nicht einmal hinreichende Personalmittel zur Finanzierung einer halben Stelle für eine Koordinatorin oder einen Koordinator. Mit der von Schuljahr zu Schuljahr wachsenden Zahl der für den ‚Ganztag' angemeldeten Kinder stiegen die öffentlichen Zuschüsse für den Ganztagsbetrieb. Wenn gleichzeitig die Finanzierung der Ganztagsangebote sowohl knapp kalkuliert als auch erfinderisch angegangen wurde, z. B. durch Einwerbung von Sponsoren-, Spenden- oder Stiftungsmitteln oder durch Nutzung von Programmen der Arbeitsverwaltung (s. o.), dann konnte die mittelfristige Beschäftigung von (Teilzeit-) Koordinatoren gesichert werden.

Die unterschiedlich ausgebildeten Koordinatoren (am häufigsten sind es Sozialarbeiter oder Sozialpädagogen) haben ein sehr vielfältiges, insgesamt durchaus reizvolles Aufgabenfeld: Sie werben beispielsweise Angebote ein, binden sie in eine inhaltliche und zeitliche Gesamtstruktur ein, kümmern sich um die Akquisition zusätzlicher Finanzmittel, beraten Schulleitungen, Kollegiumsmitglieder, aber auch Eltern und Kinder, bereiten Öffentlichkeitsarbeit vor, lösen personelle, inhaltliche und organisatorische Konflikte. Insgesamt sind sie selber zu einem Teil für die Ausprägung ihres professionellen Profils verantwortlich. Dabei hat sich der informelle Austausch zwischen Koordinatoren als ausgesprochen hilfreich sowohl für die Erledigung der ihnen übertragenen Koordinierungsaufgaben als auch für die Präzisierung und Abgrenzung dieser Aufgaben ergeben. Da die Koordinatoren in der Regel von den Schulleitern persönlich ausgewählt wurden und sich darauf überwiegend auch ein wechselseitiges Vertrauensverhältnis aufbauen konnte, erlebt die Mehrzahl der Schulleiter das Bemühen „ihrer" Koordinatoren um eine selbst organisierte Ausprägung ihres Tätigkeitsprofils als Entlastung, nicht als provokante Machtmaßung.

Die Koordinatoren entwickeln sich zu innovativen Netzwerkern innerhalb der Schule. Sie müssen mit unterschiedlichen Themen- und Problemfeldern und vor allem auch mit Personen und Personengruppen umgehen, die unterschiedliche und verschieden stabile Positionen in der Schule und in ihrem Umfeld einnehmen. Sie sind dabei, vor dem Hintergrund lokaler (und betrieblicher) Bedingungen und in Konfrontation mit jeweils spezifischen Erwartungen, ihr Handlungsfeld zu definieren und zu präzisieren. Eine große Hilfe ist der Austausch und der Abgleich mit Koordinatoren, die an benachbarten Schulen in einer mehr oder weniger vergleichbaren Konstellation arbeiten. Nahe liegend ist in dieser Gesamtsituation, dass sich die informellen Koordinatorentreffs mehr oder weniger institutionalisiert haben und zu einem quasi offiziellen *Instrument des Problemmanagements und der Qualitätsentwicklung* geworden sind.

Die Schulleiter haben mit dieser von ihnen selber in Gang gesetzten Entwicklung ein flexibles, innovatives und nicht hierarchisch strukturiertes Netzwerkelement entstehen lassen. Diese Entwicklung wurde nicht zielorientiert gesteuert, entsprach aber offensichtlich dem Interesse der Schulleiter, durch Delegation die wachsende Komplexität ihrer ohnedies ebenso umfassenden wie teilweise nicht eindeutigen Aufgabenstellung zu reduzieren. Neben der Stabilisierung einer an Kontinuität orientierten Schulleiterrolle entwickelte sich die neue flexible Koordinatorenrolle, mit der das partielle Strukturvakuum des offenen Ganztagsbetriebs organisierbar und qualitativ entwicklungsfähig wurde.

7 Entwicklungsperspektiven des Netzwerks der Offenen Ganztagsschulen in Herford

Die Offenen Ganztagsschulen in Herford haben drei wichtige Entwicklungsschritte bewältigt:
(1) 2003 bzw. 2004 den rasch vollzogenen Start in eine gravierende Umstrukturierung der Angebots-, Organisations- und Personalstruktur;
(2) die Überführung der zunächst auf einen gelingenden Start hin fokussierten Anstrengungen in den Dauerbetrieb;
(3) die kontinuierliche kritische Reflexion der seit der Umstrukturierung gewonnenen Erfahrungen in Hinblick auf eine laufende Verbesserung der Angebote und in Hinblick auf eine effiziente Arbeitsstruktur.

Die Schritte 2 und 3 gelangen nicht zuletzt wegen der Parallelisierung zweier Entwicklungen:
- die schrittweise Etablierung und Personalisierung neuer Entscheidungsstrukturen durch die Bestellung von schulinternen Koordinatoren, die mit ihren regelmäßigen Treffen auch einen großen Teil des zwischenschulischen Informations- und Abstimmungsbedarfs abdecken;
- die weitgehende Stabilisierung der gewohnten Schulleiterrolle durch entlastende Delegation eines großen Teils der neuen Aufgaben an die Koordinatoren.

Diese beiden Entwicklungen dürften allerdings vorrangig Zwischenschritte sein: Bei ihnen dominieren informelle und flexibel handhabbare Aktionselemente. Ihr provisorischer Charakter enthält Risiken (z. B. könnte die Energie der Koordinatoren bei ihren noch informellen Treffs nachlassen, wenn der „Pionier-Effekt" schwindet). Daher wird es angezeigt sein, eine Verstetigung und feste Institutionalisierung des neuen (personalisierten) Instruments der Koordinatoren und ihrer Treffen durch die Setzung von Qualitätsstandards der Netzwerkkoordination in Netzwerken der Offenen Ganztagsschule anzustreben.

Parallel dazu wird sich längerfristig das weitgehende Festhalten an gewohnten Schulleiterrollen schwerlich durchhalten lassen. Die Schulleiter werden in ihr Handlungsprofil verstärkt Managementaufgaben integrieren. Nur so kann sowohl die komplexe Organisations- und Angebotsstruktur der Offenen Ganztagsschulen in der Schulleiterrolle widergespiegelt werden, als auch der Schulleiter glaubwürdig die Offene Ganztagsschule nach außen und innen repräsentieren.

Mit diesen beiden Professionalisierungsprozessen einhergehen könnte dann eine dritte Entwicklung: Das, was unter kritischer Reflexion der gewonnenen Erfahrungen in Hinblick auf Verbesserung der Angebote und Effizienzsteigerung der Arbeitsstruktur benannt wurde, ließe sich in systematische Evaluationsstrukturen überführen, wie sie in anderen Netzwerken derzeit verstärkt erprobt werden. Dabei kann Evaluation mit externer Beratung gekoppelt werden und regelmäßig in einem Ablaufschema von Erhebung – Rückspiegelung der Ergebnisse – Beratung der Akteure – Umsetzung vereinbarter Konsequenzen realisiert werden (vgl. Broda-Kaschube 2007).

Damit ließe sich die noch fragile Netzwerkstruktur der Offenen Ganztagsschulen stabilisieren und das Netzwerk als zentrales Element einer „lernenden Region" bzw. einer „lernenden Stadt" profilieren.

Holger Spieckermann

Netzwerkmanagement in einer „Lernenden Region"

Das Programm „Lernende Regionen – Förderung von Netzwerken" ist Teil des Aktionsprogramms „Lebensbegleitendes Lernen für alle" des Bundesministeriums für Bildung und Forschung. Gefördert werden seit dem Jahr 2002 der Auf- und Ausbau bildungsbereichs- und trägerübergreifender regionaler Netzwerke. In diesen Netzwerken sollen durch die Zusammenarbeit möglichst vieler Beteiligter innovative Maßnahmen im Bereich des lebensbegleitenden Lernens entwickelt, erprobt und verstetigt werden.

Die „Lernende Region – Netzwerk Köln e.V." verfolgt das Ziel, die Zusammenarbeit von Bildungsanbietern und -abnehmern in der Region Köln zu koordinieren und Transparenz auf dem regionalen Bildungsmarkt zu schaffen. Mit der Vernetzung und Kooperation von Bildungsanbietern aller Bereiche und von Wirtschaftsunternehmen soll es für die Kölner Bevölkerung leichter und attraktiver werden, sich Wissen anzueignen. Insgesamt soll die Qualität, Effektivität, Transparenz und Innovation der Angebote verbessert werden. Im Netzwerk werden verschiedene inhaltliche innovative und zielgruppenorientierte Bildungsangebote entwickelt, damit Lernen in der Region populärer wird.

In der Lernenden Region Köln haben sich ca. 300 Akteure zur Kooperation zusammengefunden. Die Geschäftstelle des Netzwerks Lernende Region Köln bildet den Knotenpunkt für Informationen und Kontakte in der Verflechtung der Akteure. Die Mitarbeiter der Geschäftsstelle recherchieren und bereiten Informationen auf, koordinieren Projektinitiativen, schieben die dafür erforderlichen Prozesse an und begleiten die Prozesse beratend sowie unterstützend.

Im Folgenden soll die Koordination des Netzwerkes der Lernenden Region im Zeitraum von 2002 bis 2006 in Bezug auf die angewandten Methoden und Instrumente des Netzwerkmanagements dargestellt werden. Der Fokus liegt auf der Vernetzung des Gesamtnetzwerkes der 300 Akteure und auf einem von fünf Teilvorhaben, dem Bildungsportal (www.bildung.koeln.de), das als technische Infrastruktur die zentralen Vernetzungsfunktionen wahrnimmt.

1 Ausgangssituation

Es gibt in Köln eine Vielzahl von Einrichtungen und Institutionen, die im Bildungsbereich aktiv sind. Besonders der regionale Weiterbildungsmarkt ist durch eine unüberschaubare Anzahl und Vielgestalt von Anbietern und Angeboten geprägt. Aus der Sicht der Kunden des Bildungsmarktes gibt es keine zentrale Anlaufstelle, um einen Überblick in die Angebotsstruktur zu erhalten. Die Kunden sind vor die Aufgabe gestellt, sich eigenständig Orientierung über die Trägerlandschaft zu verschaffen, um bei den einzelnen Trägern die entsprechenden Angebote zu recherchieren. Auch die Zuständigkeiten der Bildungsberatung sind je nach Alters- und Bevölkerungsgruppe sowie Bildungsbedarf bei verschiedenen Institutionen angesiedelt.

In einigen Bereichen gibt es bereits Kooperationen durch gemeinsame Arbeitskreise oder Eventveranstaltungen wie Bildungsmessen oder Lernfeste. Bei der elektronischen Vernetzung der Angebote gibt es keine gemeinsamen Datenbanken, sondern nur trägerbezogene Lösungen und Internetauftritte. Zwischen einigen Anbietern – insbesondere im Weiterbildungsbereich – gibt es Konkurrenzsituationen durch ähnliche Angebotsthemen und die Konzentration auf die gleichen Zielgruppen.

Insofern zeigen sich nur schwach ausgeprägte Vernetzungsstrukturen, die überwiegend zeitlich begrenzt und projektbezogen sind. Die Kooperationsbeziehungen werden durch inselförmige Netzwerke dominiert, aber es gibt keine gemeinsame Strategie oder mittelfristige zielorientierte Vernetzungen.

2 Vernetzungsziele der Lernenden Region Köln

2.1 Leitziele

Ziel ist es, die Kölner Bildungsangebote besser aufeinander abzustimmen und mehr Transparenz zu schaffen. Durch eine Bildungsbereiche und Träger übergreifende Kooperation soll eine tragfähige regionale Bildungsinfrastruktur entwickelt werden. Innovative schulische und betriebliche Angebote, eine stärkere Vernetzung und belastbare Kooperationsstrukturen sollen ein lückenloses und flexibles System etablieren, das Bildungsbenachteiligte besser fördert. Es geht aber auch darum, die vorhandenen Angebote in ihrer Qualität zu optimieren und neue, zielgruppenadäquate Lernarrangements zu entwickeln, damit eine höhere Bildungsbeteiligung erreicht werden kann. Diese Ziele werden in fünf Teilvorhaben umgesetzt:

- Die *Orientierungsberatung* versteht sich als Serviceleistung mit Lotsenfunktion für alle Beratungsangebote.
- Der *KMU-Service* konzipiert in Zusammenarbeit mit den Kammern, der Kreishandwerkerschaft und den Vertretern der Wirtschaftsverbände modellhaft Angebote für die Metall- und Elektrobranche.
- Das Teilprojekt *Hochbegabtenförderung* richtet sich an Schüler, Eltern, Lehrer, Unternehmer und Akteure der Hochbegabtenförderung und initiiert Netzwerkstrukturen.
- Beim *Berufsbildungs-Dialog* treffen sich regelmäßig Institutionen mit dem Ziel, die berufliche Bildung in Köln arbeitsmarkt- und nutzerorientierter als bisher zu gestalten.
- Das Kernvorhaben der Lernenden Region bildet die Einrichtung eines *Bildungsportals (www.bildung.koeln.de)*, das als Informationsplattform vielfältige und für verschiedene Zielgruppen aufbereitete Bildungsinformationen bereithält. Mit einem Klick auf das zentrale Internetportal soll es möglich sein, übersichtlich strukturierte Informationen über den regionalen Bildungsmarkt schnell und unkompliziert zu erhalten.

2.2 Ziele des Bildungsportals

Das Bildungsportal soll *das* zentrale Portal für alle Themen rund um den Bereich Bildung in der Region Köln sein. Es soll ein virtueller Anlaufpunkt sowohl für Kölner Bürger als auch für professionelle Akteure aus dem Bildungsbereich sein. Entsprechend ist für alle Zielgruppen ein Anreiz und Zugang in Form von Informationen (content) oder Kommunikationsmöglichkeiten zu schaffen.
- Eine zentrale Aufgabe ist der Aufbau einer Fort- und Weiterbildungsdatenbank aller Kölner Anbieter, die über das Bildungsportal interaktiv abgefragt werden kann.
- Im so genannten Community-Bereich werden Kommunikationsplattformen und -foren eingerichtet.
- In einem redaktionellen Teil werden regelmäßig Artikel zu aktuellen Ereignissen im Kölner Bildungssektor eingestellt. Für einzelne Themenfelder und Einrichtungen werden themenbezogene redaktionelle Arbeitsgruppen gebildet.
- Für Schulen und Berufskollegs wird die Möglichkeit geschaffen, Inhalte über ihre Einrichtungen einzustellen und dezentral zu verwalten.
- Das Bildungsportal soll als Schnittstelle zu den anderen Teilvorhaben der Lernenden Region fungieren und die Weitervermittlung von interessierten Akteuren ermöglichen.

3 Bestandsaufnahme der Akteurs- und Netzwerkstrukturen

Differenzierte Verfahren zur Analyse der Netzwerkstrukturen im Kölner Bildungssektor waren nicht notwendig, da in dem Netzwerk der Lernenden Region bereits in der Gründungsphase alle wichtigen Bildungsinstitutionen vertreten waren. Diese konnten wiederum Auskunft über ihre darüber hinaus gehenden Kooperationsbeziehungen geben. Die Stakeholder für das Bildungsportal sind bereits in Arbeitskreisen organisiert und in der Lernenden Region engagiert. Somit herrschte ein ausreichender Informationsstand über die Zusammensetzung des Bildungsbereiches in Köln und die ca. 300 Akteure konnten direkt angesprochen werden.

4 Modell der gewählten Netzwerkorganisation

Sehr früh zeichnete sich unter den federführenden Akteuren ab, dass eine formale und unabhängige Organisationsform angestrebt wird. Im Juni 2002 wurde der gemeinnützige Verein „Lernende Region Netzwerk Köln e.V." gegründet, der als Träger für die Aktivitäten des Kölner Netzwerks fungiert. Die Stadt Köln stellt den Vorstandsvorsitz und die Industrie und Handelskammer zu Köln nimmt die Rolle des Stellvertretenden Vorstandsvorsitzes ein. Dem Vereinsvorstand gehören außerdem fünf Beisitzer an: es handelt sich um Vertreter bzw. Sprecher des Einzelhandelsverbandes Bezirk Köln e.V., der Handwerkskammer zu Köln, der Kreishandwerkerschaft, der Qualitätsgemeinschaft „Berufliche Weiterbildung" und des Arbeitskreises „Weiterbildung Köln" sowie des Netzwerkes „Gesundheitsbildung". Als beratende Institutionen sind die Agentur für Arbeit, das Schulamt für die Stadt Köln, der Arbeitgeber Köln e.V. und der Deutsche Gewerkschaftsbund involviert.

Der Verein hat eine Geschäftsstelle eingerichtet sowie eine Geschäftsführung und Mitarbeiter/innen eingestellt, die die Bearbeitung der fünf Teilvorhaben übernehmen. Die Finanzierung erfolgt überwiegend aus den Fördermitteln des Bundesprogramms „Lernende Regionen".

Der Vorstand und die Geschäftsstelle repräsentieren die Koordinationsebene. Die Geschäftsstelle hat vorrangig Entwicklungs- und Servicefunktionen, indem mögliche, noch nicht realisierte Vernetzungen gefördert und Dienstleistungen für das Netzwerk sowie seine Teilnetze erbracht werden. Der Vorstand hat demgegenüber den Charakter einer *Steuerungsgruppe*. Sie begleitet die Geschäftsstelle bei der konkreten Planung und Initiierung der Vorhaben. Es gibt eine klare organisatorische Trennung von strategischer und operativer Ebene. Über die von Vorstand und Geschäftsstelle ausgelösten strategischen Prozesse von Information, Abstimmung und Zusammenwirken sind die Mitarbeiter in den Teilvorhaben für die operative Initialisierung von Vernetzungen zuständig. Dort bilden sich unter den Akteuren zu einzelnen Themen und Entwicklungsaspekten horizontale Verbünde von relativ kleinen Vernetzungen heraus. Die so ausgelösten Tätigkeiten und Verflechtungen sollen zu Projektnetzwerken führen. Die Projektnetzwerke agieren relativ autonom und mit dezentraler Entscheidungskompetenz. Unter diesen Bedingungen sollen sie innovative Lösungen zu thematischen Aspekten entwickeln.

5 Instrumente und Verfahren des Netzwerkmanagements

Die Rechtsform des Vereins bietet einen klaren rechtlichen Rahmen für die Arbeit der Lernenden Region und strukturiert dadurch auch die formalen internen Kommunikationskanäle. Die Geschäftsführung erstattet dem Vereinsvorstand und den Vereinsmitgliedern im Rahmen der Mitgliederversammlung regelmäßig Bericht, der auch in schriftlicher Form vorliegt. Durch die Inanspruchnahme öffentlicher Fördermittel sind regelmäßige Rechenschafts- und Sachstandsberichte notwendig. Die Schnittpunkte zwischen den Teilvorhaben werden in erster Linie von der Geschäftsführung wahrgenommen und geschehen neben Einzelgesprächen in Form von regelmäßigen Teamtreffen. Bei allen anderen relevanten Besprechungen im Team erfolgt die Ergebnissicherung in Form von Protokollen, was den Informationsfluss sicherstellt.

Nach Abschluss der Planungsperiode folgte die erste Durchführungsphase im Zeitraum von Juli 2002 bis Mitte 2004. Die Netzwerkverantwortlichen konzentrierten sich in dieser Phase auf die Bearbeitung von fünf Teilvorhaben. Die Zuständigkeit für das Netzwerkmanagement mit dem umfangreichen Netzwerk von ca. 300 Akteuren liegt bei der Geschäftsführung. Dieses Netzwerk wird über Mailing, Newsletter und jährliche Veranstaltungen an die Lernende Region gebunden. Aufgrund der hohen Anzahl der Akteure sind engere und häufigere Kommunikationsformen nicht möglich. Dieses Netzwerk lässt sich eher als ein *richtungsoffenes* Unterstützernetzwerk bezeichnen, aus dem sich die projektbezogenen Netzwerke rekrutieren können (vgl. Schubert et al. 2001).

Ein Instrument im Rahmen des Projektmanagementprozesses ist die Inanspruchnahme von externer Organisationsberatungskompetenz. Als im Januar 2004 die Fortführung der Netzwerkaktivitäten in einer zweiten Durchführungsphase bis 2006 beantragt wurde, wurde die Fachhochschule Köln mit der Durchführung einer Zwischenevaluation beauftragt (Schubert/Spieckermann 2004). Die Leitfrage der Evaluation richtete das Interesse darauf, ob im Rahmen der bisherigen Vernetzungen bereits nachhaltige Wirkungen und nachhaltige Strukturen entstanden sind. Zentrale Ergebnisse der Zwischenevaluation im Jahr 2004 sind:

- Der Vernetzungshorizont von ca. 300 Akteuren ist zu weit ausgelegt und erfordert ein hohes Maß an Netzwerkmanagement, der mit den vorhandenen Ressourcen nicht geleistet werden kann und somit nur zu einer lockeren Bindung der Akteure führt, die nicht im Verhältnis zu den geleisteten Zeit- und Personalinvestitionen steht.
- Das Netzwerkmanagement ist ein zentrales Handlungsfeld, in dem schon Teilerfolge zu verzeichnen sind, aber aufgrund der widersprüchlichen Einschätzung der Akteure noch eine Netzwerkstrategie auf den verschiedenen Handlungsebenen entwickelt werden muss. Die Netzwerkstrategie der Teilvorhaben hat sich in der Umsetzung als problematisch erwiesen, da auf der operativen Ebene nur wenig auf vorhandene Vernetzungen zurückgegriffen werden konnte und der Zugang zu den Netzwerken überschätzt wurde. In der Region Köln geht es weniger darum, neue Gremien aufzubauen, sondern vorhandene Gremien umzubauen oder sogar aufzulösen.
- Alle Teilprojekte haben sektorale Kooperationsnetzwerke aufgebaut, die von den Akteuren als tragfähig eingeschätzt werden. Eine Ausnahme stellt das Kooperationsnetzwerk des Bildungsportals dar. Da das zentrale Teilvorhaben zum Untersuchungszeitpunkt noch nicht realisiert wurde, sind bei den Zielgruppen bislang nur geringe Wirkungen zu verzeichnen. Es handelt sich um ein Netzwerk, das aus sehr vielen, überwiegend bilateralen Kontakten besteht und noch kein Selbstverständnis als Netzwerk, also keine eigene Netzwerkidentität entwickelt hat.
- Bei dem Bildungsportal sind der Eigenständigkeit enge Grenzen gesetzt, da es sich einerseits um Klärungsprozesse auf stadtpolitischer Ebene handelt und da es andererseits den Mittelpunkt des Informationstransfers der Teilvorhaben repräsentiert. Diese Sternstruktur von Zulieferung der Inhalte aus dem Kreis der Teilprojekte an das Portal und Informationsrückflüssen aus dem Zentrum in die Peripherie der Teilvorhaben, erfordert ein effizientes Modell der Netzwerksteuerung.

Das Bildungsportal ist im September 2004 online gegangen. Obwohl das Portal noch nicht den geplanten Leistungsumfang hatte, wurde – statt den Start nochmals zu verschieben – entschieden, das Portal in einer im Umfang reduzierten Form der Öffentlichkeit vorzustellen. Die fehlenden Features und Inhalte werden sukzessiv ergänzt. Beim Netzwerkmanagement im Rahmen des Bildungsportals wird insbesondere bei finanziellen Vereinbarungen auf das Instrument des Kontraktmanagements zurückgegriffen. In der Entwicklungsphase des Bildungsportals erfolgte die Bindung der Kooperationspartner über Kontrakte, die nur eine allgemeine Bekundung zur Kooperation beinhalteten, aber keine konkreten Arbeitsschritte oder Ziele definieren. Da das Bildungsportal zu diesem Zeitpunkt nur auf dem Papier existierte, waren weiter gehende Kontrakte nicht möglich. Gleiches gilt für Kontrakte mit Kooperationspartnern aus dem Bereich der öffentlichen Verwaltung, die sich auf keine Vereinbarungen einlassen können, aus denen sich langfristige rechtliche und finanzielle Verpflichtungen ergeben. Da die Zielstellung des Bildungsportals auch eine langfristige Sicherung des Portals als Bildungsinfrastruktur nach Auslaufen der Bundesförderung umfasst, stellt die Unverbindlichkeit der Zielvereinbarungen eine hohe Unsicherheit dar und erzeugt eine geringere Bindung und Verantwortlichkeit der Kooperationspartner.

Eine weitere Organisationsberatung erfolgte im Jahr 2005. Ein externer Berater wurde mit der Erstellung eines Businessplans beauftragt, um die finanziellen und wirtschaftlichen Perspektiven der Lernenden Region nach Auslaufen der degressiven öffentlichen Förderung zu ermitteln.

6 Resümee

Im Zeitraum von 2004 bis 2006 hat die Lernende Region Empfehlungen der Zwischenevaluation aufgegriffen. Der Umgang mit den Zielen der Teilvorhaben wurde einer kritischen Prüfung unterzogen und auf realistische und konkrete Zielstellungen zugeschnitten. Teilweise gab es Neukonzeptionen der Teilvorhaben mit veränderten Ziel- und Aufgabenprofilen. Das Netzwerkmanagement hat den ursprünglichen Vernetzungshorizont der ca. 300 Akteure in Köln reduziert und sich auf das Kernnetzwerk beschränkt. Es erfolgte eine stärkere Orientierung des Kooperationsmanagements auf bereits vorhandene administrative Strukturen. Zur Vorbereitung der Marktfähigkeit wurde ein differenzierter Businessplan entwickelt. Der Businessplan stellt fest, was auch die Umsetzung der Projekte gezeigt hat: Die Produkte der Lernenden Region Köln sind nur in begrenztem Maße marktfähig, da ein Markt für öffentliche Güter nur teilweise existiert und keine erwerbswirtschaftliche Nachfrage generiert werden kann. Das Marktsegment, in dem die Produktentwicklungen der Lernenden Region entstanden sind, überschneidet sich mit Dienstleistungsangeboten und Verantwortungsbereichen der öffentlichen Hand.

Gegen Ende der zweiten Durchführungsphase wurde im Jahr 2006 von der Fachhochschule Köln und dem Institut für Management und Organisation in der sozialen Arbeit eine weitere Evaluation durchgeführt, um die Strategien und Möglichkeiten der organisatorischen Integration der Lernenden Region in die Kölner Bildungslandschaft einzuschätzen (Schubert/Spieckermann 2006). Um eine Nachhaltigkeit im Sinne von Verstetigung der geschaffenen Infrastrukturen bei auslaufenden Fördermitteln herzustellen, war es notwendig, eine Strategie für einen Transfer der Produkte in bereits bestehende organisatorische Strukturen zu entwickeln.

Das Dilemma des vereinsförmig organisierten Netzwerks bestand darin, dass alle Beteiligten den Vereinszweck und die Aufgaben des Netzwerks als dringend notwendig deklarieren, aber keine gleichmäßige Verteilung der Verantwortungsübernahme unter ihnen zu verzeichnen ist. Die ursprüngliche Idee, in einem Netzwerk zusammenzuwirken, das viele Aktivitätszentren hat, ließ sich daher nicht verwirklichen. Aus Mitgliedersicht hat der Verein der Lernenden Region das Ziel verfehlt, eine gemeinsame Plattform mit multiplen Verantwortungsstrukturen zu sein. Im Rückblick kommen viele Beteiligte zu der Einsicht, dass das Netzwerk besser monozentral zu organisieren sei. Es setzte sich die Auffassung durch, dass die Stärkung des Bildungssektors eine öffentliche Infrastrukturleistung darstellt. Daraus ergibt sich eine primäre Koordinations- und Planungsverantwortung der Kommune als öffentliche Hand. Die operative Verantwortung ist eher bei kommunalen und staatlichen Stellen zu sehen, die sich in hohem Maß bei Koordinationsaufgaben zum Aufbau effizienter und effektiver Aktions- und Produktnetze engagieren können. Mittelfristig ist die Konstituierung einer regionalen Struktur mit Kreisen und kreisfreien Städten in der Kölner Nachbarschaft denkbar.

Das Bildungsportal ist das profilierteste und innovative Projekt der Lernenden Region mit einem überregional anerkannten Alleinstellungsmerkmal und hohem Entwicklungspotenzial. Es stößt auf breite Akzeptanz bei allen Akteuren im Bildungsbereich. Als förderlich kann die Breitenwirkung des Portals gesehen werden. Immer mehr Bildungsträger wollen im Bildungsportal vertreten sein. Die Bindung von Subnetzwerken und Arbeitskreisen an das Portal durch eigene Selbstdarstellungen oder redaktionelle Betreuung von Seiten der Koordinationsinstanz nimmt zu. Vor diesem Hintergrund konnte das Portal gezielt als „Leitprojekt" ausgebaut werden, das erfahrbar den zentralen Knotenpunkt des zukünftigen operativen Netzes repräsentiert. Stärken des Bildungsportals sind die Datenbanken zur Fort- und Weiterbildung. Entwicklungsfähig ist der Community-Bereich aufgrund der geringen Beteiligung in den Foren. Auch im redaktionellen Bereich ist ein stärkeres Engagement wünschenswert, so dass eine stärkere Nutzerbindung erfolgt, wofür allerdings auch mehr personelle Ressourcen nötig sind. Die Öffentlichkeitsarbeit – insbesondere für das Bildungsportal – war während des gesamten Prozesses der Lernenden Region Netzwerk Köln ein Strukturproblem. Trotz einzelner Fortschritte (z. B. Plakatierung beim Start des Bildungsportals) muss eine PR-Strategie formuliert werden, die auf die einzelnen Produkte und nicht auf die Trägerorganisation ausgerichtet ist.

Die Lernende Region Köln zeigt, wie schwierig es ist, Netzwerkentwicklung und Netzwerkmanagement als eigenständiges Produkt zu vermarkten. Netzwerke sind kein Wert an sich, sondern nur Mittel zur Erreichung eines Zweckes, dessen Nutzen den beteiligten Akteuren einsichtig sein muss. Die Etablierung des Netzwerkes und des Vereins „Lernende Region Netzwerk Köln" als Vernetzungsknotenpunkt im umfassenden Netzwerk der Kölner Bildungsakteure basierte nicht nur aus der Erkenntnis eines Vernetzungsdefizits, sondern auch eines Zuviel an Vernetzung. Dieses so genannte *Netzwerkrauschen* erfordert den Abbau von vorhandenen Arbeitskreisen und Gremien, die bei verschiedenen Institutionen angesiedelt sind und über eigendynamische Selbstbeharrungskräfte verfügen. Somit ist eine unübersichtliche Situation der Koopkurrenz entstanden, in der ein Verständnis von Netzwerkentwicklung, das auf freiwillige Kooperation basiert, nur begrenzt umsetzbar ist.

Beim Teilvorhaben Bildungsportal ist es gelungen, die „Durststrecke" zu überwinden, also die Zeit, in der in die Netzwerkentwicklung investiert werden muss, ohne das unmittelbar verwertbare Produkte entstehen. Die Produktdefinition des Internetportals war eine konkrete Zielvorstellung, dessen Nutzen von allen Akteuren akzeptiert wurde. Die Etablierung eines Bildungsportals als technischer Netzwerkinfrastruktur zum Aufbau von sozialen Netzwerken hat sich als ein wichtiger Erfolgsfaktor einer wirksamen Netzwerkstrategie erwiesen.

Bernt-Michael Breuksch, Katja Engelberg

Netzwerkaufbau für die Weiterentwicklung von Kindertageseinrichtungen zu Familienzentren in Nordrhein-Westfalen

1 Warum landesweit Netzwerkarbeit?

Die Bedeutung und Notwendigkeit von Netzwerkarbeit gerade in den Handlungsfeldern der Sozialen Arbeit und vor allem im Bereich Kinder-, Jugend- und Familienhilfe wächst kontinuierlich. Bedarfe von Eltern und ihren Kindern werden derzeit noch eher getrennt unter dem Blickwinkel der verschiedenen Aufgabenstellungen und Zuständigkeitsbereiche betrachtet. Dies führt dazu, dass Familien in Fragen der Kinderbetreuung, Erziehungsberatung oder Familienbildung unterschiedliche und häufig voneinander unabhängig arbeitende Dienstleister von Hilfs- und Beratungsangeboten in Anspruch nehmen müssen, obwohl sie eine komplexe Hilfeleistung erwarten (können).

Netzwerkarbeit als Methode, mittels derer die Zusammenarbeit und Ressourcenauslastung verschiedener Akteure gesteuert wird (vgl. AWO Bundesverband 2004), ist daher der Ansatz, lange Informationswege, Schwellenängste etc. zu vermeiden sowie Familien schnell und ohne Umwege Hilfen zukommen zu lassen. Beachtet werden muss dabei, dass Netzwerkarbeit an den Bedarfen und Ressourcen des Sozialraumes orientiert geplant werden muss. Sie muss auf Basis einer gemeinsamen Planung der unterschiedlichen (lokalen) Akteure mit einer gemeinsamen Zielsetzung erfolgen. Erfolgreich ist dieser Ansatz, wenn konkrete Konzepte und Zielformulierungen von den Trägern der Einrichtungen erarbeitet werden. Diese können auch zum Teil von der bisherigen Arbeit abweichen. Wichtig ist, dass sie von den Mitarbeiterinnen und Mitarbeitern in den Arbeitsalltag integriert werden. Das bedeutet vor allem, dass hierfür eine breite Akzeptanz geschaffen werden muss.

Diese notwendigen Größen sind bei der Er- und Bearbeitung der Pilotphase des nordrhein-westfälischen Landesprojekts „Weiterentwicklung von Kindertageseinrichtungen zu Familienzentren" von entscheidender Bedeutung gewesen. Ziel des Landesprojektes ist es, landesseitig ein unterstützendes Netzwerk aufzubauen, damit die notwendigen Netzwerke vor Ort entwickelt werden können. Dieses soll im Folgenden näher dargestellt werden.

2 Ausgangssituation in Nordrhein-Westfalen

Im Jahr 2005 startete in Nordrhein-Westfalen unter der Federführung des Jugendministeriums, dem Ministerium für Generationen, Familie, Frauen und Integration (MGFFI), das Landesprojekt „Weiterentwicklung von Kindertageseinrichtungen zu Familienzentren" als eine der zentralen kinder- und familienpolitischen Maßnahmen. Dieses Landesprojekt geht von einem erweiterten Verständnis der Aufgabenstellung einer Kindertageseinrichtung aus. Aufgabe der Kindertageseinrichtung als Familienzentrum ist, neben den – den Tageseinrichtungen nach dem SGB VIII ohnehin obliegenden – Aufgaben kontinuierlich das Betreuungsangebot für Unterdreijährige auszubauen, zu einer Verbesserung der Vereinbarkeit von Familie und Beruf beizutragen und Eltern in ihrer Erziehungsarbeit umfassend zu unterstützen. Zugleich geht es darum, die Bildungschancen aller Kinder zu verbessern (Koalitionsvertrag Nordrhein-Westfalen 2005: 38 ff.). Dabei wird es das eine, allgemeingültige Modell zur Realisierung dieser Zielstellung nicht geben. Denn es wird Einrichtungen geben, die aufgrund ihrer Größe dieser erweiterten Aufgabenstellung „unter einem Dach" nicht gerecht werden können; aber auch solche Einrichtungen sollen nicht von dem Projekt von vornherein ausgeschlossen sein.

In dieser Zielformulierung kommt ein klarer Netzwerkgedanke zum Ausdruck, der bislang eher vernachlässigt wurde, aber durch die Veränderungen der Lebenssituation von Familien immer notwendiger wird. Familien sehen sich heute vermehrt neuen Anforderungen gegenüber, die ihnen eine Vielzahl von Kompetenzen abverlangen. Die Vereinbarkeit von Familie und Beruf ist für viele Eltern schwierig zu realisieren. Hoher Organisationsaufwand, aufwändige Zeitpuzzles, erhöhte Kosten für die Kindertagesbetreuung sind nur einige Faktoren, die den heutigen Alltag von Familien beeinflussen und vielfach belasten. Familien brauchen daher eine soziale Infrastruktur, ein soziales Netzwerk, das solche Belastungen und Anforderungen abfedert, mit denen sich Familien konfrontiert sehen.

Das Ziel der Familienzentren ist daher zum einen, Familien mittels eines breiten Netzwerks zu unterstützen und Eltern innerhalb ihres Wohnumfeldes abzuholen. Zum anderen gilt es, Familien mit Beratungsbedarf besser zu erreichen, was bislang noch häufig ein Problem darstellt. Die klassischen Beratungsstellen erreichen viele Eltern nicht oder nicht mehr. Mit einem vernetzten Hilfeangebot zum Beispiel für Familien mit Erziehungsschwierigkeiten, das über die Alltagsnähe der Kindertageseinrichtung zugänglich gemacht wird, können auch die Familien erreicht werden, die sich bisher nicht auf den Weg zu einer Beratungsstelle gemacht haben. Denn nahezu alle Kinder besuchen eine Kindertageseinrichtung.

Bildung, Erziehung und Betreuung von Kindern sind und bleiben die Kernaufgabe der zu Familienzentren weiterentwickelten Kindertageseinrichtungen (vgl. § 22 Abs. 3 SGB VIII). Die Kindertageseinrichtung als Familienzentrum wird jedoch vorschulische Sprachförderung, gerade auch für Kinder, die in der Einrichtung nicht angemeldet sind, Hilfe bei der Vermittlung von Tagesmüttern und -vätern, Unterstützung der Familien durch intensivere Zusammenarbeit in oder außerhalb der Kindertageseinrichtung mit Angeboten der Familienhilfe wie u.a. Familienberatung, Familienbildung, ASD, Familienpflegedienste und anderen Projekten sowie Zusammenarbeit mit den Familienhilfe- und Familienselbsthilfeorganisationen sozialraumorientiert anbieten.

Die dafür notwendige Infrastruktur ist in Nordrhein-Westfalen vorhanden. Es gibt:
- 9.700 Tageseinrichtungen für Kinder,
- 300 Familienberatungsstellen,
- 150 Familienbildungsstätten,
- 200 Schuldner- und Verbraucherinsolvenzberatungsstellen,
- 55 Frauenberatungsstellen
- sowie zahlreiche andere Beratungs- und Hilfeangebote (wie z. B. Schwangerschaftskonfliktberatung, Familienverbände etc.).

Bezüglich der Infrastruktur im Elementarbereich ist es in diesem Zusammenhang von besonderer Wichtigkeit, dass Träger von Tageseinrichtungen für Kinder vor allem die anerkannten Träger der freien Jugendhilfe mit einem „Marktanteil" von rd. 75 % sind. Sie sind wesentlich von der Weiterentwicklung der Kindertageseinrichtungen zu Familienzentren betroffen und fordern daher auch den Einbezug in die Konzipierung des Projektes.

3 Gemeinsam zum Netzwerk

Bundesweit aber auch landesweit gab es bereits seit längerem Einrichtungen, die erfolgreich Hilfen für Kinder und Familien aus einer Hand, häufig über die Kindertageseinrichtung, angeboten haben. Solche Einrichtungen konnten jedoch bislang kaum das Interesse der Fachöffentlichkeit auf sich ziehen (DJI 2005: 16). Wichtig aber war, diese Erfahrungswerte innerhalb des Landesprojekts gewinnbringend einzubeziehen. Daher ist die Struktur des Landesprojekts der Familienzentren bewusst so angelegt, dass die Gestaltung des Landesnetzwerks und darüber hinaus auch Leitlinien der örtlichen Netzwerke von der Landesregierung gemeinsam mit den Akteuren vor Ort erarbeitet werden.

Das Landesprojekt ist dementsprechend in *zwei Phasen* untergliedert worden:
(1) in eine einjährige Pilotphase, in der zunächst eine begrenzte Anzahl an Einrichtungen zu Familienzentren weiterentwickelt und begleitet wurde,
(2) sowie in die Phase des flächendeckenden Aufbaus in Nordrhein-Westfalen mit dem Ziel, dass schrittweise bis zum Jahr 2012 etwa ein Drittel aller Kindertageseinrichtungen (entspricht etwa 3.000 Einrichtungen) zu Familienzentren umgestaltet werden.

In der einjährigen Pilotphase, so die ursprüngliche Planung des MGFFI, sollte pro Jugendamtsbezirk – das sind in Nordrhein-Westfalen 178 – eine Kindertageseinrichtung zu einem Familienzentrum weiterentwickelt werden[1].

Anfang 2006 hat das MGFFI die Jugendämter, die Spitzenverbände der Freien Wohlfahrtspflege, die Kirchen sowie freigewerbliche Träger (über die Landesjugendämter) dazu aufgerufen, Kindetageseinrichtungen zu benennen, die für die Weiterentwicklung zu Familienzentren geeignet sind. Die Einrichtungen mussten zur Teilnahme folgende vier Grundvoraussetzungen erfüllen:
(1) die schriftliche Verankerung von Sprachförderung im Konzept der Einrichtung und die Unterbreitung von konkreten Angeboten vorschulischer Sprachförderung,
(2) die Kooperation mit den örtlichen Familienberatungsstellen, den Familienbildungsstätten, ggfs. den Familienverbänden sowie anderen Einrichtungen der Familienhilfe,
(3) Hilfe und Unterstützung bei der Vermittlung von Tagesmüttern und Tagesvätern sowie
(4) die Ausrichtung des Angebots an den Bedingungen des Sozialraums.

Um das vor Ort vorhandene Innovationspotenzial unmittelbar erfahren zu können, ist der Aufruf zielgerichtet direkt an alle Akteure im Feld gegangen. Auch wenn dieses Vorgehen auf Kritik der örtlichen Jugendämter stieß, sollte vor dem Hintergrund der Zielstellung in Erfahrung gebracht werden, was vor Ort bereits gute Praxis oder in der Konzeptualisierung ist.

Die Resonanz auf den Aufruf, sich als Piloteinrichtung zu bewerben, war groß, die Motivation beachtlich. Über 1.000 Einrichtungen haben sich gemeldet. Aufgrund der vielen Bewerbungen wurden schließlich im Mai 2006 mit 251 Piloteinrichtungen mehr Einrichtungen ausgewählt als ursprünglich vorgesehen. Ergänzt wurden diese 251 Piloteinrichtungen durch sechs sogenannte Best-Practice-Einrichtungen. Dabei handelte es sich um Einrichtungen, die schon sehr

---

1 vgl. Aufruf des MGFFI vom 10. Januar 2006

weit entwickelt waren, zum Teil bereits auch wissenschaftlich begleitet wurden und darüber hinaus überregional bekannt waren[2]. Für diese Best-Practice-Einrichtungen wurde innerhalb des Landesprojektes die Chance gesehen, dass sie einen Beitrag zu einem Wissenstransfer leisten können. Sie sollten wichtige Impulsgeber innerhalb der Pilotphase sein und als Referenzprojekte diese Phase begleiten und ihre Erfahrungen den Piloteinrichtungen zugänglich machen.

4 Wege der Vernetzung

Wichtig für das Gelingen des Aufbaus des angestrebten strukturübergreifenden Netzwerks ist, dass nicht ein Prototyp eines gut funktionierenden Familienzentrums durch die Landesregierung vorgegeben wurde, an denen sich die zukünftigen Familienzentren orientieren müssen. Vielmehr ist es für das Gelingen von sozialer Netzwerkarbeit vor Ort wichtig zu ermöglichen, dass der Sozialraumbezug sowie die räumlichen Gegebenheiten der Einrichtung im Konzept Berücksichtigung finden können. Denn zum einen erfordert das Ziel der Niedrigschwelligkeit ein Angebot von Leistungen in räumlicher Nähe zu den Wohnorten der Familien und zum andern soll sich jedes Familienzentrum an dem besonderen Bedarf seines Umfelds orientieren. Dies waren von Beginn an wichtige Faktoren, auch in der öffentlichen Kommunikation des Netzwerkprojektes. Alle Kindertageseinrichtungen in Nordrhein-Westfalen sollten angesprochen und motiviert werden, sich auf den Weg des Ausbaus ihres Netzwerks im Rahmen ihrer jeweiligen räumlichen, personellen und strukturellen Möglichkeiten vor Ort zu begeben. Mit diesem offenen Modellansatz ist dem Grunde nach auch jede Kindertageseinrichtung in der Lage, die Aufgabe bewerkstelligen zu können.

Daher sind zu Beginn des Diskurses folgende drei Modelle des Familienzentrums als Leitlinien für die Entwicklung von Kindertageseinrichtungen aufgezeigt worden:

4.1 Modell „Unter einem Dach"

Das Modell „Unter einem Dach" stellt ein für alle Familienzentren fest definiertes Angebot an Hilfen für Familien dar. Dieses wird innerhalb aller Einrichtungen in gleicher Weise vorgehalten. Das komplette Angebot wird in den Räumlichkeiten der Kindertageseinrichtung angeboten. Familienberatung, Familienbildung sowie Erziehungsberatung findet *regelmäßig in* den Kindertageseinrichtungen statt.

---

2   siehe detaillierte Beschreibung unter www.familienzentrum.nrw.de

4.2 Modell „Lotse"

Bei diesem Modell handelt es sich um einen Verbund, d.h. ein Netzwerk von Diensten. Diese Dienste arbeiten ihrerseits eigenständig, kooperieren jedoch untereinander. Die Kindertageseinrichtung nimmt dabei die Koordinierungsfunktion wahr. Sie ist erster Ansprechpartner, erste Anlaufstelle für Familien mit Problemen und *leitet* diese *kompetent* an die zuständigen, vernetzten Stellen, z. B. der Familienhilfe, weiter.

4.3 Modell „Galerie"

Das Modell „Galerie" bezeichnet ein Familienzentrum, das konkrete Hilfs- und Beratungsangebote unter dem Dach der Kindertageseinrichtung vorhält. Die *Zusammenstellung* dieser Angebote ist jedoch von Einrichtung zu Einrichtung *unterschiedlich*. Durch diese arbeitsfeldbezogenen Herangehensweise soll den verschiedenen Rahmenbedingungen und Voraussetzungen in den Kindertageseinrichtungen Rechnung getragen werden. Die Zusammenstellung der Angebote richtet sich nach örtlichen Gegebenheiten sowie den räumlichen Möglichkeiten der Einrichtung.

4.4 Verbundmodell

Ein weiteres Modell, das sich im Zuge der Pilotphase als in der Praxis bewährtes Modell erwiesen hat, ist das so genannte Verbundmodell. In einigen Kommunen haben sich mehrere Kindertageseinrichtungen oder in Ausnahmefällen auch andere Einrichtungen, jedoch unter Beteiligung einer Kindertageseinrichtung, zu einem Verbund zusammengeschlossen, der ein gemeinsames Familienzentrum entwickelt. Der Vorteil besteht bei diesem Modell darin, dass *Ressourcen und Kompetenzen gebündelt* werden können und dadurch ein noch breiteres Leistungsspektrum angeboten werden kann.

Es können daher viele und durchaus unterschiedliche Wege der konkreten Netzwerkarbeit vor Ort eingeschlagen werden. Wichtig bei der Erarbeitung des Landesprojekts war und ist es, sich dieses differenzierten Ansatzes stets bewusst zu sein und diesen auch öffentlich zu kommunizieren. Die Erfahrungen aus der Pilotphase belegen, dass vermehrt auch kleinere Einrichtung, vor allem im ländlichen Bereich, wo vielerorts kaum trägerübergreifende und einrichtungsübergreifende Zusammenarbeit zuvor stattgefunden hat, motiviert wurden, Netzwerke zu gründen bzw. auszubauen.

5 Netzwerk-Pilotphase

Um Standards für die angestrebte Netzwerkarbeit vor Ort in der zweiten Phase des Landesprojekts zu erarbeiten, war und ist es notwendig, innerhalb der ersten Phase des Landesprojekts ein gut funktionierendes, der Geschwindigkeit des Wandels und den ambitionierten Zielzahlen entsprechend effizient arbeitendes Netzwerk auf Landesebene zu organisieren. Das landesweite „Netzwerk" der Pilotphase bestand neben dem MGFFI aus einem externen Projektmanagement, einer wissenschaftlicher Begleitung, den Piloteinrichtungen zur Verfügung gestellten Coachs, regionalen Kompetenzteams, diversen Fortbildungsanbietern sowie den Best-Practice-Einrichtungen. Parallel dazu wird das Gesetz über Tageseinrichtungen für Kinder (GTK), das die Aufgabenstellung der Kindertageseinrichtungen in Nordrhein-Westfalen in Ausführung und in Ergänzung des Kinder- und Jugendhilfegesetzes (SGB VIII) regelt, reformiert, um die Arbeit der Familienzentren rechtlich und finanziell abzusichern. Der Entwurf eines Gesetzes zur frühen Bildung und Förderung von Kindern (Kinderbildungsgesetz – KiBiz), den die Landesregierung am 13. Juni 2007 in den Landtag eingebracht hat (Drs. 14/4410), beschreibt in § 16 eine Aufgabenstellung eines Familienzentrums, die über die einer „normalen" Tageseinrichtung für Kinder hinausgeht und insbesondere vorsieht:

- Beratungs- und Hilfsangebote zu bündeln und zu vernetzen,
- Hilfe und Unterstützung bei der Kindertagespflege zu leisten,
- für unter drei Jahre alte Kinder Betreuung auch außerhalb der üblichen Öffnungszeiten anzubieten,
- zusätzliche Sprachfördermaßnahmen anzubieten, vor allem für Kinder, die in keiner Kindertageseinrichtung angemeldet sind.

Konstitutives Merkmal ist, dass das Familienzentrum das Gütesiegel „Familienzentrum NRW" erhalten hat. Für solche Familienzentren ist eine jährliche zusätzliche Förderung von 12.000 EUR durch das Land vorgesehen.

Wesentliches Ziel der Pilotphase war, *gemeinsam* mit den teilnehmenden Einrichtungen und beteiligten Akteuren Standards für Kindertageseinrichtungen als Familienzentrum zu entwickeln, an denen sich zukünftige Familienzentren messen lassen müssen. Dafür wurde die Arbeit ausgewählter Piloteinrichtungen während der Pilotphase wissenschaftlich begleitet und ein Gütesiegel „Familienzentrum NRW" entwickelt. Im Juni 2006 nahm die wissenschaftliche Begleitung (Pädagogische Qualitäts-Informations-Systeme gGmbH „PädQUIS") – ein Kooperationsinstitut der Freien Universität Berlin – mit Partnern in Nordrhein-Westfalen die Arbeit auf.

Das MGFFI hat bewusst darauf verzichtet, die Projektkoordination selbst zu übernehmen, um die unterschiedlichen Interessen einschließlich der des Landes am besten zusammenführen zu können. Stattdessen wurde mit dem Institut für soziale Arbeit „ISA" in Münster ein externes Projektmanagement beauftragt. Genau wie die wissenschaftliche Begleitung wurde auch das externe Projektmanagement im Rahmen einer europaweiten Ausschreibung ausgesucht.

Aufgabe des externen Projektmanagement war und ist, die verschiedenen Aktivitäten in der Pilotphase in enger Abstimmung mit dem MGFFI zu koordinieren. Das beinhaltet im Wesentlichen die Vor- und Aufbereitung von sämtlichen Unterstützungsleistungen, die den Piloteinrichtungen während der Pilotphase angeboten werden. Denn die Piloteinrichtungen erhalten statt einer direkten finanziellen Förderung Unterstützung durch individuelle Beratung und Begleitung vor Ort. Dafür standen ihnen „Coachs" zur Seite, die individuell die Einrichtungen in der strukturellen und inhaltlichen Umsetzung unterstützten.

In nahezu allen Entwicklungsprozessen, das hat die Pilotphase gezeigt, ist die Personengruppe der Leiterinnen und Leiter der Einrichtung zunächst die „tragende Säule" des Veränderungsprozesses. Hier war es wichtig – und dies war eine zentrale Aufgabe der Coachs – das Team verstärkt in den Veränderungsprozess einzubeziehen. Die Arbeit der Beraterinnen und Berater wurde insgesamt sehr positiv aufgenommen, viele Veränderungen in den Piloteinrichtungen wurden durch sie eingeleitet, begleitet und unterstützt.

Ein weiterer wichtiger Baustein in der Qualifizierung sind einrichtungsübergreifende Fortbildungsveranstaltungen zu zentralen Aufgaben und Themen von Tageseinrichtungen, die sich im Entwicklungsprozess zu Familienzentren befinden. Diese Fortbildungsveranstaltungen bieten neben Einführungen in grundlegende Managementaspekte und Methoden des Netzwerkmanagements weitere Themen wie Sprachförderung v.a. bei Familien mit Zuwanderungsgeschichte, Schutz bei Kindeswohlgefährdung, Familienbildung, Elternberatung sowie Kooperationsformen zwischen Familienzentren und Grundschule, Jugendamt, Kindertagespflege und Gesundheitsvorsorge (vgl. z. B. den Fortbildungskalender 2006/2007 des MGFFI).

Vier regionale Kompetenzteams (Region Köln, Region Düsseldorf, Region Münsterland und Detmold, Region Südliches Westfalen/Ruhrgebiet), die sich aus Vertreterinnen und Vertretern der Träger und Einrichtungen der Tageseinrichtungen für Kinder, der Familienbildung und -beratung, der Familienverbände, den RAA (Regionale Arbeitsstellen zur Förderung von Kindern und Jugendlichen aus Zuwandererfamilien) und den Landesjugendämtern zusammensetzen, diskutierten und werteten zusätzlich regionalspezifische Fragestellungen, Probleme sowie erste Erfahrungen aus den Coachings/Fortbildungen aus.

Die Arbeit der wissenschaftlichen Begleitung ist im Wesentlichen durch folgende drei zentrale Ziele gekennzeichnet:
- Erstens soll die Pilotphase so ausgewertet werden, dass sich aus den Erfahrungen der beteiligten Einrichtungen der größtmögliche Nutzen im Hinblick auf den Transfer für weitere Einrichtungen ergibt.
- Zweitens wird ein Gütesiegel entwickelt, das von den Inhalten her die erforderlichen fachlichen Standards für ein Familienzentrum definiert und vom Verfahren her sowohl zum Ende der Pilotphase als auch langfristig umsetzbar ist.
- Drittens sollen das Konzept „Familienzentrum" und seine Umsetzung in Bezug auf die Ergebnisse bewertet werden, um auf diese Weise Empfehlungen zur Sicherung der Nachhaltigkeit und Weiterentwicklung über die Projektlaufzeit hinaus zu erarbeiten.

Gerade bei der Entwicklung des Gütesiegels war und ist der Aspekt der gemeinsamen Erarbeitung durch die wesentlichen Akteure von zentraler Bedeutung. Daher wurden die Vertreterinnen und Vertreter der öffentlichen Träger und der freien Wohlfahrtsverbände sowie die Expertinnen und Experten der Kompetenzteams, die Coachs und Piloteinrichtungen stets in den Entwicklungsprozess des Gütesiegels einbezogen.

Der inhaltliche Rahmen der Anforderungen für die Entwicklung von Qualitätsindikatoren des Gütesiegels wurde zunächst in einem von PädQUIS erarbeiteten Papier „Orientierungspunkte für die Entwicklung von Familienzentren" festgelegt. Es gliederte sich dabei in die Kapitel „Leistungen des Familienzentrums", „Verankerung im Sozialraum und öffentliche Präsenz" und „Leistungsentwicklung und Selbstevaluation". In den einzelnen Kapiteln waren Leistungsbereiche und Leistungen benannt. Die einzelnen aufgeführten Leistungen waren nicht als vollständig abzudeckender „Katalog" zu verstehen, sondern eher als eine Art „Baukasten", aus dem das einzelne Familienzentrum sein Leistungspaket zusammenstellen sollte. PädQUIS hat bereits in diesem Papier darauf hingewiesen, dass es möglich sei, eine Auswahl zu treffen, Schwerpunkte zu setzen und zusätzliche Leistungen anzubieten. Ferner wurde deutlich zum Ausdruck gebracht, dass die Frage, wie viele (und ggf. welche) Leistungen im endgültigen Gütesiegel angeboten werden müssen, um die Basiskriterien als Familienzentrum zu erfüllen, im weiteren Prozess noch bestimmt werden müsse. Dieses Papier wurde den ausgewählten 251 Piloteinrichtungen, den Coachs, den regionalen Kompetenzteams sowie den Trägern der Kindertageseinrichtungen vorgelegt. Auf der Basis der Orientierungspunkte und der Erfahrungen mit ihrer Umsetzung wurde dann ein Entwurf des Gütesiegels entwickelt, dessen erste Fassung mit dem MGFFI, den Kompetenzteams, den kommunalen Spitzenverbänden und den Spitzenverbänden der Freien Wohlfahrtspflege diskutiert wurde. Im gemeinsamen Dialog wurden Änderungen und Ergänzungen gemeinsam erarbeitet. Die Endversion des Gütesiegels, die Mitte März 2007 veröffentlicht wurde, basiert auf den Ergebnissen dieses intensiven Dialogs und den Auswertungen der schriftlichen Befragungen von Kindertageseinrichtungen. Auf Grundlage dieses Gütesiegels erfolgte zum Ende der Pilotphase die Zertifizierung der beteiligten 251 Einrichtungen sowie der sechs Best-Practice-Einrichtungen. Am Ende der Pilotphase wurde schließlich den erfolgreich zertifizierten Piloteinrichtungen das Gütesiegel „Familienzentrum NRW" verliehen. Die Erfahrungen, die während dieser Zertifizierung gesammelt wurden, können zu einer Veränderung und Weiterentwicklung des Gütesiegels führen.

Das Gütesiegel soll insbesondere diejenigen Leistungen und Strukturen erfassen, die eine Kindertageseinrichtung über die Wahrnehmung der für alle geltenden Kernaufgaben der Bildung, Erziehung und Betreuung hinaus als Familienzentrum qualifizieren. Es umfasst daher die Leistungen und Strukturen, die für die Bereitstellung eines niedrigschwelligen Angebots zur Förderung und Unterstützung von Kindern und Familien wesentlich sind und in der Praxis nicht zum allgemeinen Standard von Kindertageseinrichtungen gehören. Wo die eindeutige Trennlinie liegt, ist allerdings noch nicht ausdiskutiert.

Das Gütesiegel gliedert sich in vier Leistungsbereiche und vier Strukturbereiche (siehe exemplarisch dokumentierte Qualitätsindikatoren der Strukturbereiche im Anhang dieses Beitrags):
- Leistungsbereiche:
  1. Beratung und Unterstützung von Kindern und Familien
  2. Familienbildung und Erziehungspartnerschaft
  3. Kindertagespflege
  4. Vereinbarkeit von Familie und Beruf
- Strukturbereiche
  1. Sozialraumbezug
  2. Kooperation und Organisation
  3. Kommunikation
  4. Leistungsentwicklung und Selbstevaluation

Um das Gütesiegel zu erlangen, muss eine Einrichtung in mindestens drei Leistungsbereichen und in mindestens drei Strukturbereichen die Gütesiegelfähigkeit erreichen. Bei Nicht-Erfüllung dieser Mindestanforderung gibt es die Möglichkeit des Ausgleichs.

6 Der Weg in den flächendeckenden Ausbau von Netzwerken

Die Erfahrungen aus der Pilotphase zeigen, dass die Weiterentwicklung von Kindertageseinrichtungen zu Familienzentren nur unter Berücksichtigung der bestehenden sozialräumlichen Strukturen erfolgen kann und die beteiligten Akteure mit in den Prozess einbezogen werden müssen. Die Auswahl der Einrichtungen, die an der Pilotphase teilnehmen durften, erfolgte durch das Ministerium, die Jugendämter hatten die Möglichkeit zur Stellungnahme. Diese direkte Ansprache der Träger der Einrichtungen durch das MGFFI war richtig, um das Innovationspotenzial ungefiltert durch die örtliche Jugendhilfeplanung kennen zu lernen.

Für den langfristigen schrittweisen flächendeckenden Ausbau ist dieser Ansatz nicht tragfähig, da hier die Entscheidungen der örtlichen Jugendhilfeplanung maßgeblich sein müssen. Die Gestaltung der örtlichen Infrastruktur obliegt der kommunalen Jugendhilfeplanung. Die sozialraumbezogenen Kenntnisse der Jugendämter sind dementsprechend für den weiteren Ausbau der Familienzentren in die Fläche unverzichtbar. Daher erfolgt die Auswahl der weiteren Familienzentren durch die Jugendämter auf der Basis des Jugendhilfeausschussbeschlusses.

Als Planungsgrundlage dient den Jugendämtern dabei ein Schlüssel auf der Basis der Anzahl von Kindern im Alter von 0 bis 6 Jahren. Nach diesem Schlüssel ist – ausgehend von den Gesamtzahlen für den Ausbau der Familienzentren – für jeden Jugendamtsbezirk ein Kontingent ermittelt worden, wie viele Familienzentren in seinem Bereich maximal gefördert werden können. Jedes Jugendamt erhält somit eine Planungsgrundlage, auf deren Basis es gemeinsam mit den freien Trägern die örtliche Entwicklung gestalten kann. Durch Beschluss des örtlichen Jugendhilfeausschusses sollen geeignete Einrichtungen ausgewählt werden. Bei der Auswahl der Einrichtungen sind eine angemessene regionale Verteilung sowie die Sicherstellung der Trägervielfalt vor Ort zu gewährleisten.

Die ausgewählten Einrichtungen erhalten die Förderung in Höhe von 12.000,- Euro p.a. und werden zugleich zur Zertifizierung des Gütesiegels zugelassen. Diese muss binnen eines Jahres erfolgen. Gelingt die Zertifizierung nicht im ersten Durchgang, erhalten die Einrichtungen ein zweites gefördertes Entwicklungsjahr. Bei weiterem negativem Ausgang läuft die Förderung aus. Das Gütesiegel wird eine Gültigkeitsdauer von vier Jahren haben. Nach Ablauf dieser Zeit, wird sich das Familienzentrum erneut evaluieren und zertifizieren lassen müssen, damit die Qualität sowie die kontinuierliche Weiterentwicklung des Konzepts der Einrichtung mit dem Gütesiegel Familien und Kindern gewährleistet.

7 Resümee

Im Verlauf der Entwicklung des Landesprojekts der Familienzentren zeigt sich deutlich, dass Netzwerkarbeit gelingt, wenn sich alle am Prozess beteiligten Akteure (von der Obersten Landesbehörde auf Planungsebene bis zu den Mitarbeiterinnen und Mitarbeitern als Gestaltungsebene in den Einrichtungen vor Ort) über die wesentlichen Größen der Netzwerkarbeit einig sind. Im Fall des Landesprojekts war die Einsicht in die Notwendigkeit der sozialraum- und familienorientierten Netzwerkarbeit von Beginn an vorhanden. Motivation zeigte sich, wie beschrieben, bereits in der Anfangsphase anhand der hohen Bewerberzahlen für die Pilotphase.

Problematisch gestaltete sich die Formulierung von Zielen und die Definition der Alleinstellungsmerkmale eines Familienzentrums in Abgrenzung zur Aufgabenstellung der Kindertageseinrichtung beim Gütesiegel. Unterschiedliche Trägerinteressen sowie Schwerpunktsetzungen gilt es zu diskutieren. Die parallel zu den Familienzentren stattfindenden Änderungen/Neuerungen im Elementarbereich durch die Einführung der „Sprachstandkompetenztests" für die Vierjährigen sowie die grundlegende Reform des Gesetzes über Kindertageseinrichtungen (GTK) waren Faktoren, die zur Verunsicherung der Akteure führten. Planungsgespräche, eine intensive Zusammenarbeit der auf Planungsebene wesentlichen Netzwerkakteure (MGFFI, Projektmanagement und wissenschaftliche Begleitung) ermöglichten jedoch eine transparente Projektgestaltung mit hohem Informationsfluss, wodurch zahlreichen Bedenken und Einwänden Rechnung getragen werden konnten. So entstand z. B. anlässlich der Familienzentren der erste gemeinsam erarbeitete, trägerübergreifende Fortbildungskalender.

Die Standards des Gütesiegels, als zentrales Instrument der künftigen Zertifizierung von Familienzentren, wurden ebenfalls gemeinsam erarbeitet und festgelegt. Dies sowie die Steuerung und regelmäßige „Evaluierung" des Projektverlaufs über das Projektmanagement sowie durch den direkten Austausch der Projektbeteiligten ermöglichte auch den ersten Schritt hin zum Flächenausbau mit Beginn des Kindergartenjahres 2007/2008. Es wurden weitere 750 Einrichtungen von der örtlichen Jugendhilfe ausgewählt, welche sich innerhalb des Kindergartenjahres zu Familienzentren weiterentwickeln und zur Zertifizierung anmelden.

Die einjährige Entwicklungsphase zeichnete sich als eine sehr ambitionierte Zeitspanne ab, um Familienzentren inhaltlich, rechtlich und finanziell zu gestalten. Jedoch gelang es mit den unterschiedlichen Akteuren in den Dialog zu treten, um das Gütesiegel sowie die zukünftige Zertifizierung etc. der Familienzentren erfolgreich zu entwickeln.

Das Landesprojekt hat dem Thema „Vernetzung/Netzwerkarbeit" in Nordrhein-Westfalen neuen Aufschwung gegeben. Parallelentwicklungen in einzelnen Kommunen oder innerhalb einzelner Trägerverbänden, die sich am Landesprojekt orientieren, zeichnen sich daher derzeit deutlich ab. Auch in anderen Bundesländern wird mit großem Interesse das Projekt der Familienzentren in Nordrhein-Westfalen wahrgenommen (so hat der Landtag von Schleswig-Holstein jüngst eine Anhörung hierzu durchgeführt).

Dies zeigt: Der konzeptionelle Ansatz, das Ziel und der Weg, den das Land als Anstoßgeber eingeschlagen hat, ist auf breite Akzeptanz gestoßen.

8 Anhang
Ausgewählte Qualitätskriterien des Gütesiegels „Familienzentrum NRW" der Strukturbereiche eines Familienzentrums

Hinweis: Das Gütesiegel gliedert sich in vier Leistungsbereiche und in vier Strukturbereiche. Bei den Leistungsbereichen geht es um die Inhalte der Angebote des Familienzentrums. Bei den Strukturbereichen handelt es sich um die Frage, wie das Familienzentrum die Voraussetzungen für ein Angebot schafft, das zu den örtlichen Bedingungen passt, dort bekannt ist und kontinuierlich weiterentwickelt wird. Im Folgenden werden die Qualitätskriterien der vier Strukturbereiche eines Familienzentrums dokumentiert.[3]

Sozialraumbezug

Der Sozialraumbezug ist ein grundlegendes Merkmal eines Familienzentrums. Zum einen erfordert das Ziel der Niederschwelligkeit ein Angebot von Leistungen in räumlicher Nähe zu den Familienwohnorten, zum anderen soll jedes Familienzentrum sein Angebot an dem besonderen Bedarf seines Umfeldes ausrichten. Die Kriterien für Basis- und Aufbauleistungen sind darauf ausgerichtet, dass die Familienzentren sich mit der Situation in ihrem Umfeld auseinandersetzen, sich – mit Unterstützung des örtlichen Jugendamtes und des Trägers – Daten und qualitative Informationen beschaffen und ihr Angebot dementsprechend planen.

Basisstrukturen
Das Familienzentrum
- verfügt über aktuelle qualitative Informationen über sein Umfeld (soziale Lage, Wirtschaftsstruktur, Art der Wohnbebauung, Freiflächen/Spielflä-

---

3 Quelle: http://www.familienzentren.nrw.de/projekte/1/upload/guetesiegel_12_03_07_end.pdf

chen, besondere Stärken und Schwächen, …). (Verbund: Einrichtungsstruktur oder Gemeinschaftsstruktur)
- organisiert einen Teil seiner Leistungen für Familien im Umfeld, die keine Kinder in Tageseinrichtungen haben.(Verbund: Einrichtungsstruktur oder Verbundstruktur)
- verfügt über Belege/Begründungen, dass sein Angebot zu den Bedingungen des Umfeldes passt. (Verbund: Einrichtungsstruktur oder Gemeinschaftsstruktur)
- kooperiert mit benachbarten Tageseinrichtungen, die nicht Familienzentrum sind, so dass auch Familien mit Kindern in diesen Einrichtungen Angebote des Familienzentrums nutzen können. (Verbund: alle beteiligten Einrichtungen haben eine Verbundvereinbarung abgeschlossen)

Aufbaustrukturen
Das Familienzentrum
- verfügt über Daten zur sozialen Lage in seinem Umfeld (bspw. Bevölkerungsdaten, Einkommen, Anteil von Familien mit Zuwanderungsgeschichte, von Hartz-IV-Empfängerinnen und Empfängern, …). (Verbund: Einrichtungsstruktur oder Gemeinschaftsstruktur)
- kooperiert mit einer Grundschule (oder mehreren Grundschulen) im Umfeld, so dass Familien mit Grundschulkindern Angebote des Familienzentrums nutzen können. (Verbund: Verbundstruktur)
- kooperiert mit einer Senioreneinrichtung oder Gruppen von Seniorinnen und Senioren im Umfeld und organisiert mit ihr gemeinsame Angebote mit Kindern und Senioren (mindestens einmal pro Halbjahr). (Verbund: Verbundstruktur)
- kooperiert mit einem Ortsteilarbeitskreis (oder einem ähnlichen sozialraumbezogenen Gremium) (Treffen mindestens zweimal jährlich). (Verbund: Verbundstruktur)
- verfügt über Kenntnisse über weitere familien- und kindorientierte Angebote im Umfeld (bspw. Sportvereine, Kultur, Bibliothek, Elternvereine, integrationsspezifische Angebote). (Verbund: Einrichtungsstruktur)
- sorgt dafür, dass sein Angebot regelmäßig im Hinblick auf den Bedarf des Umfeldes überprüft wird (mindestens einmal im Jahr). (Verbund: Gemeinschaftsstruktur)

Kooperation und Organisation
Familienzentren können ihre Leistungen mit eigenen Ressourcen und in Kooperation zwischen Tageseinrichtungen und anderen Partnern erbringen. Sie bündeln für die Gestaltung ihrer Angebote die Kompetenzen und Ressourcen

lokaler Kooperationspartner und sorgen für eine kooperative Entwicklung von Angeboten ebenso wie für eine verbindliche Regelung von Zuständigkeiten.

Basisstrukturen
Das Familienzentrum
- verfügt über Räumlichkeiten in der Tageseinrichtung oder im unmittelbaren Umfeld, in denen Angebote des Familienzentrums (auch durch Kooperationspartner) durchgeführt werden können, ohne dass es zu wechselseitigen Beeinträchtigungen zwischen diesen Angeboten und der pädagogischen Arbeit in der Tageseinrichtung kommt. (Verbund: Verbundstruktur)
- verfügt über ein aktuelles Verzeichnis der Kooperationspartner (bspw. Erziehungs-/Familienberatungsstellen, Familienbildungsstätten, Tagespflegevermittlung/-beratung, Integrationsfachstellen, …), in der Anschriften, zentrale Ansprechpartner, Aufgaben und Leistungen der Kooperationspartner angegeben sind. (Verbund: Gemeinschaftsstruktur)
- verfügt über eine Lenkungsgruppe oder Ähnliches, in der es mit den wichtigsten Kooperationspartnern die Weiterentwicklung des Familienzentrums steuert (mindestens halbjährliche Treffen). (Verbund: Gemeinschaftsstruktur)
- sorgt dafür, dass allen Mitarbeiterinnen und Mitarbeitern die Kooperationspartner und deren Angebote bekannt sind. (Verbund: Einrichtungsstruktur)

Aufbaustrukturen
Das Familienzentrum
- verfügt über eine schriftliche Kooperationsvereinbarung mit Institutionen oder Personen für Erziehungs-/Familienberatung (oder hat eigene Mitarbeiterinnen und Mitarbeiter mit einschlägiger Qualifikation, die Beratungsangebote durchführen). (Verbund: bei Kooperationsvereinbarung: Gemeinschaftsstruktur; bei eigenen Mitarbeiterinnen und Mitarbeitern: Verbundstruktur)
- verfügt über eine schriftliche Kooperationsvereinbarung mit einem Anbieter von Familienbildung (oder hat eigene Mitarbeiterinnen und Mitarbeiter mit einschlägiger Qualifikation, die Familienbildungsangebote durchführen).(Verbund: bei Kooperationsvereinbarung: Gemeinschaftsstruktur; bei eigenen Mitarbeiterinnen und Mitarbeitern: Verbundstruktur)
- verfügt über eine schriftliche Kooperationsvereinbarung mit einem Tagespflegeverein/-vermittlungsstelle/-börse oder ähnliches (oder hat eigene Mitarbeiterinnen und Mitarbeiter mit einschlägiger Qualifikation, die Vermittlung und Beratung leisten). (Verbund: bei Kooperationsvereinbarung: Gemeinschaftsstruktur; bei eigenen Mitarbeiterinnen und Mitarbeitern: Verbundstruktur)

- verfügt über eine schriftliche Kooperationsvereinbarung mit Institutionen oder Personen aus dem Bereich der Medizin (Kinderarzt, Zahnarzt, ...). (Verbund: Gemeinschaftsstruktur)
- verfügt über eine schriftliche Kooperationsvereinbarung mit Institutionen, die im Bereich der interkulturellen Öffnung und/oder der Förderung von Kindern und Familien mit Zuwanderungsgeschichte tätig sind (bspw. RAA, Integrationsagenturen/-fachstellen, Elternvereine, Migrantenselbstorganisationen). (Verbund: Gemeinschaftsstruktur)
- verfügt über schriftliche Kooperationsvereinbarungen mit weiteren Partnern zur Entwicklung und Durchführung besonderer Angebote. (Verbund: Gemeinschaftsstruktur)

Kommunikation
Das Familienzentrum sorgt dafür, dass seine Angebote bekannt sind. Es nutzt dabei unterschiedliche Wege und wählt, wo immer dies sinnvoll ist, eine zielgruppendifferenzierte bzw. zielgruppenspezifische Ansprache.

Basisstrukturen
Das Familienzentrum
- verfügt über einen aktuellen Flyer/Broschüre/Infoblatt mit Darstellungen seines Angebots, wobei alle Bestandteile aus den Leistungsbereichen 1 bis 4 berücksichtigt sind. (Verbund: Gemeinschaftsstruktur)
- sorgt dafür, dass an einem Aushang (Schwarzes Brett) in der Tageseinrichtung alle aktuellen Angebote des Familienzentrums (Leistungen in den Bereichen 1 bis 4) angekündigt sind. (Verbund: Einrichtungsstruktur)
- verfügt über eine eigene Email-Adresse, über die Familien Kontakt aufnehmen und eine schnelle Antwort erhalten können (mindestens innerhalb von vier Werktagen). (Verbund: Einrichtungsstruktur)
- sorgt dafür, dass Darstellungen seiner Angebote an unterschiedlichen Stellen ausliegen bzw. ausgehängt werden (bspw. Supermarkt, Kinderarztpraxen, ...). (Verbund: Verbundstruktur)

Aufbaustrukturen
Das Familienzentrum
- verfügt über eine aktuelle Internet-Seite mit Darstellungen seines Angebots. (Verbund: Einrichtungs- oder Gemeinschaftsstruktur)
- verfügt über Darstellungen seines Angebots in mindestens einer anderen Sprache. (Verbund: Einrichtungsoder Gemeinschaftsstruktur)
- sorgt dafür, dass seine Angebote über Presseartikel bekannt gemacht werden (mindestens zweimal im Jahr).(Verbund: Einrichtungs- oder Gemeinschaftsstruktur)

- sorgt dafür, dass seine Angebote auf Veranstaltungen im Umfeld präsentiert werden (mindestens einmal im Jahr). (Verbund: Verbund- oder Gemeinschaftsstruktur)
- organisiert einen Tag der Offenen Tür, ein Fest oder ähnliches, wobei das Angebot des Familienzentrums präsentiert wird (mindestens einmal im Jahr). (Verbund: Gemeinschaftsstruktur)
- verfügt über ein Beschwerdemanagement (bspw. „Meckerkasten" oder „Elternbriefkasten" zur anonymen Kommunikation zwischen Nutzer/innen und Familienzentrum). (Verbund: Einrichtungsstruktur)

Leistungsentwicklung und Selbstevaluation
Das Familienzentrum arbeitet kontinuierlich an der Weiterentwicklung seines Konzepts und seiner Leistungen sowie der Qualität.

Basisstrukturen
Das Familienzentrum
- verfügt über eine schriftliche Konzeption, die eine Darstellung über die Entwicklung zum Familienzentrum und über seine Angebote enthält. (Verbund: Gemeinschaftsstruktur)
- sorgt dafür, dass über die im Gesetz vorgesehenen Bedarfsabfragen mindestens alle zwei Jahre eine Elternbefragung mit speziellen, auf das Familienzentrum ausgerichteten Fragestellungen durchgeführt wird. (Verbund: Gemeinschaftsstruktur)
- sorgt dafür, dass mindestens vierteljährlich im Team der Tageseinrichtung Besprechungen zum Thema „Familienzentrum" stattfinden. (Verbund: Einrichtungsstruktur)
- kooperiert mit der örtlichen Jugendhilfeplanung (mit dem zuständigen Jugendamt), um Informationen über Planungen und Angebote des Familienzentrums auszutauschen. (Verbund: Gemeinschaftsstruktur)

Aufbaustrukturen
Das Familienzentrum
- verfügt über ein anerkanntes System für Qualitätsmanagement/Qualitätssicherung/Qualitätsentwicklung, das Aufgabenfelder des Familienzentrums einschließt, und wendet es an. (Verbund: Einrichtungsstruktur)
- kooperiert mit einem örtlichen und/oder trägerspezifischen Arbeitskreis zur Entwicklung von Familienzentren. (Verbund: Gemeinschaftsstruktur)
- verfügt über eine schriftliche Konzeption zu Sprachförderung und/oder ein Konzept, in dem die einzelnen Bausteine der interkulturellen Öffnung ausdifferenziert werden. (Verbund: Einrichtungs- oder Gemeinschaftsstruktur)

- sorgt dafür, dass mindestens 30 % der Mitarbeiterinnen und Mitarbeiter pro Jahr an Fortbildungen und Fachtagungen zum Thema „Familienzentrum" teilnehmen und/oder organisiert entsprechende Inhouse-Fortbildungen mit externen Referentinnen und Referenten. (Verbund: Einrichtungs-, Verbund- oder Gemeinschaftsstruktur)
- sorgt dafür, dass mindestens 10 % Mitarbeiterinnen und Mitarbeiter an Fortbildungen und Fachtagungen zum Thema „Interkulturelle Kompetenz" teilnehmen. (Verbund: Einrichtungs-, Verbund- oder Gemeinschaftsstruktur)
- sorgt dafür, dass – über die Zuständigkeit der Leitung hinaus – mindestens ein Drittel der pädagogischen Fachkräfte der Einrichtung Schwerpunkte in den Leistungsbereichen des Familienzentrums übernehmen/betreuen (Förderung von Spezialisierung, bspw. Zuständigkeit für Tagespflege, für die Kooperation mit Erziehungs-/Familienberatung). (Verbund: Einrichtungsstruktur)

Ursula Müller-Brackmann, Bernd Selbach

Das „Netzwerk Frühe Förderung"(NeFF)

In den 90er Jahren hat sich das Angebotsprofil der Jugendhilfe ständig weiter entwickelt und ausdifferenziert. Die Fachbereiche haben ihr Angebot an den Hilfeanforderungen der Kinder und ihren Familien ausgerichtet. Dieser Qualifizierungsprozess hat in allen Funktionsbereichen zu einem leistungsstarken, aber auch kostenintensiven Angebotsprofil geführt. Dieser Ausbau ist in ähnlicher Form auch in anderen Förderbereichen des Sozialsystems – z. B. im Gesundheitswesen oder in den Schulen – vollzogen worden. Dies hat in der Regel zu einem Nebeneinander ohne Abstimmungsprozess unter den Leistungsfeldern geführt, was zu Überschneidungen und zu einer Verinselung der Sichtweise auf Kinder und Familien geführt hat. Es ist nicht ungewöhnlich, dass professionelle Helfer sich mit ihrem Hilfeangebot für ein Kind oder die Familie in einer Konkurrenzsituation befinden. Dabei geht oftmals der Vorteil der Spezialisierung und Qualifizierung des Angebotes verloren, weil Aufgaben, die in anderen Funktionsbereichen angesiedelt sind, zusätzlich wahrgenommen werden. An dieser Stelle fehlt eine Koordinierung, die in der Lage ist, unabhängig von Trägerinteressen über die Aufgabenfelder hinweg die Gesamtsteuerungsverantwortung wahrzunehmen.

Die Entwicklung von einer netzwerkförmigen Zusammenarbeit auf der operativen Ebene soll diesen Mangel an Abstimmung und Koordination im Förderprozess durch Kooperation und durch einen optimierten Informationsfluss ausgleichen. Der Aufbau der ersten 251 Familienzentren hat hierzu in Nordrhein-Westfalen den Anstoß gegeben, und es wurden erste positive Erfahrungen gemacht. Es ist aber auch deutlich geworden, dass die operative Ebene mit der Steuerung von kommunalen Netzwerken überfordert ist, wenn keine klare Positionierung durch die Politik sowie die inhaltliche und ressourcenorientierte Steuerung durch das Jugendamt erfolgt.

Der Landschaftsverband Rheinland fördert daher im Rahmen der Fachberatung seines Landesjugendamtes vom 19. Mai 2006 bis zum 30. April 2009 das Projekt „Netzwerk Frühe Förderung"(NeFF). Die Projektidee ist entstanden aus den Vorläuferprojekten „Mo.Ki" (Monheim für Kinder) und „Frühwarnsystem für Hückeswagen". Wenn Kinder in Armut aufwachsen, kann das gravierende Auswirkungen auf ihre persönliche und soziale Entwicklung haben. Um negative Armutsfolgen zu mildern, ist es wichtig, den Familien möglichst früh

Unterstützung und Hilfe anzubieten. Diese Maßnahmen müssen überschaubar und einfach zugänglich sein. Die Basis bildet ein Netzwerk der verschiedenen Anbieter und Dienste aus dem Bereich der Kindertagesstätten, des Sozialen Dienstes (ASD oder SD), der Familienberatung, der Familienbildung, des Gesundheitswesens und der Schulen, die gemeinsam die Bedarfslage analysieren und ihre Angebote aufeinander abstimmen. Das Jugendamt ist für die Steuerung dieses partnerschaftlichen Netzwerkes im Sinne des Kinder- und Jugendhilfegesetzes (KJHG) verantwortlich. In Nordrhein-Westfalen übernehmen die Familienzentren als neues Infrastrukturkonzept die Knotenpunktfunktion, die Hilfen und Anbieter zusammenführt.

Ziel des Projektes NeFF ist es, Handlungsgrundlagen für die Planung, Organisation und Steuerung von kommunalen Netzwerken in Verantwortung des Jugendamtes zu erarbeiten. An insgesamt sechs Projektstandorten – in den nordrhein-westfälischen Städten Dormagen, Pulheim, Mönchengladbach, Velbert, Wiehl und im Rheinisch-Bergischen Kreis – werden modellhaft die Netzwerke entwickelt.

Die Projektleitung und die Fachberatung der Akteure an den Projektstandorten werden vom Landesjugendamt Rheinland geleistet. Die fachliche Begleitung und die Gesamtevaluation übernimmt der Forschungsschwerpunkt „Sozial Raum Management" der Fakultät für angewandte Sozialwissenschaften in der Fachhochschule Köln.

1 Projektstandort Mönchengladbach

Im Juni 2006 startete das Jugendamt der Stadt Mönchengladbach mit der Umsetzung des Projektes „Netzwerk Frühe Förderung"(NeFF).

Die erste zentrale Frage, die sich im Rahmen des Aufbaus eines Netzwerkes stellte, betraf die Auswahl des Stadtbereiches, in dem es als Pilotprojekt initiiert werden sollte. Als weitere Fragen stellten sich in diesem Zusammenhang: In welchen Stadtbezirken/Stadtteilen ist der zielgruppenbezogene Handlungsbedarf zum Aufbau eines Familienzentrums mit einem funktionalen Netzwerk der frühen Förderung am deutlichsten? Wo bestehen bereits gute Voraussetzungen? Kann die Arbeit auf mehreren Schultern verteilt werden, und gibt es räumliche Bedingungen, die den Einstieg in das Pilotprojekt erleichtern? Gibt es städtische Fachkräfte, die das Wagnis eines Pilotprojektes eingehen wollen?

In dem Prozess des Abwägens kristallisierten sich mehrere mögliche Standorte für die Umsetzung des Pilotprojektes in der Stadt Mönchengladbach heraus; die Entscheidung fiel schließlich auf den Standort Pestalozzistraße (mit einer Kombination von zwei städtischen Jugendhilfeeinrichtungen) im Stadtgebiet Rheydt.

Im Vorfeld des Netzwerkaufbaus musste zunächst eine strategische Grundsatzentscheidung getroffen werden: Es stellte sich die Frage, ob das künftige Netzwerk durch Großveranstaltungen/Workshops zum Projektbeginn in umfassendem und breitem Rahmen installiert oder ob es langsam und sukzessiv durch praktische Umsetzungen schrittweise erprobt und aufgebaut werden soll? Im Familienzentrum haben wir uns aus nachfolgenden Gründen für den prozessorientierten Weg und der damit verbundenen Aufbaustruktur über Teilnetzwerke entschieden. Die zentrale Leitidee war, dass über einzelne Netzwerkbausteine das große übergeordnete Netzwerk entstehen kann:

- Die beteiligten Jugendhilfeeinrichtungen bestimmen über die Kooperationen auch weiterhin das operative Geschehen.
- Projektinhalte können passgenauer an den Möglichkeiten der Akteure des Familienzentrums ausgerichtet werden.
- Konkrete Erwartungen und Unterstützungsangebote der Kooperationspartner können unmittelbar und aktiv in die Arbeitsabläufe integriert werden und das Netzwerk lebt von praktizierten Kooperationen.
- Die Aufbruchsstimmung kann direkt in Aktionen und Maßnahmen positiv genutzt werden.
- „Kinderkrankheiten" des Projektes können schneller aufgefangen werden
- Überforderung/Überlastung des Gesamtprojektes ist nicht so schnell zu erwarten.
- Projekterfolge sind für alle direkt greifbar und wirken sich auf die Akteure motivationssteigernd aus.
- Erste erfolgreiche Maßnahmen bilden die Basis für weitergehende Projektinhalte und Maßnahmen.
- Die Ressourcen der Netzwerkbetreuung begrenzen sich auf die aktuellen Kooperationen und nicht auf die Gesamtheit aller potenziellen Möglichkeiten eines komplex differenzierten Netzwerksystems.
- Es findet keine Ressourcenverschwendung für Kooperationspartner statt, die zwar netzwerkwillig sind, aber für das Projekt Familienzentrum keine direkten Einsatzmöglichkeiten bieten.
- Eine direkte Umsetzung „schweißt" den jeweiligen kleinen Kooperationsverbund zusammen.
- Über diesen Aufbau der kleinen Schritte bleibt das Projekt Familienzentrum überschaubar.

2 Ein Netzwerk zur frühen Förderung in Mönchengladbach

Das Projekt ist ausgerichtet auf die Vernetzung, Koordination und institutionsübergreifende Verzahnung von Angeboten im Stadtgebiet Rheydt. Im Zentrum stehen die Integration, der Aufbau und die Verankerung der Netzwerkstruktur. Diese Struktur soll zukünftig in allen weitergehenden Jugendhilfefragen und Kooperationen als Arbeitsgrundlage genutzt werden. Dabei ist die Übertragbarkeit auf andere Stadtbezirke in Mönchengladbach ein zentrales Ziel. Schwerpunktmäßig sollen die Angebote/Maßnahmen
- den Kindern im Rahmen der Betreuungsangebote,
- den Eltern im Rahmen der flankierenden Beratung und Unterstützung und
- den Fachkräften im Rahmen der Vernetzung und Kooperation

verbesserte Möglichkeiten eröffnen, Ressourcen zu bündeln und Synergie-Effekte zu erzielen.

Als ein Knotenpunkt wird der Aufbau eines städtischen Zentrums für Familien und Kinder angestrebt. Dazu wird die Tageseinrichtung für Kinder (Stadtoase) mit der benachbarten Jugendfreizeiteinrichtung (Pe12) im Angebotsschwerpunkt Kinder- und Familienarbeit fachlich verzahnt. Trotz der Vernetzung ist der Erhalt der individuellen Arbeitsprofile der Einrichtungen zu sichern.

Neben der Verzahnung der beiden Jugendhilfeeinrichtungen sollen darüber hinaus zunehmend weitere städtische und freie Anbieter/Dienstleister in das Familienzentrum integriert werden. Mittelfristig soll so ein Netzwerk für Kinder und Familien im Stadtgebiet Rheydt entstehen.

Räumlich verortet ist die Netzwerkarbeit u.a. im so genannten Netzwerkraum der Jugendfreizeiteinrichtung. Grundsätzlich ist die Netzwerkarbeit aber nicht „ortsgebunden". Sie ist abhängig von den jeweiligen Fragestellungen und Kooperationspartnern und kann an unterschiedlichen Plätzen/Orten des Stadtgebietes stattfinden.

Die Initiations- und Koordinationsfunktion wird von der Jugendhilfeplanung wahrgenommen. Die Mitarbeiter/innen der Jugendhilfeplanung sind durch regelmäßige Präsenzzeiten während der Aufbauphase des Familienzentrums für die Netzwerkaktivitäten und die Netzwerkakteure vor Ort erreichbar. Sie steuern von dort z.T. die Netzwerkarbeit.

Auf der Planungsebene ist es das Ziel, bestehende Angebote für Kinder und Familien und eventuelle Netzwerkansätze zu erfassen, zu dokumentieren und Hilfestellungen bei der operativen Umsetzung zu erteilen. Es soll eine Win-Win-Situation für die beteiligten Projektakteure auf der operativen und strategischen Handlungsebene entstehen. Die Jugendhilfeeinrichtungen erfahren auf der einen Seite eine Projektbegleitung und Unterstützung im Praxisalltag des Projektes;

auf der anderen Seite erfährt die Jugendhilfeplanung unmittelbar die Praxistauglichkeit strategischer Planungen.

In der augenblicklichen Stabilisierungsphase des Projektes wird der Fokus der Jugendhilfeplanung auf die Erstellung von Netzwerkprodukten (Netzwerkkarte und Netzwerkbroschüre) gelegt. Diese Arbeiten gehen über den vorhandenen, operativen Handlungsrahmen des Familienzentrums hinaus.

Die Steuerungsverantwortung ist seit dem Projektstart auf der Ebene der Jugendamtsleitung verankert.

Fazit

Da zum Zeitpunkt des Projektstarts die fachlichen Standards zur Installation von Familienzentren auf kommunaler- und Landesebene noch nicht entwickelt waren, musste die Projektstruktur von allen Projektbeteiligten situationsbezogen aufgebaut werden.

Die wesentlichen Entscheidungen in Mönchengladbach orientierten sich u.a. an den verfügbaren Ressourcen, dem Zugewinn weiterer Ressourcen und der strategischen Ausrichtung künftiger Projekte.

Als Grundlage diente ein Beschluss des örtlichen Jugendhilfeausschusses zur Entwicklung des Familienzentrums Pestalozzistraße. Hierdurch wird das gesamte Jugendamt mit seinen Leistungsfeldern in das Pilotprojekt einbezogen.

3 Rahmenbedingungen und Ressourcen

3.1 Räumlichkeiten

Für die optimale Umsetzung der geplanten Angebote des Familienzentrums ist es notwendig, geeignete räumliche Rahmenbedingungen zu schaffen bzw. angemessen zu verändern.

Das Kaminzimmer in der Jugendfreizeiteinrichtung ist zum Netzwerkraum umfunktioniert worden. Zu diesem Zweck wurde es hell gestrichen und mit modernen, zweckmäßigen Tischen für die Arbeit mit Erwachsenen ausgestattet.

Ein bestehender Computerraum in der Tageseinrichtung für Kinder wurde in ein Beratungszimmer umgewandelt. Die angemessene Ausstattung ist durch das Sponsoring des gemeinnützigen Vereins Papillon ermöglicht worden.

Um allen Eltern die Teilnahme an den Angeboten des Familienzentrums zu eröffnen, können Kinder unter drei Jahren im Familienzentrum stundenweise betreut werden. Für diesen Zweck ist das ehemalige Büro der Tageseinrichtung als Spielgruppenraum umgestaltet worden.

Über die Vernetzung der Jugendhilfeeinrichtungen entstanden für alle Seiten positive Wirkungen, begründet durch die gegenseitige Raumnutzung der Partner. Die versetzten Öffnungszeiten der beiden Jugendeinrichtungen ermöglichen eine Angebotsstruktur, die auch in den Abendstunden und an Wochenenden für Kinder und ihre Familien attraktiv ist.

3.2 Finanzen
Über den räumlichen Bedarf hinaus werden notwendige Sachmittel und Honorarkräfte (z. B. für den Sprachkurs, für Sportangebote) aus den Projektmitteln des Landesjugendamtes, der Jugendhilfeplanung und Spendengeldern finanziert.

3.3 Personale Ressourcen
Die Fachkräfte der beiden Jugendhilfeeinrichtungen werden unter anderem bei der kooperativen Maßnahmenentwicklung, bei der Gewinnung neuer Netzwerkpartner, bei der Reflexion des Projektalltages, beim Aufbau von Projektinhalten und bei den organisatorischen Anforderungen von der Jugendhilfeplanung als Projektkoordination begleitet. Über diese Stelle wird auch der Transfer zur Verwaltung des Jugendamtes geleistet. Unterstützt wird diese Arbeit besonders von der städtischen Fachberatung der Tageseinrichtungen für Kinder. Bedarfsbezogen werden die weiteren beteiligten Fachabteilungen des Jugendamtes in das Projektgeschehen einbezogen.

4 Projektziele

Das Projekt Netzwerk zur frühen Förderung in Mönchengladbach umfasst nachfolgende kommunale Projektziele:
- ganzheitliche, frühe Förderung ermöglichen,
- optimierte Integrationschancen für Familien bieten,
- Transparenz über das soziale Dienstleistungsgefüge herstellen,
- niedrigschwellige Beratungs-, Förder- und Freizeitangebote entwickeln und koordinieren,
- institutionsübergreifende Verzahnung aufbauen,
- Ressourcenbündelung und Nutzung von Synergie-Effekten anstreben,
- Aufbau eines Netzwerkes betreiben,
- verbesserte Steuerungsmöglichkeiten für das Jugendamt ermöglichen.

Im Pilotprojekt Mönchengladbach findet mit dem Projektstart eine Zielmischung und Zieldifferenzierung statt. Mit dem Pilotprojekt wird ein neues Arbeitsfeld aufgebaut, dem es bisher an tradierten und verlässlichen Arbeitsstrukturen und Erfahrungen fehlt.

Grundsätzlich sollen in der Aufbauphase konkrete, realisierbare, transparente und messbare Teilziele formuliert werden. Diese erleichtern die konkrete Arbeit und ermöglichen eine bessere Überprüfbarkeit, denn Erfolg und Misserfolg werden so direkt messbar.

Die Projektziele dienen zum Einen einer eher globalen Projektorientierung, die den Handlungsrahmen des Projektes über formulierte Leitziele in eine Gesamtstruktur einbettet. Zum Anderen bestehen Teilziele, die den einzelnen Projektabschnitten zugeordnet werden. Diese Teilziele werden frühzeitig hinsichtlich ihrer Praxistauglichkeit überprüft. Durch das Konkretisieren von Zielen auf erste erreichbare Zwischenschritte wird die zum Projektstart bestehende Aufbruchsstimmung aufgefangen, kanalisiert und gesichert.

Im ersten Projektjahr dominierte notwendigerweise der Aufbau des Programmangebotes des Familienzentrums. Entsprechend sind die Netzwerkziele diesem praxisbezogenen Arbeitsauftrag angepasst worden.

Im zweiten Projektjahr wird die Zielsetzung differenziert. Während im operativen Geschäft des Familienzentrums die Stabilisierung und Angebotsveränderung des Maßnahmenangebotes im Zentrum steht, ist für die Projektkoordination der Aufbau und die Weiterentwicklung des Netzwerkes von zentraler Bedeutung.

Die Ziele der Netzwerkarbeit werden in der nachfolgenden Abbildung 1 dargestellt.

Projektziele	Evaluationskriterien
Gezielter Aufbau und Stabilisierung von Fördermöglichkeiten für Kinder, Jugendliche und Eltern im Familienzentrum in den Bereichen: Beratung, Bildung, Betreuung, Freizeit und Projekten	Durchgeführte Einzelmaßnahmen Programmhefte des Familienzentrums
Aufbau der Netzwerkarbeit über unterschiedliche Maßnahmen und Angebote Schulkontakte/Arbeitsgespräche mit den benachbarten Grundschulen des Familienzentrums (Kontakte – Zusammenarbeit – Info – Fachdialog)	Durchgeführte Arbeitsgespräche
Netzwerkkino	Durchgeführte Kinoaktionen
Aufbau von Teilnetzwerken: • Thema Spracherwerb: Integrationskurs	Arbeitsverbund zwischen dem Familienzentrum, der Sprachlehrerin, der Volkshochschule, der Sozialplanung und weiteren beteiligten umliegenden Einrichtungen. Informations- und Auftaktveranstaltung für die Nutzer des Integrationskurses im Familienzentrum Etablierung des Integrationskurses im Familienzentrum bei entsprechendem Bedarf
• Thema Sprache: Erziehung und Kulturen Kooperation der RAA und des Sozialen Dienstes im Rahmen des Eltern-Info-Frühstücks	Durchführung der Einstiegstermine
• Thema Bildung: Kooperation des Familienzentrums mit der Stadtbibliothek in Form von Materialtausch, Lesepaten und dem Einstieg in eine Lesefortbildung	Erfolgter Materialaustausch Vermittlung der Lesepatin Durchführung der Lesefortbildung

• Thema Betreuung: Kooperation mit der Familienbildungsstätte und im Familienzentrum zur Ausbildung von Babysittern aus dem Nutzerkreis der Jugendfreizeiteinrichtung Pe12	Durchführung des Babysitterkurses
• Informationsarbeit im Rahmen des Netzwerkes Homepage Vorbereitung des Internetauftrittes des Familienzentrums und Start der Homepage	Start der Homepage im Netz
• Netzwerkbroschüre Erfassung der Angebotsprofile der sozialen Einrichtungen im Umfeld des Familienzentrums in Form einer Kurzbroschüre	Vorlage der Broschüre
• Netzwerkkarte Erfassung der sozialen Einrichtungen im Umfeld des Familienzentrums in Form einer faltbaren Netzwerkkarte	Vorlage der Netzwerkkarte

Abbildung 1: Ziele der Netzwerkkarte

Fazit:
Die Projektziele dürfen grundsätzlich nicht starr, unflexibel und unumstößlich sein. Sie sollten im Sinne einer fortlaufenden Evaluation den oft dynamischen Projektverläufen kontinuierlich angepasst werden. Dies entspricht den Erfahrungen der Akteure vor Ort, die Möglichkeiten und Grenzen des Projektes ständig neu zu erleben, auszurichten, zu steuern und weiterzuentwickeln.

Ziele bringen Orientierung und legen im ‚Straßennetz' des Projektes gangbare und denkbare Pfade fest. Welche Route letztendlich die Beste zum Ziel ist, wird sich durch Ausprobieren, Irrwege und erfolgreiche Fahrten zeigen. Und – um in dieser Metapher zu bleiben: Straßensperren, Umleitungen, Baustellen, Geschwindigkeitsbegrenzungen und „Grüne Ampel Phasen" sind in jedem Projekt zu finden und stellen geradezu eine Herausforderung dar.

Ähnlich wie bei der Weiterentwicklung eines Straßennetzes wissen die Akteure nach abgeschlossenen Maßnahmen die Wirksamkeit und Nachhaltigkeit der einzelnen umgesetzten Projekte nach einer ersten Bilanz und einer fortlaufenden Beobachtung (Evaluation) einzuschätzen.

5 Kooperation und Vernetzung

Das Projekt NeFF in Mönchengladbach hat mit dem Start im Sommer 2006 zeitgleich die parallele Entwicklung von Netzwerkstrukturen auf der operativen Ebene und der Steuerungsebene vorangetrieben (vgl. Abbildung 2). Es zeigt sich, dass die zeitnahe Entwicklung der beiden Handlungsnetzwerke einen positiven Einfluss auf den Gesamtprozess hat.

Die Netzwerkstruktur auf der Steuerungsebene im Jugendamt hat wesentliche Impulse gesetzt; die Ressourcensteuerung auf dieser Ebene wurde mit den operativen Erfolgen des Familienzentrums bestätigt. Für das Familienzentrum bedeutet diese Wahrnehmung auf der Steuerungsebene, neben der Anerkennung seiner Leistungen, dass ein klarer fachlicher Auftrag für den Aufbau neuer Leistungsfelder erteilt wird. Dabei sind diese Aufträge langfristig orientiert und abgesichert.

Durch die übergreifende Netzwerkkoordination der Jugendhilfeplanung auf beiden Ebenen ist für alle Akteure der Stellenwert des Projektes erkennbar. Für den weiteren Verlauf des Projektes ist eine schrittweise Zuordnung der Netzwerksteuerung im operativen Bereich auf die Ebene der Mitarbeiter/innen des Familienzentrums abgesprochen. Mit dem Aufbau von weiteren neun Familienzentren für die Stadt Mönchengladbach wird die zentrale Steuerung erheblich an Bedeutung gewinnen und zu einem Schwerpunkt im Aufgabenbereich der Jugendhilfeplanung werden.

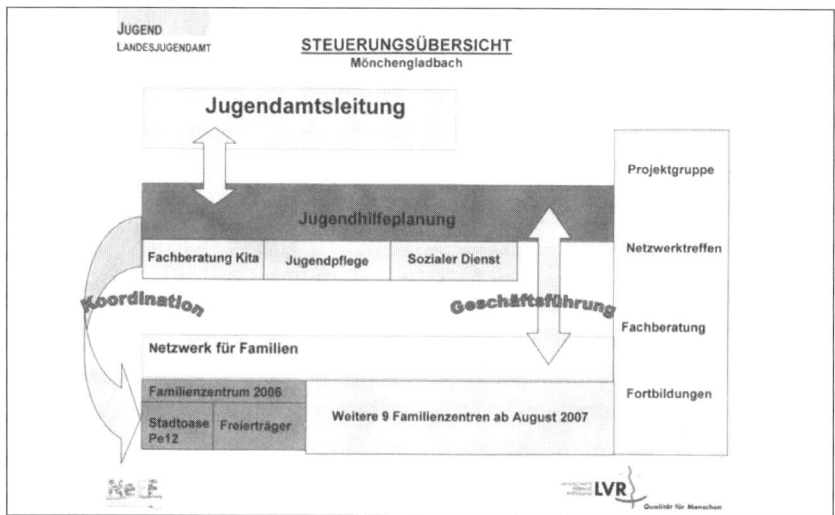

Abbildung 2: Steuerungs- und Netzwerkebene

5.1 Kooperation und Vernetzung auf der Steuerungsebene

Kooperation und Vernetzung finden auf der Steuerungsebene seit Projektbeginn an den unterschiedlichen Schnittstellen des Jugendamtes statt (vgl. Abbildung 2).

Die Fachberatung der Tageseinrichtungen für Kinder, die Abteilung Jugendarbeit Jugendsozialarbeit, der Soziale Dienst, die Verwaltungsabteilung der Tageseinrichtungen werden jugendamtsintern in den Aufbau des Familienzentrums integriert und in die Fragestellungen und Arbeitsphasen einbezogen.

Die Jugendhilfeplanung hält im Rahmen ihrer koordinierenden Federführung diesen Kooperations- und Arbeitsverbund zusammen. Die zentrale und strategische Steuerung des Projektes erfolgt dabei im Dialog mit den Beteiligten. Gerade im Hinblick auf die zukünftige Entwicklung von Familienzentren vor Ort ist dieser Aspekt von besonderer Bedeutung.

Von der Steuerungsebene des Jugendamts aus werden weitere Kooperationsverbünde innerhalb der Stadtverwaltung einbezogen, die die Arbeit des Pilotprojektes flankieren. Zu erwähnen sind an dieser Stelle exemplarisch die Organisationseinheiten:

- Stadtentwicklung und Statistik (verantwortlich u.a. für Bevölkerungszahlen),
- Vermessung und Kataster (... u.a. für Kartenmaterial),
- Amt für Öffentlichkeitsarbeit und Presse (... u.a. für Pressemeldungen),
- Marketing Gesellschaft MG mbH (... u.a. für die Erstellung der Homepage),
- Volkshochschule (... u.a. für die Einrichtung eines Integrationskurses),
- Stadtbibliothek (... u.a. für den Themenbereich Lesen/Vorlesen /Leseschulungen),
- Sozialplanung (... u.a. als Schnittstelle zu Angeboten der Integration),
- Regionale Arbeitsstelle zur Förderung von Kindern und Jugendlichen aus Zuwanderfamilien RAA (... u.a. für die Thematisierung von Projekten mit Migranten/deutschen Eltern),
- Gesundheitsamt (... u.a. für die Themen U-Untersuchungen, Impfungen).

Diese Projektpartner sind auch in vielen anderen Arbeitsbezügen des Jugendamtes häufig Kooperationspartner. Im Rahmen des Pilotprojektes werden ihre Arbeitsmöglichkeiten für die Zwecke des Familienzentrums angefragt, genutzt und bedarfsbezogen abgestimmt.

Fazit:
Auch auf der Steuerungsebene gibt es schon bestehende hilfreiche Netzwerke, die in ein Pilotprojekt eingefügt werden können. Von zentraler Bedeutung ist es, die Übersicht über die Knotenpunkte der Vernetzung zu behalten. Dabei sind die projektbezogenen denkbaren Kooperationsmöglichkeiten kreativ zu nutzen.

Auf der Steuerungsebene muss von daher ebenso wie im operativen Alltagsgeschäft eine Hege und Pflege dieser Arbeitsnetzwerke stattfinden. Informationen zum Projektstand, das Einbringen neuer Ideen, die Optimierung bestehender Kooperationen und Angebote sowie nicht zuletzt die persönliche Wertschätzung und Akzeptanz der gemeinsamen Arbeit fordern auch auf dieser Ebene ihren Raum. Steuerungsnetzwerke benötigen Ressourcen für Arbeitsbesprechungen, Workshops, Absprachen und Aushandlungsprozesse und ähnliches. Eine kompetente Entscheidungsfähigkeit auf der Steuerungsebene ist nur dann gewährleistet, wenn die Verwaltungsspitze des Jugendamtes in Zusammenarbeit mit den politischen Entscheidungsträgern des Jugendhilfeausschusses für den Netzwerkprozess Verantwortung übernimmt.

5.2 Kooperation und Vernetzung auf der operativen Ebene

Bereits im ersten Projektjahr sind vorhandene und neue Kooperationspartner in die Arbeit des Familienzentrums eingebunden worden. Das wachsende und differenzierte Angebotsprogramm des Familienzentrums konnte hierdurch erst ermöglicht werden.

Kooperationspartner mit neuen Angeboten sind:
- Ev. Beratungsstelle Hauptstraße (Sprechstunden in Erziehungs- und Lebensfragen),
- Stadtbibliothek (Vermittlung einer/eines/ Lesepatin/Lesepaten, geführte Besuche in der Stadtbücherei, gemeinsame Anschaffung von Literatur zu Erziehungsfragen, Aufbau einer Netzwerkarbeit im Rahmen der Qualifizierungsmaßnahme Leseförderung, Erweiterung der Bibliothek),
- Sozialer Dienst des Jugendamtes (Einstieg: Sprechstunden im Familienzentrum, Fortführung: Eltern-Info-Frühstück),
- Regionale Arbeitsstelle zur Förderung von Kindern und Jugendlichen aus Zuwanderfamilien/RAA (Einstieg: Eltern-Info-Frühstück),
- Gesundheitsamt (Projektwoche Lauschen und Schauen, Info-Veranstaltung für Eltern zu den Themen Impfung, Reisen, Kinderkrankheiten, Einschulung und U-Untersuchungen),
- Kinderschutzbund (Kaffeeklatsch),
- benachbarte Grundschulen (Arbeitsgespräche, gegenseitige Informationen),

- Verein Papillon (Sponsoring),
- Atlantis-Kino (Netzwerk-Kino).

Darüber hinaus wurden mit weiteren potenziellen Kooperationspartnern erste Gespräche geführt, um zukünftige Kooperationsbeziehungen für den Bedarfsfall zu klären.

Nicht unerwähnt bleiben sollen an dieser Stelle auch die vielen bereits zum Projektstart vorhandenen Kooperationspartner der Jugendhilfeeinrichtungen wie z. B. andere Jugendfreizeiteinrichtungen, Polizei, Haupt- und Grundschulen. Der Aufbau des Kooperationsverbundes geht ständig weiter und bedarf immer neuer Verankerungen im lokalen bzw. sozialräumlichen Akteursfeld. Im laufenden Jahr werden die jeweiligen bestehenden und möglichen Kooperationen je nach Bedarfslage in der bestehenden Form weitergeführt, modifiziert und erweitert.

Gerade auf der operativen Ebene ist die Netzwerkbetreuung mit einem hohen zeitlichen Ressourcenaufwand verbunden. Die Absprachen, der Informationsaustausch über Inhalte, Terminabsprachen, verbindliche Programmplanungen, Vor- und Nachbereitung von Angeboten, Werbung und Öffentlichkeitsarbeit und die laufende Kontaktpflege in Zeiten der Programmunterbrechungen sind zentrale Aspekte bei der Pflege von Kooperationsbeziehungen. Nicht zuletzt ist an dieser Stelle auch die zwischenmenschliche Kommunikation der Akteure ein Merkmal für erfolgreiche oder unzureichende Kooperationen. Dieser Kern der Netzwerkarbeit wird in der Regel von den Fachkräften des Familienzentrums geleistet.

Während der Aufbauphase im Pilotprojekt Mönchengladbach hat die Jugendhilfeplanung diesen Prozess häufiger im Sinne einer bedarfsbezogenen Unterstützung in Netzwerkgesprächen und bei dem Aufbau neuer Kooperationsstränge flankiert. Nach dem ersten Projektjahr ist diese Unterstützung nicht mehr im Umfang der Startphase nötig. Erwartungsgemäß können sich die Mitarbeiter/innen der Jugendhilfeplanung aus diesem operativen Bereich schrittweise zurückziehen.

Fazit:
Für die Betreuung und die Zusammenarbeit der unterschiedlichen Netzwerke sind immer zeitliche Betreuungs- und Arbeitsressourcen der beteiligten Netzwerkpartner notwendig. Dieser Aspekt wird in seiner Dimension häufig unterschätzt. Der fachliche und organisatorische Gewinn, der sich über die konkrete Zusammenarbeit ergibt, wird nicht immer von Anfang an gesehen und erlebt.

Erst mit der Stabilisierung der Teilnetzwerke und ihrer Verankerung in den Arbeitsalltag wird die Arbeitserleichterung nachvollzogen. An dieser Stelle werden Kooperationen zum Selbstläufer, weil die Annäherung und die notwendigen Aushandlungsprozesse abgeschlossen sind.

5.3 Bestandsaufnahme der Kooperationspartner

Es empfiehlt sich zu Beginn eines Projektes, während der einzelnen Projektphasen und im Nachgang durchgeführter Einzelprojekte, eine Kurzbilanz der vorhandenen Kooperationspartner zu erstellen. Hilfreiche Fragen, die sich in diesem Rahmen stellen können, sind u.a.:
- Wer kooperiert bereits mit der Einrichtung?
- Wer kann etwas Sinnvolles zum Programm des Familienzentrums/des Netzwerkes beitragen?
- Wer wird als Berater, Begleiter, Helfer und Bündnispartner benötigt?
- Wer kann problemlösend zuarbeiten?
- Wer möchte in das Netzwerk eingebunden werden?
- Wie möchten die Kooperationspartner eingebunden werden?
- Wo liegen die Möglichkeiten und Grenzen der jeweiligen Kooperation?
- In welcher zeitlichen Dimension werden die Kooperationen benötigt?
- Welche organisatorische Struktur, welche Sicherheiten brauchen die Kooperationen?
- Sind die Kooperationen freiwillig eingegangen worden oder werden sie von den Trägern maßgeblich gesteuert und erwartet?
- Welchen Nutzen bringen die Kooperationen den beteiligten Kooperationspartnern?
- Welche Kooperationen werden von allen als erfolgreich gesehen?
- Welcher Kooperationspartner tritt überraschend in das Projektgeschehen ein?

Eine regelmäßige Reflexion des Kooperationsnetzes im Sinne eines Qualitäts-Checks erleichtert die Weiterentwicklung von Projektideen, schafft klare Handlungsansätze und hilft die Projektdynamik anzupassen.

Zu der Erfassung der einzelnen Kooperationspartner gilt es auch bereits bestehende Teilnetzwerke zu erfassen. Meistens sind soziale Einrichtungen bereits in unterschiedliche Arbeitsverbünde integriert. Die an dieser Stelle verankerten Netzwerke haben bereits eine professionelle Arbeitsstruktur. Daneben bestehen häufig informelle Netzwerke über die Kontakte der Fachkräfte auf unterschiedlichen Lebensebenen.

5.4 Aufbau neuer Kooperationen

Eine recht anspruchsvolle Aufgabe im Rahmen der Netzwerkarbeit kommt dem Aufbau neuer Kooperationen zu. Aushandlungsprozesse über die Art und Weise der Kooperation, die Berücksichtigung der eigenen Trägerstrukturen und Arbeitsinhalte und die Investition in die gemeinsame Arbeit im Sinne eines Vertrauensvorschusses helfen der Entwicklung von Netzwerken.

Im Vorfeld entstehen dabei nicht selten nachfolgende Grundsatzfragen, die entweder gemeinsam oder aber auch von den einzelnen Kooperationspartnern sehr individuell durchdacht werden müssen.

- Wie viel Handlungsspielraum steht mir/uns zur Verfügung?
- Gibt es Möglichkeiten des freien fachlichen Denkens und Gestaltens?
- Bestehen feste Strukturen und Arbeitsaufträge im Rahmen der Umsetzung, die an einem Pflichtnetzwerk oder Zweckbündnis orientiert sind?
- Sind wir als Kooperationspartner auf der gleichen Augenhöhe oder trennen uns unterschiedliche hierarchische Ebenen?

Im wachsenden Netzwerk werden Qualitätsaspekte wie Offenheit, Transparenz, Motivation, Nutzen, Ressourceninvestition, Identifikationsmöglichkeiten, Wertschätzung, Berücksichtigung und Akzeptanz der anderen Arbeitsweisen so wie fachliche Belange unter den Netzwerkakteuren thematisiert. Dabei prägen die Wertvorstellungen der am Netzwerk Beteiligten und ihr ganz persönlicher Bezug zu dieser Arbeit die Qualität und Intensität der Kooperationen, denn ein Netzwerk lebt von seinen Akteuren.

Die Pflege von mehreren Kooperationspartnern in Kooperationsverbünden stellt zusätzliche Leistungsanforderungen an jene Personen, die ein Netzwerk aufbauen. Kooperationsverbünde implizieren die mögliche Betrachtung von Arbeiten aus unterschiedlichen Blickwinkeln. Im Schutz mehrerer Akteure können einzelne Schwächen und personale Ausfälle und Überlastungen eher aufgefangen werden.

Aber der Verbund kann auch Nachteile haben, wenn sich die Summe der Anforderungen um die Anzahl der Netzwerkpartner unübersichtlich multipliziert. Missverständnisse, Stimmungsschwankungen, Erwartungen, Anforderungen, unterschiedliche Meinungen u. ä. erschweren dann den Prozess. Bei erfolgreicher Arbeit wird andererseits die Projektarbeit auf vielen Ebenen positiv vorangetrieben.

6 Netzwerkbegriffe am Projektbeispiel Mönchengladbach

6.1 Kontrakte

Kontrakte zwischen Netzwerkakteuren können in unterschiedlichen Arbeitsschritten von Projekten bedeutsam sein. Dabei ist zwischen schriftlichen und mündlichen Kontrakten zu differenzieren.
Schriftliche Kontrakte im Sinne von Verträgen können:
- Projekte/Maßnahmen in unruhigen Aufbauphasen beruhigen;
- Projekte/Maßnahmen Struktur verschaffen;
- Projekte/Maßnahmen in ihrer Durchführung erleichtern;
- Netzwerkakteure auf gleiche Augenhöhe bringen;
- eine Steuerungsfunktion übernehmen;
- einen Kooperationsverbund versachlichen und neutralisieren;
- Missverständnissen durch die nachvollziehbare Schriftform vorbeugen helfen;
- die Vergabe von Spenden- und Fördermittel nachweisen.
- Mündliche Kontrakte und Absprachen können:
- in Projekten eine vertrauensbildende Maßnahme sein;
- schneller personenbezogene Arbeitsbündnisse herstellen;
- ein Netzwerk durch den vertrauten Schulterschluss aufbauen;
- die Projektdynamik durch veränderte Absprachen auffangen, um mehr Flexibilität zu bieten;
- Anpassungs- und Ausstiegsmöglichkeiten bieten;
- unnötigen zusätzlichen Arbeitsdruck verhindern.

Bei der Frage von Kontrakten muss die Struktur der betroffenen Einrichtungen, die Ambition der Schlüssel- und Netzwerkakteure und die Souveränität der Projektsteuerung berücksichtigt werden.

In der Aufbauphase des Projektes geht es neben dem Aufbau von konkreten Projektinhalten und Produkten auch um die Identifikation mit dem Projekt, dem Einbringen eigener Motivationen, dem Ausprobieren kreativer und innovativer Arbeitsansätze.

Im zweiten Arbeitsschritt, der Stabilisierungsphase des Projektes können schriftliche Vereinbarungen die Langfristigkeit des Projektes absichern helfen. In diesem Prozessschritt ist in Pilotprojekten in der Regel bereits ein klarer Blick für notwendige und überflüssige Kontrakte vorhanden. Zudem findet zu diesem Zeitpunkt bereits die Anpassung in die Alltagsaufgaben statt. Hier können Vereinbarungen einen angemessenen Rahmen bilden.

Im Projektbeispiel Mönchengladbach wurde im Pilotprojekt in der Startphase ein „Kontrakt-Mix" praktiziert. Für die Vergabe von Spenden - und Fördermittel, für Honorarprojekte und den damit verbundenen Ziel- und Angebotsvereinbarungen wurden entsprechende schriftliche Vereinbarungen geschlossen. Die hierfür notwendigen Vordrucke wurden über die Projektsteuerung erstellt. In diesem Rahmen sind auch Protokoll- und Gesprächsdokumentationen und notwendige Vermerke zur Absicherung von Teilprojekten zu nennen. Sie fixieren Arbeitsergebnisse, bleiben auch nach Wochen noch transparent in den Absprachen und erleichtern den Überblick.

Darüber hinaus wurde der größte Anteil der Projektarbeit jedoch im ersten Arbeitsjahr über mündliche Absprachen realisiert. Die Aufbruchsstimmung im Projekt, die Schnelllebigkeit und Modellierung von Projektideen, das positive Gefühl der Selbstgestaltung des Projektalltages wäre durch zu viele Verträge in der Aufbauphase durch unnötige Formalien erschwert worden. Hinzu kommt, dass der Arbeitsalltag gerade in der Tageseinrichtung durch viele Auflagen und formale Anforderungen geprägt ist (u.a. Betreuungs-, Förder- und Bildungsauftrag). An dieser Stelle wären die vorhandene Kreativität und die vielseitigen Gestaltungsmöglichkeiten der Fachkräfte zusätzlich unangemessen eingeengt worden. Mündliche Vereinbarungen knüpfen unmittelbar an den Praxisalltag an und haben unter den Kooperationspartnern eine zusätzlich hohe emotionale Verbindlichkeit. Zudem bieten sie eine unbürokratische Anpassung an die Projektentwicklung. Sofern sich die gelebten Absprachen als erfolgreich erweisen, ist eine schriftliche Verankerung zweckdienlich.

Fazit:
Bei der Festlegung schriftlicher Vereinbarungen darf nicht außer acht gelassen werden, dass viele Menschen nach wie vor den klassischen Handschlag auf Vertrauensbasis immer noch hoch bewerten und bevorzugen. Gerade im sozialen Praxisalltag ist das Verlassen auf Andere in vielen Arbeitsprozessen eine Frage des kollegialen Miteinanders und des gegenseitigen Vertrauens. Technokratisch überzogene Controlling-Verfahren sind an dieser Schnittstelle kontraproduktiv zur Initiierung und Weiterentwicklung von Projekten.

Grundsätzlich sollten sowohl mündliche als auch schriftliche Vereinbarungen und Absprachen in einem Projekt praktiziert werden können und ihren Stellenwert haben. In beiden Vereinbarungsformen gibt es fördernde und hemmende Aspekte. In der Projektsteuerung müssen im Sinne eines Ausbalancierens der Möglichkeiten die jeweils geeigneten Formen sensibel in den Projektalltag integriert werden.

6.2 Berichtswesen

Projektdokumentationen gehören zum Projektalltag und unterstützen die Ergebnissicherung, ermöglichen Transparenz und verschaffen Überblick. Abhängig von der Ausrichtung und Laufzeit des Projektes können diese Dokumentationen der Steuerungsfunktion, der Weiterentwicklung und der Evaluation dienen. Zu den wesentlichen projektbezogenen Dokumentationen gehören:
- Beschreibungen von Maßnahmen und Teilprojekten;
- Tätigkeitsberichte;
- Projektplanungen (u.a. Ziel-, Termin- und Arbeitsplanungen);
- Öffentlichkeitsarbeit (Pressearbeit, Programmübersichten, Informationen zu den Einrichtungen, Internetauftritt usw.);
- Projektdokumentationen für Ausschüsse, Auftraggeber und Förderer.

In Mönchengladbach wurden neben ersten Präsentationen in fachlichen Zusammenkünften einzelne Vorträge in unterschiedlichen Gremien angefragt. Zu diesem Zweck empfiehlt es sich, ein Stichwortverzeichnis zu den einzelnen Projektinhalten aufzubauen, aus denen neue Vorträge zusammengesetzt werden können.

Ein Tätigkeitsbericht zum ersten Projektjahr liegt ebenfalls vor und stellt die wesentlichen geleisteten Arbeiten für diesen Zeitraum zusammen. Für die gesamte Projektkultur ist die Festschreibung von Teilergebnissen wichtig, denn im schnelllebigen Projektalltag gilt es auch, das Projekt gelegentlich mit einzelnen Arbeitsergebnissen zu reflektieren.

Für die Eltern und beratenden Fachkräfte wurden zeitnah Programmhefte über die Angebotsstruktur des Familienzentrums Pestalozzistraße entwickelt. Auch solche Produkte müssen strategisch und zielgruppenorientiert aufgebaut werden. Nach den ersten „Prototypen" gilt es, machbare Modelle für die Zukunft zu entwickeln. Im Zeitalter der elektronischen Datenverarbeitung und Datenübertragung ist der Aufbau einer Internetpräsenz eine notwendige und oft selbstverständliche Darstellungsform. Hier stellt ähnlich wie in allen anderen Bereichen die Vielzahl der unterschiedlichen Produkte eine besondere Herausforderung an die Projektsteuerung.

Fazit:
Zusammenfassend betrachtet stellt im Berichtswesen die Differenzierung der unterschiedlichen Produkte eine besondere Herausforderung an die Projektsteuerung dar.

Im Berichtswesen müssen die einzelnen Darstellungsmöglichkeiten vorbereitet, entwickelt und vom Projektbeginn an reflektiert, gepflegt und aufgebaut werden. Sie dürfen auch in hektischen Projektphasen nicht in Vergessenheit geraten, denn sie flankieren das operative und organisatorische Geschehen und gewähren fortlaufend Einblicke in den Projektverlauf, der Projektausrichtung und den jeweiligen notwendigen Projektänderungen. Über das Berichtswesen können Dritte an dem Projekt teilhaben und den Akteuren dient es als Maßnahme der Reflexion.

6.3 Schlüsselakteure und Rollen der Netzwerkakteure

Es gibt in einem funktionierenden Netzwerk unterschiedliche Rollen für Netzwerker zu besetzen. Die Möglichkeiten, die Grenzen, das jeweilige Persönlichkeitsprofil und der fachliche Hintergrund des Einzelnen beeinflussen im Wesentlichen das Projektgeschehen und die Projektdynamik. Die Frage, ob einzelne Personen das Netzwerk weiterentwickeln helfen oder aber die Rollenbesetzung dem Zufall überlassen bleibt, ist eher eine strategische Frage, entscheidet jedoch nicht selten über Erfolg und Misserfolg von Projekten.

In einem funktionierenden Netzwerk werden unterschiedliche Funktionen besetzt werden müssen, um die Netzwerkarbeit in Schwung zu halten. Auszugsweise seien an dieser Stelle u. a. folgende Rollen benannt: Der Macher, der Initiator, der Entwickler, der Konzeptbauer, der Beschaffer, der Kümmerer, der Antreiber, der Kämpfer, der Ausgleicher. Hemmend sind der Blockierer, der Bedenkenträger, der Alleswisser und der Besserwisser. Manche Netzwerker brillieren mit einzelnen Rollen, andere wiederum besitzen die besondere Befähigung, mehrere Rollen besetzen zu können.

Unschwer zu erkennen ist, dass es positiv und negativ zu besetzende Rollen gibt. Die positiven Rollenträger treiben Projekte mit der Starteuphorie voran. Die negativen Akteure bremsen die Projekte in ihren Rollen eher aus und stellen sich als „Hemmschuh" dar. Es ist dennoch ratsam, sich auch mit den unangenehmen, projekthemmenden Rollen direkt auseinander zu setzen. An dieser Stelle werden Störfaktoren, Nörgeleien und negative Impulse im Sinne der positiven Projektsteuerung mit bedacht und gewinnen durch ein geschicktes Management nicht zu viel Handlungsspielraum. Gelegentlich werden hierdurch auch Projektreflexionen ermöglicht, die einem zu starken Projektaktionismus reduzieren helfen kann.

7 Resümee/Ausblick

Bei der Entwicklung von Netzwerken zur Frühen Förderung von Kindern und Familien muss unterschieden werden zwischen den sozialraumbezogenen operativen Netzwerken und dem kommunalen Steuerungsnetzwerk. Das operative Netzwerk entsteht durch das Zusammenwirken der Praktiker vor Ort entsprechend ihrer regionalen Bezüge. Zur kommunalen Gesamtsteuerung ist ein Steuerungsnetzwerk notwendig, das die Gesamtverantwortung wahrnimmt und alle Helfersysteme miteinander verknüpft.

Für Mönchengladbach Rheydt lässt sich sagen, dass das operative „Netzwerk zur Frühen Förderung" im Rahmen der Installation des Familienzentrums entstanden ist. Es hat sich belebend und sehr bereichernd auf die Jugendhilfeangebote im Stadtteil ausgewirkt. Das Angebotsspektrum ist durch die Verknüpfung der Kindertagesstätte mit dem Jugendzentrum an Umfang und Wirkung ausgeweitet worden. Der anfänglichen Euphorie ist eine konstante Umsetzungsplanung gefolgt, die auch die Angebote übriger Träger und Anbieter im Stadtteil mit einbezieht. Dieser Prozess hat die Arbeits- und Entscheidungsstrukturen in der operativen Arbeit positiv beeinflusst. Die Zusammenarbeit wurde so optimiert, dass sich die Praktiker eine Rückkehr zu alten Arbeitsformen nicht mehr vorstellen können.

Der veränderte Blickwinkel zur Zielgruppe der Eltern und die Schaffung eines Serviceangebotes für sie hat eine besondere Nähe zwischen diesen Akteuren ermöglicht. Zum Betreuungsauftrag für das Kind ist nun die komplette Familie in die Tageseinrichtung „eingezogen", was gelegentlich auch zu Irritationen und Unruhen führte. Diese Aufgabenerweiterung hat einen „persönlichen Gewinn" für alle Beteiligten zur Folge. Die Erziehungspartner des Kindes (Tageseinrichtung und Eltern) rücken über diesen Arbeitsansatz enger zusammen und das Kind erlebt auch über die Zufriedenheit und Stärke der Eltern diese positive Veränderung. Über die weitergehenden Kooperationen mit den Netzwerkpartnern ist die Angebotsvielfalt erweitert und für die Zukunft modellierbar geworden. Von Bedeutung ist dabei auch, dass die Tageseinrichtung die zentrale Steuerung der operativen Arbeit nicht abgibt, sondern bereits während der Aufbauarbeit selbstständig managt. Deshalb ist das Profil der Jugendhilfeeinrichtungen um einen wesentlichen Angebotsstrang – der Familienorientierung – manifestiert und erweitert worden.

Da in Mönchengladbach seit 2007 neun weitere Familienzentren über die Stadtteile verteilt entstehen, ist es zur langfristigen Absicherung dieses Arbeitsansatzes notwendig, ein kommunales Steuerungsnetzwerk aufzubauen. Hierzu ist die Adaption der Erfahrungen aus den Arbeitszusammenhängen des operativen Netzwerkes notwendig. In diesem Sinne wurde eine Netzwerktagung sämtlicher Familienzentren im Stadtgebiet über das Projekt Neff durchgeführt. Das frühzeitige Lernen voneinander und der Erfahrungs- und Informationsaustausch der Fachkräfte ermöglichen den Anschub in die gemeinsame Weiterentwicklung familienorientierter Netzwerke.

Auch für die weniger praxisnahen Verwaltungsebenen ist es notwendig, sich mit den übrigen Feldern der Jugendhilfe und den Vertreter/innen der anderen Helfersysteme (z. B. Gesundheitswesen, Arbeitsverwaltung, Sozialverwaltung, Schule usw.) zu vernetzen. Nur so kann der Steuerungsverantwortung auf fachlicher und politischer Ebene nachgekommen werden. Aufgrund der Bürokratisierung vieler Verwaltungsabläufe sind aber noch Widerstände zu überwinden, die auch ihren Ursprung in der Versäulung der Jugendhilfelandschaft und der übrigen Helfersysteme haben.

Das „Netzwerk zur Frühen Förderung von Kindern und Familien" muss sich als lernendes System verstehen, in dem die Teilnetzwerke und ihre Akteure an ihren Aufgaben wachsen können.

8 Anhang
Praxis-Checkliste und Orientierungspunkte zur Netzwerkarbeit

Im Rahmen der Projekterfahrungen haben wir eine Checkliste erstellt, die im Wesentlichen die Punkte zusammenfasst, die eine entscheidende Rolle in der Entwicklung und Steuerung des Projektes spielen. Diese Liste ist eine Grundlage für weitere Projekte und bedarf der kontinuierlichen Anpassung und Weiterentwicklung durch die Projektakteure.

Netzwerke brauchen Visionen:
- durch eine gemeinsame Idee,
- durch Teilprojekte, die den innovativen Prozess fördern und die oft schnell verzweigte Projektstruktur in machbare Arbeitsaufträge unterteilt,
- über den Start und das Ziel des Weges.

Netzwerke brauchen klare Arbeitsaufträge:
- in Form von realitätsbezogenen Projektzielen,
- in Form von politischen Beschlüssen,
- im Organisationsablauf der Verwaltung,
- auf der Grundlage von fachlichen Standards.

Netzwerke brauchen Menschen:
- wie Gallionsfiguren und Schlüsselakteure,

- die ihre Steuerungsverantwortung wahrnehmen,
- wie Fürsorger und Kümmerer, die den Motor anlassen, pflegen und betreuen,
- wie Netzwerk-Visionäre mit Bodenhaftung,
- mit kognitiver und emotionaler Intelligenz, die alle Akteure auf ihren unterschiedlichen Ebenen einbinden und verankern können.

Netzwerke brauchen Strukturen:
- durch Regeln,
- durch definierte Steuerungsverantwortung und ihrer Umsetzung,
- durch verbindliche und gemeinsame Absprachen,
- durch Kontrakte,
- durch eine Projektdokumentation, die die Arbeitsschritte nachvollziehbar aufzeigt.

Netzwerke brauchen Ergebnisse:
- durch praktische Erfolge,
- durch Aktionen, Events, Veranstaltungen zwecks Belebung der Projektdynamik,
- auch durch Misserfolge und Probleme, um fachliche Weiterentwicklungen zu ermöglichen,
- die im Rahmen der Öffentlichkeitsarbeit transparent werden.

Netzwerke brauchen Ressourcen:
- und genügend Entwicklungszeit,
- in Form von Reflexionszeit, um sich fortlaufend zu evaluieren,
- in Form von Probezeiten zum Experimentieren und Weiterentwickeln,
- für Betreuungszeiten,
- zur finanziellen Steuerung kleinerer Projektaufträge,
- zur Planung,
- die im Rahmen der Aufgabensteuerung der Verwaltung ineinander verzahnt und aufeinander abgestimmt sind.

Netzwerke brauchen Fachkompetenz: u. a.
- in Form von Ideen und Innovationen,
- in Form von fachlichem Know-how,
- in Form von organisatorischen Kenntnissen,
- in Form von gestalterischen Umsetzungen,
- in Form von berufsübergreifenden Denken,
- in Form von Reflexionsmöglichkeiten,

- in Form vom Umgang mit Konflikten, Blockaden und Störfaktoren,
- in Form von administrativen Abläufen.

Vanessa Schlevogt

Das Mo.Ki Netzwerk – Verbesserung der Bildungs- und Entwicklungschancen von Kindern

„Mo.Ki – Monheim für Kinder" ist ein Netzwerk der Stadt Monheim am Rhein zur Bildung, Förderung und Unterstützung von Kindern und deren Eltern. Mo.Ki steht gleichzeitig für einen systematischen Umbau der kommunalen Kinder- und Jugendhilfe – weg von der Reaktion auf Defizite hin zur Prävention als aktive Steuerung und Gestaltung.

Ziel der nordrhein-westfälischen Kommune ist es, möglichst vielen Kindern eine erfolgreiche Entwicklungs- und Bildungskarriere zu eröffnen und diese abzusichern, den Zusammenhang zwischen sozialer Herkunft und Bildungserfolg aufzuheben, Kindeswohlgefährdungen früh zu erkennen und zu verhindern.

1 Prävention in der Kinder- und Jugendhilfe

Die Basis der Kooperationsstrukturen des Mo.Ki Netzwerkes entstand im Rahmen eines vom Landschaftsverband Rheinland unterstützten zweijährigen Modellprojektes von Arbeiterwohlfahrt Bezirksverband Niederrhein und der Stadt Monheim. Es startete im Jahre 2002 mit dem Ziel, Angebote zur Vermeidung von Armutsfolgen ab der frühen Kindheit zu entwickeln.

Die Aktivitäten der Arbeiterwohlfahrt zu ihrem Themenschwerpunkt „Kinderarmut" (vgl. Hock et al. 2000) trafen sich mit der Leitbilddebatte in der Stadt Monheim über eine zukunftsorientierte Stadtentwicklung.[1] Das Berliner Viertel, in dem rund 25 % der Monheimer Gesamtbevölkerung[2] leben, wurde bereits seit 1995 als „Stadtteil mit besonderem Erneuerungsbedarf" gefördert (vgl. Abbildung 1). In diesem strukturschwachen Quartier wohnen überdurchschnittlich viele Sozialhilfeempfänger/innen, arbeitslose und einkommensarme Menschen. Der Anteil der Kinder und Jugendlichen liegt weit über dem Bundes- und Landesdurchschnitt.

---

1 vgl. das Zielkonzept 2020 der Stadt Monheim: http://www.monheim.de/2020/leitbild.pdf
2 2007 lebten ca. 43.000 Menschen in Monheim, vgl. http://www.monheim.de/stadtprofil/statistik/

Abbildung 1: Berliner Viertel in Monheim

Im Jahr 2001 zeichnete sich ein Trend ab, der im Kontext der bundesweit knappen kommunalen Haushaltskassen besondere Aufmerksamkeit erhielt. In Monheim stiegen innerhalb kürzester Zeit die Fallzahlen im Bereich Heimerziehung und sonstige Betreute Wohnformen nach § 34 SGB VIII um beinahe 100 Prozent. Das wiederum hatte einen erheblich höheren Finanzbedarf zur Folge.

Diese negative Entwicklung ist auch in anderen Städten fest zu stellen und basiert unter anderem auf der zunehmenden Überforderung von Eltern mit komplexer werdenden Erziehungsanforderungen in veränderten gesellschaftlichen Strukturen.

Erfahrungen des Monheimer Jugendamtes belegten, dass gerade Kinder und Jugendliche, in deren Fall eine Heimunterbringung notwendig wurde, bereits in der frühen Kindheit Auffälligkeiten zeigten. Häufig wurden diese Probleme jedoch erst mit Eintritt in die Schule offensichtlich. Infolgedessen kam es oftmals erst zur Kontaktaufnahme mit dem Jugendamt, wenn ambulante Hilfen bereits nicht mehr ausreichten. Zu diesem Zeitpunkt war eine Unterbringung in Pflegefamilien häufig nicht mehr möglich, so dass weiterreichende Hilfeformen in Anspruch genommen werden mussten. Die bestehenden Angebote des Jugendamtes richteten sich vor allem an Familien in akuten Krisensituationen und setzten konzeptionell nicht auf frühzeitige Information der Eltern, Stärkung der Erziehungskompetenzen oder präventive Familienbildung.

Ein erster und wichtiger Schritt war, dass die Kommunalpolitik die Existenz von Kinderarmut und Integrationsproblemen in Monheim anerkannte. Eingebettet in die gesamtstädtische Leitbilddebatte gelangten Politik und Verwaltung zu dem Entschluss, einen Perspektivenwechsel in der Kinder- und Jugendhilfepolitik einzuleiten. Anstatt wegen steigender Fallzahlen fortwährend höhere Ausgaben für Heimunterbringungen in den kommunalen Haushalt einzustellen, soll nun der längerfristige Ansatz verfolgt werden, in frühe Förderung und Unterstützung zu investieren. Als neuer fachlicher Standard der kommunalen Kinder- und Jugendhilfe gilt „Prävention statt Reaktion", um Kinder und ihre Familien in verschiedenen Entwicklungs- und Übergangsphasen frühzeitig und verlässlich zu begleiten und auf diese Weise die Entwicklungs- und Bildungschancen der Kinder zu stärken sowie Armutsfolgen und soziale Benachteiligungen abzubauen. Im Rahmen eines kommunalen Gesamtkonzeptes wird eine Präventionskette von der Geburt bis zur Berufsausbildung angestrebt, die Familien über institutionelle Übergänge hinweg begleitet.

2 Die Mo.Ki Präventionskette

Im Rahmen der Regiestelle Mo.Ki werden Angebote für Kinder, für Eltern und Familien sowie für die pädagogischen Fachkräfte durchgeführt. Das Familienzentrum soll Kindern mehr Bildungs- und Entwicklungschancen ermöglichen, Eltern ein breites Spektrum an Informationen und Hilfen bieten, Familien bei der Teilhabe am kulturellen Leben unterstützen und die Qualifizierung der Fachkräfte vorantreiben. Bei den zahlreichen Bausteinen handelt es sich um präventive Maßnahmen wie auch um konkrete Beratungsangebote, die hier nur auszugsweise Erwähnung finden können (vgl. Schlevogt 2007: 2).

Mo.Ki verfolgt einen ganzheitlichen Ansatz, in dem alle im kindlichen Bildungs- und Entwicklungsprozess involvierten Akteure einbezogen werden: Bei der Gestaltung eines Förderprogramms für Kinder werden immer auch Unterstützungsangebote für die Eltern und gemeinsame Familienaktivitäten entwickelt sowie Qualifizierungsmöglichkeiten für die Fachkräfte angeboten. Dahinter verbirgt sich die Idee, dass Erfolge in der pädagogischen Arbeit nur erzielt werden können, wenn alle Beteiligten mit ins Boot genommen werden. Das vernetzte Denken und Handeln führt auch zu einer stärkeren Kooperation mit anderen Institutionen im Sozialraum. Ausgehend von den Kindertagesstätten als Knotenpunkt der pädagogischen Arbeit ist Mo.Ki inzwischen ein Familienzentrum mit vielen Orten geworden, an denen Kinder und Eltern mit ihren Anliegen ernst genommen werden.

2.1 Mo.Ki im Sozialraum – ein interkultureller Ansatz

Um die wohnortnahe Berücksichtigung der Bedürfnisse der Menschen im Stadtteil zu gewährleisten, war insbesondere die Schaffung von Räumen zum Treffen und Austauschen wichtig. Konzeptioneller Bestandteil ist nicht nur die selbstverständliche Einbeziehung von Familien mit Migrationshintergrund, sondern auch deren Aktivierung für das Gemeinwesen.

So wurde von der LEG Wohnungsgesellschaft im Berliner Viertel eine Wohnung zur Verfügung gestellt, die als Elterntreffpunkt und Beratungsraum für sämtliche Beratungsstellen der Stadt dient (vgl. Abbildung 2). Zweimal wöchentlich findet dort ein interkultureller Fraueninfotreff statt. Einmal im Monat berichten Vertreterinnen von Institutionen über ihre Arbeit.

Abbildung 2: Interkultureller Fraueninfotreff im Berliner Viertel von Monheim

Um die Präventionskette möglichst früh zu beginnen, werden mit Unterstützung einer Familienhebamme und einer Kinderkrankenschwester verstärkt die *unter dreijährigen Kinder* und deren Eltern einbezogen. So findet parallel zur Hebammensprechstunde im Interkulturellen Fraueninfotreff auch ein Babymassagekurs statt, der von einer erfahrenen Kinderkrankenschwester geleitet wird.

Mo.Ki organisiert Mutter-Kind-Gruppen für Deutsche und Migrantinnen in Kindertagesstätten und anderen Orten, darüber hinaus gibt es zweisprachige Mutter-Kind-Sprachförderangebote für Kinder und ihre Eltern bis zum Eintritt in die Kindertagesstätte. Das Angebot soll den Kindern den Übergang in die Kita erleichtern und das Erlernen der zweiten Sprache Deutsch ermöglichen. Mo.Ki möchte Kinder in ihrer gesamten Lebenssituation stärken und fördern. Dazu gehören Projekte zur *Gesundheits- und Sprachförderung* sowie gemeinsame Aktivitäten mit der ganzen Familie. Alle Maßnahmen beziehen die Eltern mit ein, entweder durch aktive Beteiligung oder parallele Informationsveranstaltungen.

Die Gesundheitsförderung umfasst unter anderem Vorsorge, Bewegungsangebote und Unterstützung bei der gesunden Ernährung. Seit 2003 nimmt Mo.Ki zum Beispiel am traditionellen Monheimer Gänseliesel-Lauf teil, für den wöchentlich mit interessierten Kindern trainiert wird. Im Rahmen der Monheimer Tafel erhalten Kinder ein gesundes Frühstück. Zum Thema „Gesunde Ernährung" gibt es für alle Kinder aus den Kindertagesstätten kontinuierliche Angebote. Die Ausstellung „Entdecke die Welt der Ernährung" gehört mittlerweile zu einem festen Bestandteil der Arbeit.

Mo.Ki verfolgt einen ganzheitlichen Ansatz von Sprachförderung, in dem die Eltern einbezogen und eine interkulturelle Öffnung der Kitas angestrebt wird. Dazu gehören Projekte wie zum Beispiel: Rucksack, Büchereibesuche, Vorlesepaten in mehreren Sprachen, Schlaumäuse-Bilderbuch, Hocus und Lotus/RAA, Kunstschule.

Mo.Ki möchte Eltern unterstützen und ihre *erzieherischen Kompetenzen stärken*. Hierzu gibt es zahlreiche Beratungsangebote und Kurse für junge Familien. Die Familienbildungsangebote werden zum Teil in Kooperation mit anderen Institutionen durchgeführt: Im Rahmen des Projektes FuN - Familie und Nachbarschaft - erleben Familien in der Kindertagesstätte eine gemeinsame Familienzeit, lernen andere Familien kennen, spielen, basteln, singen und essen zusammen. Begleitet werden die wöchentlichen Treffen von einer dafür ausgebildeten Erzieherin aus der Einrichtung und einer Sozialpädagogin der Familienhilfe Monheim.

Eltern werden in die Aktivitäten einbezogen, ihre Wünsche erfragt und umgesetzt. Die Kindertagesstätten bieten einrichtungsübergreifende Elternabende zu pädagogischen Themen an. In einem Kurs erfahren türkische Mütter, wie sie ihre Kinder in der Grundschule unterstützen können. Seit Mai 2006 gibt es auch ein spezielles Angebot für Väter „Papa hat Zeit für sich und mich".

Im Rahmen von Gemeinschaftsprojekten wird stadtteilübergreifend viel ehrenamtliches Engagement erbracht (vgl. Abbildung 3): Alltagssituationen in der Familie werden zum Beispiel im Rahmen der „FAM-Tische" bearbeitet (Frauen aus Monheim sprechen über Familie). Im Vordergrund des Gemeinschaftsprojektes von AWO-Suchtberatung und Mo.Ki in Kooperation mit der städtischen Erziehungsberatungsstelle steht der Präventionsgedanke: Eine Gastgeberin lädt fünf bis sieben Gäste zu sich nach Hause ein. Eine geschulte Moderatorin regt ein Thema an und führt durch die Gesprächsrunde.

Frauen aus sieben Ländern bilden zurzeit das „Multi Mo"-Team (Gemeinschaftsprojekt der städtischen Jugendberatung, AWO-Suchtberatung und Mo.Ki). Die geschulten Laien-Dolmetscherinnen sorgen in sozialen Einrichtungen für eine bessere Verständigung, bei Bedarf auch für Einzelpersonen.

Die zahlreichen Aktivitäten wären nicht denkbar ohne das Engagement der Fachkräfte. Wichtiger Bestandteil von Mo.Ki ist dabei die kontinuierliche Erweiterung der Qualifikation der Erzieherinnen zur Wahrnehmung ihrer immer differenzierteren Aufgabenstellung: So werden in Kooperation mit unterschiedlichen Institutionen wie zum Beispiel dem Kreisgesundheitsamt und dem Deutschen Sportbund Fortbildungen für die pädagogischen Fachkräfte angeboten, unter anderem zu Ernährung, Bewegung und Sprache.

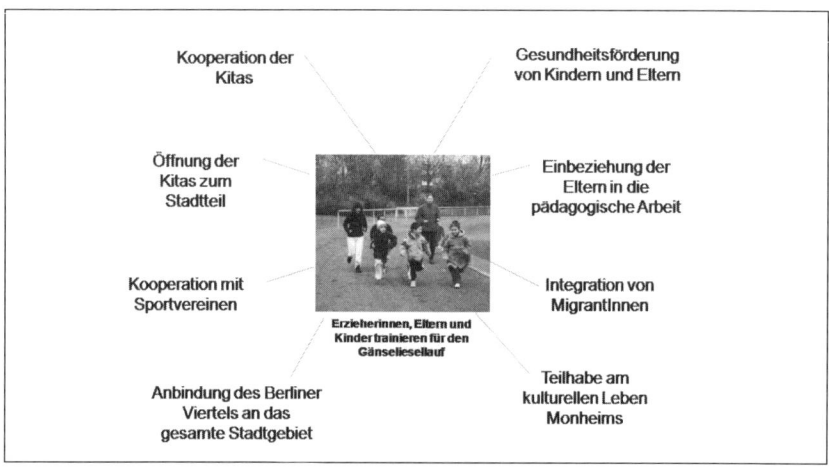

Abbildung 3: Mo.Ki-Vernetzung im Sozialraum

Ein dauerhaftes Angebot des Monheimer Jugendamtes ist seit 2004 die kostenlose Qualifizierung aller interessierten pädagogischen Fachkräfte in der MarteMeo Methode durch die Familienhilfe Monheim. Das Programm ermöglicht einen anderen Blick auf die Entwicklung von Kindern und gibt konkrete Informationen über Unterstützungsmöglichkeiten. Eltern werden in diesem Kontext als Erziehungspartner gleichberechtigt einbezogen. MarteMeo zeigt anhand von Videoanalysen, welche unterstützenden Verhaltensweisen Eltern bzw. Pädagogen brauchen und haben, um Entwicklungsschritte von Kindern zu ermöglichen und wie diese Fähigkeiten im Alltag erlernt und umgesetzt werden können.

2.2 Wirkungen von Mo.Ki

Insgesamt erreichte Mo.Ki bislang bereits über tausend Monheimer Familien. Die mittel- und langfristigen Wirkungen präventiver Maßnahmen sind allerdings nicht ausschließlich in Zahlen und Graphiken darstellbar. Neben vielen gemeinsamen Aktivitäten werden auch sehr kleine und intensive Unterstützungseinheiten angeboten. Dadurch gelingt es in oftmals mühsamer Kleinarbeit, Familien zu erreichen, die erstmalig Unterstützung erhalten.

Die aktuellen Monheimer Entwicklungen werden der Fachöffentlichkeit regelmäßig in Publikationen und Vorträgen präsentiert. Das Projekt hat mittlerweile nationale und internationale Aufmerksamkeit bekommen und zahlreiche Auszeichnungen erworben: So erhielt Mo.Ki. 2004 den Deutschen Präventionspreis der Bertelsmann Stiftung, des Bundesministeriums für Gesundheit und soziale Sicherung sowie der Bundeszentrale für gesundheitliche Aufklärung. Im gleichen Jahr wurde Mo.Ki von der OECD in ihrem Länderbericht ‚Die Politik der frühkindlichen Betreuung, Bildung und Erziehung in der Bundesrepublik Deutschland' als „beispielhaft für eine gesunde sozio-pädagogische Praxis in einem sehr schwierigen Umfeld" hervorgehoben. 2005 wurde Mo.Ki im Rahmen des McKinsey-Bildungskongresses in Berlin mit dem ersten Preis „Alle Talente fördern" ausgezeichnet. 2006 gewann Mo.Ki den zweiten Platz beim „ABC-Contest" (Arbeit, Betreuung, Chancengleichheit) des Zentrums ‚Frau in Beruf und Technik' in Castrop-Rauxel.

Im Frühjahr 2006 wurde Mo.Ki vom Ministerium für Generationen, Familie, Frauen und Integration des Landes Nordrhein-Westfalen im Rahmen des Landesprojektes Familienzentrum als „Best Practice Einrichtung" ausgewählt und ist seit 2007 zertifiziertes „Familienzentrum NRW".[3]

Aufgrund der positiven Wirkungen des Modellprojektes, die auch im Rahmen der zweijährigen wissenschaftlichen Begleitung durch das Institut für Sozialarbeit und Sozialpädagogik nachgewiesen werden konnten, wurde Mo.Ki als Regelangebot in die Monheimer Kinder- und Jugendhilfe integriert (vgl. Holz et al. 2005).

3   Die Vernetzungsstrategie von Mo.Ki

Die vielen pädagogischen Puzzlesteine wirken so erfolgreich aufgrund der gut funktionierenden Zusammenarbeit engagierter Akteure. Bereits die Entstehungsgeschichte von Mo.Ki geht auf eine Kooperation von Kommune und Wohlfahrtsverband zurück: Im zweijährigen Modellprojekt stellte die Arbeiter-

---

3   http://www.familienzentrum.nrw.de

wohlfahrt Räumlichkeiten und Sachmittel zur Verfügung, die Stadt Monheim finanzierte eine volle Personalstelle.

Die 2002 in diesem Rahmen geschaffene *Regiestelle*, die seit 2005 zur Regelstruktur der Monheimer Kinder- und Jugendhilfe gehört, kann als Herzstück des Mo.Ki Netzwerkes bezeichnet werden: Die Koordinatorin verfügt über langjährige Erfahrungen in der sozialpädagogischen Familienhilfe und der Bezirkssozialarbeit, hat Leitungserfahrung und kennt die kommunalen Akteure der Kinder- und Jugendhilfe.

Monheim ist eine Stadt der kurzen Wege, und der Erfolg von Mo.Ki resultiert auch aus den Erfahrungen der teilweise langjährigen Arbeitsbeziehungen innerhalb der Kommune. Der Aufbau eines kommunalen Netzwerkes zur Verbesserung der Bildungs- und Entwicklungschancen von Kindern konnte jedoch erst mit der *Formulierung von längerfristigen Zielen durch die Kommunalverwaltung* und der damit verbundenen Einrichtung einer Koordinierungsstelle gelingen.

Das Mo.Ki Netzwerk basiert auf institutionellen Kooperationen, die in Bezug auf Struktur, Intensität und Verbindlichkeit sehr unterschiedlich ausgestaltet sind (vgl. Abbildung 4). Die soziale Arbeit gestaltet sich so wirkungsvoll, weil sowohl Anbieter als auch Nutzer von Mo.Ki eine gemeinsame Anlaufstelle haben, die Interessen aufnimmt und miteinander in Verbindung setzen kann.

3.1 Kindertagesstätten als zentraler Knotenpunkt des Mo.Ki Netzwerkes

Da die Kindertagesstätte im Modellprojekt als der soziale Ort identifiziert wurde, in dem viele Familien erstmals auf eine Einrichtung der Kinder- und Jugendhilfe stoßen, wurde die Regiestelle, die vom städtischen Jugendamt finanziert wird, bewusst nicht in dessen Räumlichkeiten untergebracht, sondern innerhalb einer AWO-Kindertagesstätte im Berliner Viertel.

Das Besondere an Mo.Ki ist die *trägerübergreifende Kooperation aller Kindertagesstätten* in dem Stadtteil: Seit 2002 arbeiten fünf Kitas in Trägerschaft von Kommune, Arbeiterwohlfahrt, evangelischer Kirche und dem Sozialdienst katholischer Frauen und Männer sehr eng zusammen und werden bei ihren Aktivitäten von der Regiestelle fachlich beraten und unterstützt.

Die einzelnen Bausteine von Mo.Ki werden nicht unbedingt in jeder Kita gleichzeitig angeboten, aber einrichtungsübergreifend den Kindern und Eltern im Stadtteil zugänglich gemacht. Die gelungene Kooperation basiert auf dem gemeinsamen Verständnis der Kitaleiterinnen, dass die zusätzliche Arbeit, die Vernetzung auch mit sich bringt, in der Gesamtbilanz vielfältige Erleichterungen und Verbesserungen für die pädagogische Praxis nach sich zieht. Die Teams von fünf Kitas verfügen zusammen über mehr Potenziale, das gemeinsame Handeln verbindet und wird als sehr positiv beschrieben.

Die Leiterinnen der Kindertagesstätten profitieren von der kontinuierlichen Betreuung durch die Regiestelle, die fachliche Inputs gibt, über Programme informiert, Arbeitskreise begleitet sowie Aktivitäten mitorganisiert. Die Mitarbeit im Mo.Ki Netzwerk führt zu einer Horizonterweiterung: die Kitateams verorten sich in ihrem Sozialraum, kooperieren dort mit anderen sozialen Akteuren und entwickeln ein neues Verständnis für die Lebensbedingungen der Kinder und Familien, mit denen sie arbeiten. Gleichzeitig entstehen Synergieeffekte innerhalb des bestehenden Angebotsystems: Der Erfahrungs- und Fachaustausch über die eigene Institution wird intensiviert und neue, einrichtungsübergreifende Arbeitsstrukturen zur Gestaltung des Sozialraums entwickeln sich.

3.2 Rahmenbedingungen gelingender Netzwerkarbeit

Die Beschreibung der einzelnen Bestandteile der Mo.Ki-Präventionskette verdeutlicht bereits die Vielfalt der Akteure, die sich für Kinder und Familien in Monheim engagieren. Bei den Kooperationspartnern handelt es sich sowohl um Einzelpersonen wie den Apotheker im Berliner Viertel als auch um große Institutionen wie das zuständige Kreisgesundheitsamt in Mettmann.

Nicht jede Kooperation ist auf Langfristigkeit angelegt, sondern es gibt auch punktuelle und projektbezogene Zusammenarbeit. Der Grad der Formalisierung der verschiedenen Kooperationsbeziehungen ist ebenfalls sehr unterschiedlich: Die Bandbreite der vorfindlichen Varianten im Mo.Ki Netzwerk bewegt sich auf einem Kontinuum von hoch formalisiert bis rein informell (vgl. Groß et al. 2005: 48f.).

Schriftliche Netzwerkvereinbarungen können gegenseitiges Vertrauen unterstützen, zu einem Gefühl der Sicherheit beitragen und als gemeinsamer Bezugsrahmen die Lösung von Konflikten erleichtern (vgl. ebd.: 50). Auch im Rahmen des neuen Gütesiegels „Familienzentrum NRW" werden schriftliche Kooperationsvereinbarungen als ein wichtiger Baustein der Arbeitsorganisation empfohlen (vgl. vgl. Ministerium für Generationen, Familie, Frauen und Integration des Landes Nordrhein-Westfalen 2007).

Aufgrund des gemeinsamen Bezugsrahmens durch das kommunale Leitbild ist die Zusammenarbeit von Mo.Ki mit anderen städtischen Institutionen besonders nahe liegend: Beispielsweise existiert in Monheim ein schriftlicher Kooperationsvertrag zwischen Mo.Ki und der städtischen Erziehungsberatungsstelle, die regelmäßige Fortbildungen zum Thema Elternarbeit für die pädagogischen Fachkräfte anbietet. Mit dem Psychosozialen Dienst und dem Allgemeinen Sozialdienst der Stadt Monheim wurden bereits Leitfäden erarbeitet, die konkrete gemeinsame Handlungsfelder umreißen. Mo.Ki unterstützt die enge Zusammenarbeit der Monheimer Kindertagesstätten mit dem Kreisgesundheitsamt, deren Arbeitsgrundlage ebenfalls Kooperationsleitfäden bilden.

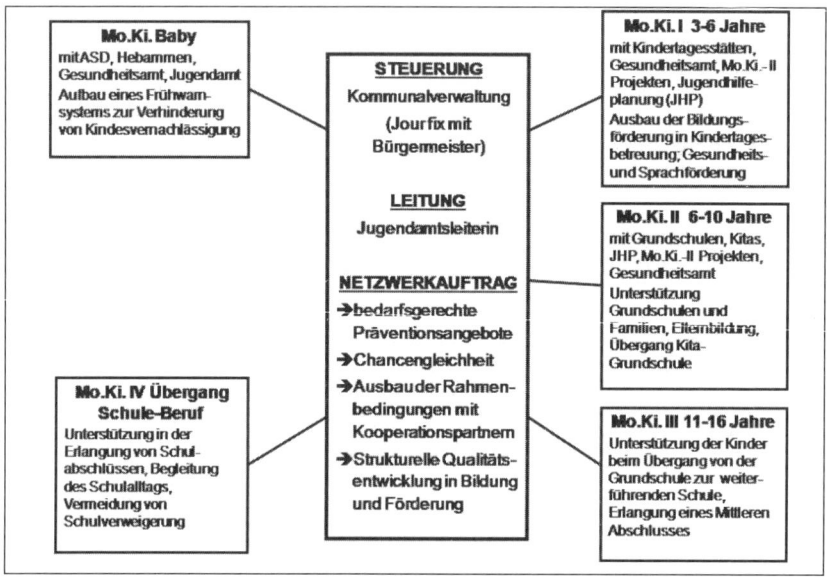

Abbildung 4: Das Mo.Ki-Netzwerk

Quantität und Qualität von Kooperationsbeziehungen sind nicht zwangsläufig an Verträge gebunden, sondern leben vom Engagement der Beteiligten. Von der Regiestelle wird der im Rahmen der wissenschaftlichen Begleitung entwickelte Interviewleitfaden als sehr hilfreiches Instrument beschrieben, um möglichst viele Akteure in der Kommune zu motivieren und ins Boot zu holen. Bevor das Modellprojekt offiziell startete, befragte die Leiterin zahlreiche Personen in Monheim zu ihrer Einschätzung der Bedarfe im Berliner Viertel sowie zu ihren Vorstellungen, was sie und die durch sie vertretene Institution zum Gelingen eines Veränderungsprozesses beitragen könnten. So gelang es, bereits im Vorfeld sehr unterschiedliche Organisationen (Stadtteilbüro, Kirchenvertreter, Kommunale Ausländervertretung) in den Prozess der Zielformulierung mit ein zu beziehen. Im Rahmen einer anschließenden Kick Off Veranstaltung wurden eine gemeinsame Problemdefinition und erste Handlungsschritte erarbeitet. Bestehende Angebote und Kooperationen konnten so in die weitere Planung einbezogen werden.

Die Akteure der Monheimer Kinder- und Jugendhilfe und der sozialen Arbeit tauschen sich inzwischen im Arbeitskreis Prävention aus und entwickeln neue Konzepte und Arbeitsstrukturen. Die Präventionskette wird auf alle Lebensphasen der Kindheit und Jugend ausgeweitet: In fünf Arbeitsgruppen wird das Mo.Ki Netzwerk vom Kindesschutz ab der Geburt über bessere Bildungschancen in Kita, Grundschule und weiterführenden Schulen bis hin zum erfolgreichen Berufseinstieg organisiert.

4 Netzwerke in der Kinder- und Jugendhilfe

Funktionsfähige Netzwerke brauchen Akteure und Institutionen als Knotenpunkte sowie eine Koordinierung, die über einen Auftrag und eine Zielsetzung verfügt. Ein Netzwerk, das in einem Sozialraum soziale Dienstleistungen bereitstellen soll, benötigt darüberhinaus auf der Planungsebene klare Vorgaben sowie deutliche Rahmensetzungen, um Anreizstrukturen für die zukünftige Verbands- und Trägerentwicklung zu schaffen (vgl. Groß et al. 2005: 80). Entscheidender Faktor für das Gelingen von Mo.Ki ist daher die kommunale Unterstützung auf höchster Ebene, die auch im städtischen Leitbild verankert ist.

Um Netzwerke sowohl als wichtige Ressource im Sozialraum als auch als ein immer bedeutsamer werdendes Gestaltungsfeld der Sozialen Arbeit zu begreifen, sind künftig neue Handlungsansätze sowie veränderte Arbeitsmethoden und -instrumente in der Praxis erforderlich (vgl. Groß 2006). Präventions-, Querschnitts- und Vernetzungsanspruch sind Leitprinzipien der Kinder- und Jugendhilfe. Sie gelten für alle, die für und mit Minderjährigen arbeiten. Das Mo.Ki Netzwerk verdeutlicht die Möglichkeiten und Effekte eines neuen Weges in einer und durch eine Kommune und fördert wichtige Erkenntnisse für eine Fachdiskussion über die Netzwerkentwicklung in der Sozialen Arbeit.

Die Ausgestaltung des Kinder- und Jugendhilfesystems hin zu mehr Prävention gelingt nur durch eine enge Kooperation zwischen Kommune und freien Trägern. Dabei kommt letzteren qua Gesetz eine besondere Rolle zu: Über einen freien Träger eröffnet sich das gesamte fachliche und wirtschaftliche Know-how eines (Wohlfahrts-)Verbandes sowie die Vorteile der Einbindung in ein jeweils verbandsspezifisches Mehrebenen-Netzwerk (vom Ortsverein bis hin zu europäischen Organisationen). All das kann im Idealfall als zusätzliche Ressource für lokal umgesetzte Präventionsansätze zugänglich gemacht werden. Umgekehrt lassen sich so neue praktische Erfahrungen – wie sie in Mo.Ki gesammelt wurden – schneller in regionale, nationale und supranationale Fachdebatten rückspiegeln. Entscheidend ist, dass Apparat und Strukturen dazu genutzt werden, neue Qualitäten in der Arbeit zu erzielen und nicht Bestehendes um jeden Preis zu verteidigen.

Dem öffentlichen Träger der Kinder- und Jugendhilfe (mit seinen beiden Säulen Politik und Verwaltung) wiederum sind eine besondere Verantwortung und ein rechtlicher Gestaltungsauftrag übertragen: Die Initiierung von lokalen Netzwerken zu kinder- und jugendrelevanten Themen erfordert neue Arbeitsformen der Kommunalverwaltung. Neben die Jugendhilfeplanung tritt die Regiestelle, die für die Vernetzung als Bestandteil kommunaler Jugendhilfe steht und als Seismograph für soziale Veränderungen in der Kommune fungiert. Diese Regiestelle muss als fest verankerte Funktionsstelle innerhalb des Jugendamtes mit Gestaltungskompetenzen für eine umfassende Querschnittsarbeit über die Verwaltung hinaus ausgestaltet sein.

Die Regiestelle ermöglicht eine Bündelung von Ressourcen, um in der Praxis der Kitas bereits vorhandene Ideen und Vorstellungen weiterzuverfolgen und zu realisieren. Sie schafft strukturelle Voraussetzungen, um auf Seiten der Fachkräfte vorhandene Innovationspotenziale zu erschließen und für Präventionsansätze zu aktivieren. Einer der durch die Arbeit der Regiestelle erzeugten Synergieeffekte besteht somit in der Überwindung von in den Einrichtungen relativ isolierten und gleichwohl ähnlichen Erfahrungshintergründen – mit dem positiven Resultat, Fachaustausch zu ermöglichen sowie neue, einrichtungsübergreifende Arbeitsstrukturen zu initiieren.

Die Kitas erweisen sich in ihrer Doppelfunktion als Angebotsort und Anspracheweg als ideale Schnittstelle, um sozialräumlich orientierte präventive Konzepte zu erproben. Kindern und Eltern wird hier die Erkenntnis vermittelt, ernst genommen zu werden sowie Angebote mitgestalten zu können, das heißt Partizipationsrechte nutzen zu können. Für die Bewohner/innen des Berliner Viertels dürften die geschilderten Effekte somit nicht nur eine Zunahme an Handlungsmöglichkeiten bedeuten, sondern auch eine Signalwirkung ausstrahlen: ‚Für uns wird etwas getan, unser Stadtteil ist nicht abgehängt!'

Alexandra Birkle, Andreas Hildebrand

Sozialraumkoordination in Köln Höhenberg/Vingst

1 Grundlagen sozialraumorientierter Vernetzungsstrategien

1.1 Das Rahmenkonzept „Sozialraumorientierte Hilfsangebote"

Am 15.12.2005 hat der Rat der Stadt Köln das Konzept „Sozialraumorientierte Hilfsangebote" beschlossen und auf den Weg gebracht. Durch die Realisierung des Sozialraumansatzes in zunächst neun definierten Sozialräumen soll vorrangig eine Konzentration der öffentlichen Mittel auf Wohngebiete mit besonders sozialer Belastung erfolgen. Durch das Handeln der Stadt soll – trotz kommunaler Haushaltskrise – die Sicherung einer bedarfsgerechten Versorgung durch eine verbesserte Kooperation und einen effektiveren Mitteleinsatz gewährleistet werden. Dabei sollen die bestehenden Hilfeangebote bürgernäher werden und die Leistungserbringer flexibler reagieren können. Die soziale Sicherung der Stadt Köln soll sich noch stärker auf Anreize zu Vorsorge und Vorbeugung konzentrieren.
Folgende Prinzipien sind handlungsleitend:
- Orientierung an den Bedarfen der Wohnbevölkerung,
- Unterstützung von Selbsthilfekräften und Eigeninitiative,
- Nutzung der Ressourcen des sozialen Raumes,
- Zielgruppen- und bereichsübergreifende Orientierung,
- Kooperation und Koordination der sozialen Dienste.

Entscheidend ist, dass sich das Handeln aller Beteiligten an den methodischen Prinzipien der Sozialraumarbeit orientiert. Ein Fallmanagement mit verbindlicher ressortübergreifender und interdisziplinärer Hilfeplanung soll:
- eine schnelle, passgenaue und flexible Entwicklung von integrierten Hilfen ermöglichen,
- die Zielgenauigkeit, Wirksamkeit und Nachhaltigkeit der Hilfen sicherstellen,
- Schnittstellenüberschneidungen vermeiden,
- frühzeitige und verbesserte Zugangsmöglichkeiten zu Hilfen verschaffen,
- Lebensweltorientierung sicherstellen (z. B. durch Verbleib in der Familie, im sozialen Umfeld, in der Regeleinrichtung).

Angestrebt wird ein Systemwechsel entsprechend der Ziele des o.g. Ratsbeschlusses. Das soziale und solidarische Köln soll gestärkt und zukunftsfest gemacht werden und entspricht damit den Vorstellungen des Leitbildes für Köln. Der sozialraumorientierte Ansatz des Modellprojektes Buchheim soll im Sinne einer fachübergreifenden Arbeitsstruktur von Verwaltung und freien Trägern bedarfsgerecht um die Bereiche Soziales, Gesundheit, Bildung und Sport im jeweiligen Sozialraum erweitert werden.

Potenzielle Aufgabenfelder im Sozialraum sind hierbei: Kinder- und Familienförderung, Tagesbetreuung für Kinder, Erziehungshilfen, Kinder- und Jugendarbeit, Wohnhilfen, Qualifizierungs- und Berufshilfen, Seniorenarbeit, Gesundheitshilfen, Behindertenhilfen sowie Schülerhilfen und -förderung; daneben aber auch stadtweite Angebote (z. B. Schuldnerberatung) und die Kooperation mit Schulen, Kirchen, Polizei, der Arbeitsgemeinschaft Köln (Arge), Wohnungsbaugesellschaften und Vereinen z. B. aus den Bereichen Sport, Bildung und Kultur (Stadt Köln 2005). Mit diesem ganzheitlichen Ansatz wurden in Köln die Weichen gestellt für einen Paradigmenwechsel der kommunalen Verwaltung auf allen Ebenen. In den Blickpunkt des Verwaltungshandelns sollen mehr und mehr die Bedürfnisse und Wünsche der Bürgerinnen und Bürger treten. Dies gelingt in einer Millionenstadt, wo die kommunale Verwaltung in der Regel vom Bürger sehr weit entfernt ist, nur schwer. Wie kann die Bedürfnislage eines einzelnen Bürgers sich in einer Verwaltung mit 16.000 Mitarbeiter/innen wiederfinden, zumal in den letzten Jahren Verwaltungsstrukturen eher zentralisiert statt dezentralisiert wurden? Oder umgekehrt gefragt: Wie kann sich eine Fachverwaltung ein Meinungsbild zu einem ganz bestimmten Themenkomplex verschaffen? Hinte gibt darauf die Antwort: „…Eine an sozialstaatlichen Gedanken orientierte Politik ist deshalb verstärkt angewiesen auf vermittelnde Instanzen zwischen der Lebenswelt und den Interessen der Bürgerinnen im Stadtteil einerseits und den Entscheidungsträgerinnen und steuernden Instanzen in Politik, Verwaltung und Unternehmen andererseits. Solche vermittelnden Instanzen dürfen ausdrücklich nicht Bestandteil einer staatlichen oder kommunalen Verwaltung sein, also nicht dem akuten Handlungsbedarf eines großen bürokratischen Apparates unterliegen oder in Entscheidungszentralen angesiedelt sein. Sie fungieren als loyale Sachwalter einer sozialen, gerechten und am Wohl einer Stadt orientierten Politik" (1994: 79f.).

Im Konzept der Stadt Köln sind dem entsprechend die Positionen von Sozialraumkoordinatoren geschaffen worden, mit deren operativer Verantwortung in der Regel freie Träger der Wohlfahrtspflege beauftragt wurden. Für den Sozialraum Höhenberg/Vingst (HöVi) sind dies die Kath. Jugendwerke Köln e.V., die bereits seit 1998 in diesem Sozialraum tätig sind und seit 2001 im Projekt „HöVi Jugendstadtteilmanagement" wesentliche Kenntnisse in der sozialräumlichen Arbeit erworben haben. Bewusst wurde hier ein konfessioneller Träger gewählt, da wesentliche Teile der sozialen Arbeit im Viertel bereits durch die christlichen Kirchen im Viertel geprägt sind. Für die Umsetzung des Auftrags steht die Stelle eines Sozialraumkoordinators (Sozialarbeiter/Sozialpädagoge) zur Verfügung. Die Finanzierung dieser Stelle erfolgt aus einer eigens dafür eingerichteten Stelle im Haushalt der Stadt Köln. Im Sozialraum Höhenberg/Vingst wurde die Stelle geteilt und an eine bestehende Einrichtung angegliedert, die als Koordinations- und Anlaufstelle fungiert.

1.2 Das Sozialraumgebiet Köln Höhenberg/Vingst

Das Sozialraumgebiet Höhenberg und Vingst umfasst die beiden Stadtteile Höhenberg und Vingst mit zusammen etwa 23.500 Einwohner/innen. Es handelt sich also um die Größenordnung einer Kleinstadt, umfasst von der Fläche her jedoch lediglich ein Gebiet von zwei Quadratkilometern. Außerdem stellen die Stadtteile keine kommunale Verwaltungsgröße dar. Diese sind in Köln auf der Stadtbezirksebene angesiedelt, die etwa 120.000 Einwohner umfassen.

Bei den Stadtteilen Höhenberg und Vingst handelt es sich um Gebiete, in denen in den 60er Jahren vor allem Arbeiter, insbesondere Gastarbeiter angesiedelt wurden. Daraus resultiert noch heute der hohe Anteil an Menschen mit Migrationshintergrund, der mit einem Anteil von 48 % um 6,5 % höher als im Stadtbezirk Kalk und um 17,4 % höher als in der Stadt Köln ausfällt. Dabei sticht besonders der hohe Anteil der türkischen Migranten hervor, der den Kölner Durchschnitt um mehr als das Zweifache übersteigt. Zudem sind die beiden Stadtteile besonders von einer hohen Arbeitslosen- und Sozialhilfequote gekennzeichnet. Die Sozialhilfequote in Höhenberg und Vingst ist mit ca.11 % (12,0 % in Vingst und 10,3 % in Höhenberg) im Vergleich zum gesamtstädtischen Durchschnitt fast doppel so hoch. Darunter sind Sozialhilfeempfänger/innen ohne Schulabschluss und ohne Ausbildung mit 41 % besonders häufig zu finden. Diese Merkmale resultieren noch immer aus dem Strukturwandel, der sich seit Anfang der 90er Jahre im rechtsrheinischen Kalk durch den Niedergang verschiedener großer Wirtschaftsunternehmen vollzieht.

2 Ausgangssituation

Im politischen Entscheidungsprozess war ein Kriterium für die Installation der Sozialraumkoordination in den Stadtteilen Höhenberg und Vingst, dass beide Stadtteile bereits über Netzwerkstrukturen verfügen, an denen die Koordination anknüpfen kann.

Hierbei ist besonders hervorzuheben, dass beide Stadtteile bereits untereinander stark vernetzt sind und viele Bürger und Einrichtungen seit einigen Jahren unter dem Begriff „HöVi" beide Stadtteile als *einen* Lebensraum verstehen. Diese Entwicklung wurde vor allem durch die Zusammenlegung der beiden katholischen Kirchengemeinden, die für das bürgerliche Leben im Viertel eine große Bedeutung haben, im Jahr 2000 begünstigt. Auch die Evangelische Kirchengemeinde hat als Einzugsbereich die beiden Stadtteile Höhenberg und Vingst. Da beide Gemeinden eng zusammenarbeiten und Dreh- und Angelpunkt für die Netzwerkarbeit in den beiden Stadtteilen sind, konnte sich in den beiden Stadtteilen Höhenberg und Vingst in den letzten Jahren eine übergreifende Zusammenarbeit entwickeln.

2.1 Stadtteiltreffen als Netzwerkplattform

Neben zielgruppenspezifischen Netzwerken (u. a. für die Bereiche Jugend, Senioren, Junge Familien und Migration) gibt es in Vingst seit Jahren das Stadtteiltreffen, das mittlerweile auch Akteure aus Höhenberg zum Informationsaustausch nutzen und das somit für beide Stadtteile zu einer Netzwerkplattform geworden ist. Hier treffen sich die Akteure aus den verschiedenen Bereichen und tauschen sich über die eigenen Arbeitszusammenhänge hinaus aus. Im Focus stehen hier nicht die einzelnen Zielgruppen, sondern die Gesamtentwicklung in Höhenberg und Vingst. Die Treffen finden viermal im Jahr für die Dauer von zwei Stunden statt; in der Regel nehmen zwischen 30 und 40 Personen daran teil. Während dieser Treffen ist es natürlich nicht möglich, sich ausführlich über die Arbeit aller Akteure auszutauschen oder intensive Entwicklungen im Stadtteil anzugehen. Oft bilden sich in diesem Gremium Arbeitsgruppen, die sich mit Querschnittsaufgaben, wie z. B. dem Zugang zu den Öffentlichen Verkehrsmitteln, befassen. Trotz der regelmäßigen Stadtteiltreffen fehlte in der Vernetzungsarbeit eine „Zentrale", in der Informationen zusammenlaufen und Entwicklungen gezielt gesteuert und strukturiert werden.

2.2 Praktische Arbeit als Mittelpunkt von Netzwerkarbeit

Die Akteure in Höhenberg und Vingst legen großen Wert auf die Vernetzung, dennoch ist allen daran gelegen, dass Ziele und Leistungen sowie die im Viertel lebenden Menschen und nicht die Vernetzung selber im Mittelpunkt stehen. Daher sind Kooperationen in HöVi unbürokratisch und orientieren sich an praktischen Projekten. Die Vernetzung in Höhenberg und Vingst ist unkonventionell und unförmlich, spontan, kreativ und dennoch zielgerichtet. Sie basiert auf einem Selbstverständnis, dass alle Akteure zum Wohl im Viertel beitragen.

Dieser durchaus produktive Zustand führt zu einer großen Zufriedenheit der Beteiligten.

Im Rahmen der Sozialraumkoordination ist es eine wichtige Aufgabe, diesen Zustand zu bewahren und eine Stärkung und Entwicklung der Vernetzung herbei zu führen, ohne die Netzwerkkultur unnötig zu bürokratisieren und zu komplizieren. Würden von einer Koordination aufgesetzte Strukturen die Arbeit und spontane Reaktionen lähmen, fühlten sich die Netzwerker schnell entmündigt und demotiviert.

2.3 Bürgerschaftliches Engagement

Wichtiger Bestandteil der Vernetzung in Höhenberg und Vingst ist das ehrenamtliche Engagement der Bürger, das durch Einzelpersonen, Gemeindemitglieder, die Bürgervereine und Ehrenamtliche im Bürgerzentrum etc. ausgestaltet wird. Sie partizipieren im Stadtteil an Entscheidungen und Entwicklungen und werden durch die Verteilung von Verantwortung motiviert, sich zu beteiligen.

Ein gutes Beispiel ist hierfür die Ferienspielaktion „HöVi-Land", die ohne 300 ehrenamtliche Mitarbeiter aus Höhenberg und Vingst nicht stattfinden könnte. HöVi-Land kann allgemein als hoher Identifikationsfaktor der Netzwerkarbeit im Viertel gesehen werden. Mittlerweile sind nicht nur die beiden Kirchengemeinden als Veranstalter mit hauptamtlicher Kraft am Start: In HöVi-Land finden inzwischen auch Veranstaltungen für Eltern und Senioren statt, da sich beispielsweise die Familienhilfe des SKM sowie die beiden Seniorennetzwerke mit separaten Veranstaltungen ‚eingeklinkt' haben.

2.4 Netzwerk ohne Struktur

Eine solche, wenig strukturierte Kooperation ist vor allem an Personen und informelle Kontakte gebunden. Neuen Netzwerkpartnern, insbesondere professionellen Fachkräften, die nicht im Sozialraum leben, fällt der Zugang nicht leicht. Darüber hinaus macht die Vielfalt der Angebote die Angebotspalette für Außenstehende unübersichtlich. Immer noch gibt es einzelne Akteure, die ihre Arbeit für andere im Verborgenen tun. Auch werden Aktivitäten von anderen Akteuren nicht wahrgenommen und leichtfertig übersehen. Dies führt mitunter zu einer Doppelung von Angeboten und damit zu einer Verschwendung von Ressourcen. Dies liegt häufig daran, dass Strukturen nicht vorhanden oder nicht erkennbar sind oder sich in einer anderen Lebenswirklichkeit befinden. Hier gilt es, künftig Barrieren abzubauen und für ein höheres Maß an Transparenz zu sorgen. Erste vage Schritte werden derzeit z. B. im christlichen-muslimischen Dialog unternommen.

3 Mehrwert der Sozialraumkoordination

Sozialraumkoordination in Höhenberg und Vingst soll Prozesse der Abstimmung und Weiterentwicklung initiieren und begleiten und den Menschen im Viertel die Möglichkeit geben, sich daran zu beteiligen. Dies geschieht durch das Schaffen entsprechender Räume, dem Setzen von inhaltlichen Impulsen, dem Sammeln von Informationen und Einschätzung und einer gezielten Weitergabe dieser. Als intermediäre Instanz zwischen den Beteiligten holt die Sozialraumkoordination die einzelnen Partner an einen Tisch. Dabei wechselt die Funktionsweise der intermediären Instanz je nach Bedarf zwischen konfrontierenden, integrierenden oder moderierenden Haltung (vgl. Hinte 1994).

Auf Grund der bereits vorhandenen Strukturen ist es nicht das primäre Ziel der Sozialraumkoordination in Höhenberg und Vingst, ein sozialräumliches Netzwerk aufzubauen. Viel mehr haben die Sozialraumkoordinatoren die Aufgabe, die vorhandenen Ressourcen und Strukturen zu stärken und weiter zu entwickeln. Dies bedeutet, die vorhanden Strukturen so zu beeinflussen, dass

- Arbeitsabläufe zwischen verschiedenen Institutionen im Viertel effizienter gestaltet werden können,
- doppelte Angebote im Viertel vermieden werden,
- die Angebote im Viertel mit der Gesamtsituation und anderen Beteiligten abgesprochen sind,
- alle über die Ressourcen im Viertel informiert sind und sie unkompliziert genutzt werden können,
- Casemanagement im Sozialraum schnell und mit einer hohen Qualität angegangen werden kann,
- das Handeln und die allgemeine Entwicklung im Stadtteil für alle transparent ist,
- gemeinsame Anliegen in Absprache oder gemeinsam angegangen werden,
- Bedarfe gemeinsam erkannt, abgesprochen und angegangen werden,
- sich alle niedrigschwellig in Entwicklungsprozesse einbringen und sie mit gestalten können,
- die Vernetzung für die einzelnen Partner in einem ökonomischen Verhältnis zum Ergebnis für den Sozialraum steht,
- auch die Bürger im Viertel ihren Sozialraum aktiv mitgestalten können,
- es interessant für die Bürger und die Einrichtungen ist, sich im Viertel einzubringen,
- Institutionen mitwirken, die bisher außen vor waren.

3.1 Vernetzung als Beteiligungsoption

Auf dem Weg zu diesen Zielen ist es wichtig, die Akteure im Viertel zu motivieren und zu stärken, gemeinsame Projekte anzugehen und Absprachen zu treffen. So werden die Gelder, die dem Viertel im Rahmen der Sozialraumkoordination zur Verfügung stehen, ausschließlich in den verschiedenen sektoralen Teilnetzwerken verteilt. An einem Projekt, dass mit diesen Mitteln bezuschusst werden soll, müssen zum einen mindestens zwei Kooperationspartner beteiligt sein, zum anderen muss die Notwendigkeit bzw. die Möglichkeiten des Projektes in einem der Teilnetzwerke vorgestellt und besprochen werden. Dies führt in der Praxis dazu, dass sich Akteure der einzelnen Netzwerke zu einzelnen Projektideen austauschen, verschiedene Einschätzungen abgeben und gemeinsam entschieden wird, ob ein Projekt Sinn macht. Vielleicht gibt es bereits ein ähnliches Projekt oder eine Personalressource, die sich hierfür besonders gut eignet, vielleicht brennt die Problematik auch anderen unter den Nägeln und man bereitet eine gemeinsame Strategie vor, vielleicht sehen andere das Thema aber auch als nicht wichtig an, so dass es nicht bezuschusst wird. Projekte treten so aus ihren Isolierungen heraus. Problemlagen und Entwicklung im Stadtteil werden am Runden Tisch besprochen und in die Verantwortung der Anwesenden gelegt. Wer mitreden will, muss sich vernetzen.

Neben den bereits vorhandenen Netzwerkroutinen sind von den Sozialraumkoordinatoren zwei neue Instrumente der Vernetzung implementiert worden. Dies sind zum einen eine jährlich stattfindende Sozialraumkonferenz und zum anderen eine Internetplattform.

An der Sozialraumkonferenz nehmen über das Stadtteiltreffen hinaus auch andere Akteure aus dem Viertel teil, wie z. B. Mitarbeiter aus der Kommunalverwaltung, die für die Stadtteile zuständig sind. Dieser Kreis besteht aus ca. 80 Personen. Die Veranstaltung findet auf Grundlage der Open-Space-Methode statt und gibt deshalb neben formellen Untergruppen reichlich Möglichkeit zum informellen Austausch. Neben sozialraumrelevanten Themen bilden sich mit dieser Methode auch die zugehörigen Akteure ab. Dies ist Grundlage für die weitere themenspezifische Netzwerkarbeit.

3.2 Transparenz und Eigenverantwortung

Ein weiterer, wichtiger Baustein, die Vernetzung in Höhenberg und Vingst zu fördern ist, die Transparenz und die Information unter den Akteuren im Stadtteil mit möglichst wenig zeitlichem Aufwand. Entstanden ist die Internetplattform „www.hoevi.info", in der jede Einrichtung die Möglichkeit hat, ihre Arbeit in einem eigenen Bereich zu präsentieren und darüber zu informieren. Darüber hinaus können Termine und Artikel eingestellt werden, ein Forum lädt zum Austausch zu bestimmten Themen ein. Elementarer Bestandteil dieser Seite ist, dass jede Institution für die Pflege der eigenen Daten selbst verantwortlich ist. Somit vernetzt nicht die Sozialraumkoordination die einzelnen Einrichtungen untereinander, sondern jeder Akteur ist verantwortlich, seinen Teil dazu beizutragen. Damit ein solches Projekt bei allen Akzeptanz findet, war es wichtig, auch die in der IT-Arbeit ungeübten Menschen zu berücksichtigen und ihnen entsprechende Hardware und eine Einführung zur Verfügung zu stellen.

4 Open-Space als Methode zur Netzwerkanalyse und Aktivierung

Um in komplexen Netzwerken der Sozialraumarbeit eine Analyse der relevanten Themen und der sie repräsentierenden Akteure durchzuführen, bedarf es einer Methode, die der Vielschichtigkeit der lokalen Situation entgegenkommt. Wir wählten zum Auftakt unserer Koordinationstätigkeit die „Open-Space-Methode". Diese Methode bietet sich vor allem für komplexe Fragestellungen an, die mit einer heterogenen Teilnehmerschaft bearbeitet werden sollen. Dabei sollte die Frage so gewählt werden, dass sich die Akteure davon angesprochen fühlen. Das Thema unserer Auftaktveranstaltung lautete deswegen: „Soziale Arbeit – eine Gesamtaufgabe für das Viertel". Da die Open-Space Methode eine Freiwilligkeit der Teilnahme vorschreibt (anders wäre es in unserem Fall auch gar nicht denkbar gewesen, schließlich haben die Sozialraumkoordinatoren nicht die Position, zur Teilnahme verpflichten zu können), kann man allein an den Teilnehmenden ablesen, welche die für die sozialräumliche Netzwerkarbeit relevanten Akteure sind.

Carole Maleh schreibt zum Einsatz der Open Space-Methode, sie sei vor allem deshalb ein Erfolg, „weil die Teilnehmenden die ganze Konferenz über Zeit haben, mit anderen nach ihrem Engagement zu ihren eigenen Themen zu arbeiten, Ideen zu entwickeln und auch zu planen, wie sie diese umsetzen möchten. Kein Teilnehmer muss sich etwas anhören, woran er nicht interessiert ist. Jede Person trägt an den Tagen der Konferenz das bei, was ihr am Herzen liegt und was sie bewegen möchte" (2000: 17). Alle tragen somit die Verantwortung für den Erfolg der Konferenz. Die reine Lehre der Open-Space-Methode sieht eine mehrtägige, im Idealfall dreitägige Konferenz vor. Das konnten und wollten wir unseren Akteuren im ersten Anlauf jedoch nicht abverlangen. So fiel die Entscheidung – gemeinsam mit der externen Moderation – auf eine sechsstündige Konferenz. Allein die Methode verdeutlicht den Teilnehmer/innen bereits, was in der sozialräumlichen Netzwerkarbeit generiert werden soll: nämlich Eigenverantwortung. So haben die Teilnehmer/innen die Verantwortung, Themen einzubringen, die für sie relevant sind. An der späteren Gruppengröße, in der dieses Thema diskutiert wird, kann die Relevanz des Themas für den Sozialraum abgelesen werden. In unserem Fall wurden zu elf Themengebieten Arbeitsgruppen gebildet. Das Themenspektrum reichte von *Situation der öffentlichen Spiel- und Bolzplätze* über *Bürgerschaftliches Engagement und Beteiligungsmöglichkeiten* bis hin zu *Vernetzung von Schule und Freizeitangeboten durch Vereine, Bürgerzentren*. Bereits während der Konferenz bestand die Möglichkeit, für die weitere Bearbeitung des Themas Arbeitsgruppen zu bilden. Die Besetzung der Arbeitsgruppen zeigte deutlich, wie die Interessenslagen der Akteure verteilt sind, an welchem Punkt es Netzwerkoptionen gibt und welche Außenseiterpositionen zu ihren Anliegen noch keine Netzwerkpartner gefunden haben.

5 Organisationsstruktur ohne Organisation

Die Sozialraumkoordination muss das gesamte Sozialraumgebiet Höhenberg/Vingst als einen zusammenhängende organisatorischen Rahmen betrachten. Dies fällt auf Grund der Vielschichtigkeit relativ schwer. Außer einer räumlichen Abgrenzung der Stadtteile gibt es nur wenige Strukturen, die sich genau auf dieses Gebiet beziehen. So haben z. B. die beiden weiterführenden Schulen (Hauptschule und Gesamtschule), die sich im Viertel befinden, einen wesentlich größeren Einzugsbereich als nur Höhenberg und Vingst. Lediglich ein kleiner Teil der Schüler wohnt auch im Viertel. Andererseits gibt es eine Reihe von Vereinen, Einrichtungen und Gruppierungen, die aus einem ganz bestimmten Aspekt heraus agieren (z. B. Karnevalsvereine, Migrantenvereine, Kirchen etc.). Die Mitglieder dieser Gruppierungen sind jedoch in der Regel auch Mitglieder anderer Gruppierungen, so dass sich ein multiplexes System ergibt, in der einzelne Akteure in verschiedenen Rollen und Funktionen auftreten. Insgesamt kann man nicht von einer klar definierten Organisationsstruktur wie z. B. in einem Wirtschaftsunternehmen, einem Verein oder einer Kommunalverwaltung sprechen. Auch gibt es auf der Ebene des Sozialraumgebietes keine demokratisch legitimierten Instanzen, wie z. B. auf Stadtbezirks- (Bezirksvertretung) oder gesamtstädtischer Ebene (Stadtrat). Selbst die Definition der Akteure stellt die Sozialraumkoordination vor eine große Herausforderung, da diese ja nicht an eine feste Mitgliedschaft gebunden sind. So kann z. B. auch jemand, der sich nur einmal um einen bestimmten Aspekt kümmert (z. B. die Durchführung eines Sportturniers) und sonst nicht in Erscheinung tritt, ein interessanter Akteur aus Sicht der Sozialraumkoordination sein.

Eine Koordination auf dieser Ebene kann somit nur heterarchisch angelegt sein (vgl. Goldammer 2003). Diese Form der dezentralen Netzwerkarbeit ermöglicht es weitestgehend, Entscheidungen nach dem Bottom-up-Prinzip zu treffen. Der Einflussmöglichkeit vieler wird dabei eine große Bedeutung beigemessen. Dies erfordert eine hohe kommunikative Kompetenz in der Koordination. Es ist notwendig, die relevanten Themen der Akteure zu erkennen und zu benennen. Die Arbeitsgruppen organisieren sich ausschließlich um dieses Thema, wobei der Fortbestand einer Arbeitsgruppe davon abhängt, inwieweit dieses Thema bereits abgearbeitet ist. So ist es u.U. notwendig, eine Arbeitsgruppe auch wieder aufzulösen, damit diese nicht zum Selbstzweck wird. Es ist jedoch keinesfalls so, dass ausschließlich die Koordination die Arbeitsgruppen einberuft; vielmehr haben wir es mit einem lebendigen und organischen System zu tun, in dem sich auch selbständig Arbeitsgruppen finden. Dies erschwert die Arbeit für die Koordination zusätzlich, da nicht nur formelle Kommunikationswege zu beachten sind, sondern zu einem großen Teil auch die informellen Kommunikationswege.

Ziel der Sozialraumkoordination ist es nicht, die formellen und informellen Strukturen aufzubrechen und in ein genormtes Schema zu bringen, sondern zu lernen, sich in diesen Strukturen zu bewegen und schließlich Orientierung und Wegweiser in diesen Strukturen zu sein. Schließlich sollen Gemeinsamkeiten und Parallelen in diesem vielschichtigen System aufgedeckt werden, um zur Bildung von Synergien beizutragen.

6 MITreden, MITwirken, MITverantworten

Im letzen Abschnitt haben wir bereits die Frage gestellt: Wer ist eigentlich Akteur im Rahmen der sozialräumlichen Netzwerkarbeit? Diese Frage lässt sich nicht eindeutig beantworten. Eines der grundlegenden Ziele der „Sozialräumlichen Hilfsangebote" ist die Aktivierung von bürgerschaftlichem Engagement, das aber seine eigenen Gesetzmäßigkeiten hat. Im Gegensatz zu bezahlter Arbeit sind hier in vielen Fällen Leistung und Gegenleistung, also der Lohn für die Arbeit, nicht eindeutig geklärt. Es ist es jedoch nicht so, dass bürgerschaftliches Engagement vollkommen selbstlos gezeigt wird. Für viele Menschen, die sich ehrenamtlich engagieren, ist es ein Ziel, sich selbst in irgendeiner Art und Weise selbst zu verwirklichen. So wollen oftmals ehrenamtlich tätige Menschen nicht einfach Auftragsempfänger sein und einen Job abarbeiten, sondern sie wollen in ihrem Bereich mitentwickeln, mitbestimmen und eigene Ideen einbringen.

In der sozialräumlichen Arbeit treffen ehrenamtliche Strukturen und hauptamtliche Strukturen aufeinander. Hier gilt es differenziert heraus zu arbeiten, wer in welchem Umfang welche Leistung übernehmen kann und wer bestimmt, was in welchem Themenbereich zu tun ist. Eine große Gefahr besteht immer darin, dass hauptamtliche Tätigkeit das Engagement von ehrenamtlich Tätigen einengt, so dass letztere sich übergangen fühlen und letztlich nur als „Hilfsarbeiter" vorkommen. Ehrenamt und Hauptamt müssen sich daher auf gleicher Augenhöhe treffen. Dieser lapidar wirkende Satz beinhaltet eine Menge Sprengstoff: Er bedeutet nämlich, dass sich das Hauptamt nicht grundsätzlich dem Ehrenamt unterordnen muss bzw. darf und dass Haupt- und Ehrenamt nicht die gleichen Inhalte haben.

„Menschen, Ideen und Ressourcen" ist ein Dreiklang, dem sich die Sozialraumkoordination in der Bearbeitung der Themen stellen muss. Wer sind die Akteure im Themenfeld? Welche Ideen haben diese Akteure? Und welche Ressourcen bieten die Akteure? Dabei sind die Ressourcen unter anderem die jeweilige Arbeitskraft und der Leistungsumfang, ungeachtet ob bezahlt oder unbezahlt. Der Sozialraumkoordination kommt in diesem Fall die Rolle des Moderators zu, die den themenbezogenen Prozess moderiert und gemeinsam mit den Akteuren aus den Ideen Handlungsstrategien und Umsetzungsschritte erarbeitet. In diesem Sinne versteht sich die Sozialraumkoordination als „Intermediäre Instanz", die unabhängig von eigenen Interessen agiert.

Die Intermediäre Instanz schafft die Rahmenbedingungen und Handlungsspielräume für den Dialog der Akteure. Sie ist als Vermittler verschiedener gesellschaftlicher Gliederungen zu verstehen. Dies sind insbesondere die Bürger, die Politik, die Verwaltung, die Privatwirtschaft sowie die freien Träger der Wohlfahrtspflege. Vor diesem Hintergrund wird Konfliktfähigkeit für die intermediäre Instanz zur Schlüsselqualifikation; zugleich sind Strukturen zu schaffen und Prozesse zu gestalten, in denen Dissonanzen aus unterschiedlichen gesellschaftlichen Ansprüchen heraus in zensurfreien kommunikativen Räumen verhandelt werden können. Auf diesem Weg kann die intermediäre Instanz der Vielfalt gesellschaftlicher Lebensentwürfe und der Eigensinnigkeiten von Teilsystemen gerecht werden und Prozesse initiieren, in denen anschlussfähige (politische) Konzepte erarbeitet werden (vgl. Schnee et al. 2001).

7 Resümee und Ausblick

Die Erfahrungen der Netzwerkarbeit in Höhenberg und Vingst haben gezeigt, dass Netzwerke nicht von oben entstehen können, sondern von unten und unter aktiver Beteiligung aller Netzwerkpartner wachsen müssen. Unter sozialräumlichen Aspekten kommt dabei der Beteiligung der Menschen, die vor Ort leben, der Vereine und ehrenamtlichen Institutionen eine besondere Bedeutung zu.

Um Netzwerkarbeit zu koordinieren, ist es wichtig, die Beteiligten ernst zu nehmen und keine Vorgaben zu machen. Es ist für die Arbeit sehr bedeutsam, die

Anregungen und Bedürfnisse der Netzwerkpartner in den Mittelpunkt der Arbeit zu stellen. Dies verlangt in Höhenberg und Vingst einen unbürokratischen Arbeitsstil, der Spontanität und Kreativität zulässt.

Es ist wichtig, dass die Vernetzung für alle Partner durchschaubar ist und als demokratisch erlebt wird. Sollten die Netzwerkpartner den Eindruck haben, keinen Gewinn vom Vernetzen mehr zu haben und den Prozess nicht mehr aktiv mitgestalten zu können, entstehen Unsicherheiten und Unzufriedenheiten bis hin zum Abbruch der Netzwerkbeziehungen.

In der täglichen Arbeit ist es bedeutsam, sich immer wieder vor Augen zu halten, dass nicht alle Netzwerkpartner die gleichen Vorraussetzungen mitbringen. Diese können, wenn man von der Ganzheitlichkeit eines Stadtteils oder Sozialraums ausgeht in vielen Bereichen sehr verschieden sein. Jeder bringt eigene Ziele, Ideen und Beweggründe für sein Engagement mit und verfügt über andere Fähigkeiten und Ressourcen. Wichtig ist, niemanden auszuschließen und jedem die Möglichkeit zu geben, sich einzubringen. Ein gutes Beispiel ist in Höhenberg und Vingst die Internetplattform. Da nicht alle (ehrenamtlich geführten) Vereine sowie professionell besetzten Einrichtungen) über die entsprechenden technischen Vorraussetzungen und Kenntnisse verfügen, wurde allen Akteuren die Möglichkeit angeboten, einen zentralen Computer für die Texteingabe nutzen zu können und eine entsprechende Einführung zu bekommen.

Die Vernetzung muss für die Beteiligten pragmatisch und im Kontext der eigentlichen Aufgabe bleiben. Ziel der sozialräumlichen Arbeit ist es, die Lebensverhältnisse der Menschen in Höhenberg und Vingst zu verbessern. Die Akteure dürfen nicht den Eindruck bekommen, dass die eigentliche Arbeit in den Hintergrund tritt und man um der Treffen willen kooperiert, sondern müssen überzeugt sein, dass die Belange des Sozialraums effizienter und effektiver gestaltet werden können. Die Vernetzungen müssen in einem ökonomischen Zusammenhang zu Aufwand und Ergebnissen stehen.

Durch die Koordinierungs- und Anlaufstelle finden auch die Menschen im Viertel einen Eingang ins Netzwerk, die sich alleine nicht zu Recht finden würden. Und durch die Internetplattform stellen wir eine Bühne zur Verfügung, die alle nutzen können. Dabei fühlen sich alle für das Gelingen des Projektes mit verantwortlich, weil sich jeder darum kümmern muss, dass sein Mosaikstück zum Ganzen beiträgt.

Autorinnen und Autoren

Alexandra Birkle, geb. 1979, Diplom-Sozialpädagogin, Studium an der Kath. Fachhochschule Köln, Kath. Jugendwerke Köln e.V., Sozialraumkoordinatorin für Köln Höhenberg-Vingst. Tätigkeitsschwerpunkte: Frühe Kindheit und Familie, Schule und Beruf, Familienzentrum.
Kontakt: alexandra.birkle@kjw-koeln.de

René Böhmer, geb. 1977, PhD Diplom Betriebswirt, Projektmanager für Großprojekte bei der LGI Logistics Group International GmbH Böblingen. Berufliche Tätigkeiten: Berufsaus- und Weiterbildung im Handel der Metro AG, Führungskraft bei der Metro AG. Qualifizierung: Promotion zum PhD an der Comenius Universität Bratislava; zurzeit laufendes Promotionsvorhaben zum Dr. rer. pol. in Zusammenarbeit mit dem IHI in Zittau. Arbeitsschwerpunkte: IT, SCM, Organisationsentwicklung und Logistik.
Kontakt: rene_boehmer@lgi.de

Bernt-Michael Breuksch, geb. 1953, Ltd. Ministerialrat, Studium der Rechtswissenschaften, Ministerium für Generationen, Familie, Frauen und Integration des Landes Nordrhein-Westfalen; Leiter der Gruppe „Kinder" mit den Aufgabenfeldern: Kindertagesbetreuung, Frühe Hilfen und Familienzentren, Kinderfreundliches Nordrhein-Westfalen". Berufliche Tätigkeiten: Langjährige Leitung des Referates „Kindertagesbetreuung" im Ministerium für Arbeit, Gesundheit und Soziales, im Ministerium für Frauen, Jugend, Familie und Gesundheit, im Ministerium für Schule und Jugend und im Ministerium für Generationen, Familie, Frauen und Integration des Landes NRW.
Kontakt: bernt-michael.breuksch@mgffi.nrw.de

Katja Engelberg, geb. 1977, M.A., Studium der Erziehungswissenschaft in Bonn (Nebenfächer Strafrecht/Kriminologie; Neuere Geschichte), wissenschaftliche Referentin im Ministerium für Generationen, Familie, Frauen und Integration des Landes Nordrhein-Westfalen; bis 2007 in der Gruppe „Kinder" der Abteilung Kinder und Jugend zuständig für das Landesprojekt der Familienzentren sowie dem Themengebiet der Frühen Hilfen, seit 2008 zuständig innerhalb der Gruppe „Jugend" für die Themen Kinder-Jugendschutz, Jugendmedienschutz, und Jugendsozialarbeit.
Kontakt: katja.engelberg@mgffi.nrw.de

Andreas Hildebrand, geb. 1971, Dipl.-Sozialpädagoge und Betriebswirt für soziale Berufe (KA), Studium an der Universität-Gesamthochschule Essen, Fachbereichsleiter Jugendsozialarbeit der Kath. Jugendwerke Köln e.V., Sozialraumkoordinator für Köln Höhenberg-Vingst. Tätigkeitsschwerpunkte: Jugendhilfe, Jugendberufshilfe, Bildung, Freizeit.
Kontakt: andreas.hildebrand@kjw-koeln.de

Mira Kleinbauer, geb. 1975, Diplom-Kauffrau, Dozentin an der Verwaltungs- und Wirtschaftsakademie (VWA) Magdeburg. Studium der Wirtschaftswissenschaften an der Leibniz Universität Hannover und der Otto-von-Guericke-Universität Magdeburg mit den Schwerpunkten Unternehmensführung sowie betriebliche Steuerlehre. Berufliche Tätigkeiten: Wissenschaftliche Mitarbeiterin an der Fakultät für Informatik der Otto-von-Guericke-Universität Magdeburg in der Arbeitsgruppe Wirtschaftsinformatik, stellvertretende Abteilungsleiterin in der Abteilung Prozess- und Informationsmanagement des Fraunhofer-Instituts für Fabrikbetrieb und -automatisierung (IFF) in Magdeburg; Beiratsvorsitzende des Industriearbeitskreises „Kooperation im Anlagenbau". Arbeitsschwerpunkte: Netzwerkmanagement und Kooperationscontrolling für Unternehmensnetzwerke in der Maschinen- und Anlagenbau-Branche.
Kontakt: mira.kleinbauer@gmx.de

Tassilo Knauf, geb. 1944, Dr. phil., Universitätsprofessor im Fachbereich Bildungswissenschaften der Universität Duisburg-Essen, Präsident der Gesellschaft für Jenaplan-Pädagogik in Deutschland, Vorsitzender von Dialog Reggio – Gesellschaft zur Förderung der Reggio-Pädagogik in Deutschland, Mitglied des wissenschaftlichen Beirats der Aktion Humane Schule, wissenschaftlicher Leiter des Modellversuchs „Gemeinsamer Orientierungsrahmen Bildung in Kindertageseinrichtungen und Grundschule (GOrBiKS)" im Rahmen des 5-Länder-Modellversuchs TransKiGs. Arbeitsschwerpunkte: Schnittstellen im Bildungsbereich, Qualitätsmanagement in Kindertageseinrichtungen und Grundschulen, Bildungsdokumentation und Didaktik.
Kontakt: tassiloknauf@aol.com oder tassilo.knauf@uni-due.de

Ursula Müller-Brackmann, geb. 1958, Diplom-Sozialarbeiterin, Zusatzausbildung zur Jugendhilfeplanerin, Fachberatung der offenen Ganztagsschulen im Schulamt der Stadt Mönchengladbach. Berufliche Tätigkeiten: Forschungsprojekt der Hochschule Niederrhein Mönchengladbach im Landesjugendheim Krefeld für schwer erziehbare, verhaltensauffällige Jugendliche; Sozialhilfe- und Schuldnerberatung, Beratung in der Jugendberufshilfe, Mitarbeit in der Koordinationsstelle für arbeitslose Jugendliche und Jugendhilfeplanung in der Stadt-

verwaltung Mönchengladbach. Lehraufträge an der Hochschule Niederrhein, Referentin in Ausbildungslehrgängen des Fortbildungsinstituts SINN und des Landesjugendamts Rheinland. Arbeitsschwerpunkte: Entwicklung und Aufbau der Netzwerkstrukturen von Familienzentren und Entwicklung eines Methodenkoffers zur Netzwerkarbeit. Veröffentlichungen u.a. zu den Themen: Schuldnerberatung und Entschuldungshilfen in der Sozialarbeit, Arbeitsmarkt- und Berufsbildungsberichte, Wege der Familienbildung, Jugendhilfeplanung.
Kontakt: ursula.mueller-brackmann@moenchengladbach.de

Günter Schicker, geb. 1973, Dr. Diplom-Betriebswirt und Bankkaufmann, wissenschaftlicher Mitarbeiter am Lehrstuhl Wirtschaftsinformatik II der Universität Erlangen-Nürnberg, Ausbildung an der FH Amberg-Weiden mit den Schwerpunkten Wirtschaftsinformatik, Organisation, Marketing; Promotion mit der Dissertation „Koordination und Controlling in Praxisnetzen mithilfe einer prozessbasierten E-Service-Logistik". Berufliche Tätigkeiten: Beratungstätigkeit im Bereich Consulting und Systemintegration, Koordination des „Competence Center e-Health Networking" (http://www.wi2.uni-erlangen.de), Geschäftsfeldverantwortlicher an einem Spin-off der Universität Erlangen (www.bik.biz).
Kontakt: guenter.schicker@wiso.uni-erlangen.de

Vanessa Schlevogt, geb. 1968, M.A., Studium der Politologie, Soziologie und Anglistik, freiberufliche Sozialwissenschaftlerin bei „Sozialforschung + Beratung" in Frankfurt / Main (www.schlevogt.de), u.a. Coaching der Familienzentren NRW. Berufliche Tätigkeiten: wissenschaftliche Mitarbeiterin in Frankfurt/ Main am Institut für Sozialarbeit und Sozialpädagogik (u.a. wissenschaftliche Begleitung von Mo.Ki) und am Institut für Sozialforschung; seit 2008 „Koordinatorin Familiengerechte Hochschule" an der Johann Wolfgang Goethe-Universität Frankfurt/Main. Arbeitsschwerpunkte: Sozialforschung und Beratung in den Bereichen Armuts- und Gesundheitsprävention, Kinder- und Jugendhilfe, Interkulturelle Öffnung, Bildung, Work-Life-Balance, Gender Mainstreaming.
Kontakt: vanessa@schlevogt.de

Herbert Schubert, geb. 1951, Dr. phil. Dr. rer. hort. habil., Sozial- und Raumwissenschaftler, Professor für Soziologie und Sozialmanagement an der Fakultät für Angewandte Sozialwissenschaften der Fachhochschule Köln, Direktor des Instituts für angewandtes Management und Organisation in der Sozialen Arbeit (IMOS) und Leitung des Forschungsschwerpunkts „Sozial Raum Management" (www.sozial-raum-management.de), Apl. Prof. an der Fakultät Architektur und Landschaft der Universität Hannover. Berufliche Tätigkeiten: in den 90er Jahren Leitung der Koordinationsstelle Sozialplanung der Stadt Han-

nover und von Forschungsbereichen im Institut für Entwicklungsplanung und Strukturforschung in Hannover. Veröffentlichungen im Bereich der Steuerung sozialer Dienste u.a. zu den Themen: Sozialmanagement, Netzwerkmanagement, Kontraktmanagement, Sozialplanung; Veröffentlichungen im Bereich der räumlichen Steuerung u.a. zu den Themen: Quartier- und Stadtteilmanagement, nachhaltige Stadt(teil)-entwicklung, städtebauliche Kriminalprävention, Methoden der Sozialraumanalyse und Architektursoziologie.
Kontakt: herbert.schubert@fh-koeln.de

Bernhard Selbach, geb. 1955, Diplom-Sozialpädagoge, Zusatzausbildung zum Jugendhilfeplaner, Fachberater für Jugendhilfeplanung und Fortbildner im Landesjugendamt des Landschaftsverbandes Rheinland. Berufliche Tätigkeiten: Betreuung und Erziehung von dissozialen und verhaltensauffälligen Kindern und Jugendlichen in einer Heimeinrichtung des Landschaftsverbandes Rheinland und verantwortliche Leitung der Betreuungssysteme der Jugendhilfe und ihres Überganges zur Jugendpsychiatrie. Mitwirkung bei Veröffentlichungen der Landschaftsverbände Rheinland und Westfalen-Lippe: Empfehlungen zur Jugendhilfeplanung, Handreichungen zur Jugendsozialarbeit, Dokumentation von Fachtagungen.
Kontakt: Bernhard.Selbach@lvr.de

Holger Spieckermann, geb. 1964, M.A., Studium der Soziologie und Germanistik, Dozent und wissenschaftlicher Mitarbeiter an der Fachhochschule Köln und Geschäftsführer des Instituts für Management und Organisation in der sozialen Arbeit e.V. in Köln. Berufliche Tätigkeiten: Wissenschaftliche Mitarbeit in Forschungs- und Beratungseinrichtungen der Stadt- und Regionalentwicklung, im Forschungsschwerpunkt „Sozial Raum Management" an der Fachhochschule Köln (www.sozial-raum-management.de). Veröffentlichungen u. a. zu den Themen: Stadt- und Regionalentwicklung, Sozialraumanalyse, Netzwerkforschung, Methoden der empirischen Sozialforschung, Sozialmanagement, Evaluation.
Kontakt: holger.spieckermann@fh-koeln.de

Sascha Tilly, geb. 1974, Diplom Betriebswirt International (IBS), Geschäftsführer der Fa. Serviceworks Australia Pty Ltd in Melbourne. Berufliche Tätigkeiten: Projekt Consultant und Senior Consultant bei der TransCare AG (internationale Logistikprojekte: Flug- und Seehäfen u.a. in USA, Russland, Italien und Dubai), Vertriebsleiter bei der LGI Logistics Group International GmbH Böblingen. Veröffentlichungen in Fachzeitschriften und in Standardwerken wie Praxishandbuch Logistik von Uwe-H. Pradel.

Markus Ziegler, geb. 1964, Diplom-Wirtschaftsinformatiker, Business Unit Manager Electronics für den Bereich Tech Industry bei der LGI IT / HELiX GmbH. Berufliche Tätigkeiten: Software-Entwicklungsingenieur, Teamleiter und Technologieberater bei Hewlett-Packard Deutschland GmbH, 1994 bis 1996 Architekt des weltweiten Management Reporting Tools bei Hewlett-Packard in Palo Alto CA, Leiter Information Technology bei der LGI IT (Leitung der Abteilungen Prozessentwicklung und Technik, Business Development und Marketing).
Kontakt: markus_ziegler@lgi.de

Literatur

Aderhold, Jens (2004): Form und Funktion sozialer Netzwerke in Wirtschaft und Gesellschaft. Beziehungsgeflechte als Vermittler zwischen Erreichbarkeit und Zugänglichkeit. Wiesbaden: VS Verlag für Sozialwissenschaften

Aderhold, Jens/Mayer, Matthias/Wetzel, Ralf (Hrsg.) (2005): Modernes Netzwerkmanagement. Anforderungen – Methoden – Anwendungsfelder. Wiesbaden: Gabler

Allmendinger, Jutta/Hinz, Thomas (Hrsg.) (2002): Organisationssoziologie. Sonderheft 42 der KZfSS, Opladen, Wiesbaden: Westdeutscher Verlag

Amelung, Volker Eric/Schumacher, Harald (2000): Managed Care – Neue Wege im Gesundheitsmanagement. 2. Auflage. Wiesbaden: Gabler

Appel, Stefan/Ludwig, Harald/Rother, Ulrich/Coelen, Thomas (Hrsg.) (2004): Jahrbuch Ganztagsschule 2005. Schwalbach: Wochenschau Verlag

Appel, Stefan/Ludwig, Harald/Rother, Ulrich/Rutz, Georg (Hrsg.) (2003): Jahrbuch Ganztagsschule 2004. Schwalbach: Wochenschau Verlag

Arnold, Ulli/Maelicke, Bernd (Hrsg.) (1998): Lehrbuch der Sozialwirtschaft. Baden-Baden: Nomos Verlag

AWO Bundesverband (Hrsg.) (2004): Qualitätsentwicklung für lokale Netzwerkarbeit. Eine Arbeitshilfe für die Praxis. Bonn: Selbstverlag

Backhaus, Klaus/Erichson, Bernd/Plinke, Wulff/Weiber, Rolf (2005): Multivariate Analysemethoden. 11. Auflage. Berlin: Springer Verlag

Baecker, Dirk (1999): Organisation als System. Frankfurt: Suhrkamp

Baecker, Dirk (2003a): Ausgangspunkte einer soziologischen Managementlehre. In: Baecker (2003d): 218-255

Baecker, Dirk (2003b): Was tut ein Berater in einem selbst organisierenden System? In: Baecker (2003d): 327-347

Baecker, Dirk (2003c): Was tut ein Berater in einem selbst organisierenden System? In: Baecker (2003d): 327-347

Baecker, Dirk (2003d): Organisation und Management. Frankfurt: Suhrkamp

Baecker, Dirk (2007): Studien zur nächsten Gesellschaft. Frankfurt: Suhrkamp

Baitsch, Christof/Müller, Bernhard (Hrsg.) (2001): Moderation in regionalen Netzwerken. München, Mering: Hampp Verlag

Bauer, Petra/Otto, Ulrich (Hrsg.) (2005): Mit Netzwerken professionell zusammenarbeiten. Bd. 2, Institutionelle Netzwerke in Steuerungs- und Kooperationsperspektive. Tübingen: dgvt-Verlag

Bauer, Petra/Otto, Ulrich (Hrsg.) (2005): Mit Netzwerken professionell zusammenarbeiten. Band 2: Institutionelle Netzwerke in Sozialraum- und Kooperationsperspektive. Tübingen: dgvt-Verlag

Becker, Thomas (2007): Leitbildentwicklungen in Kooperationen. In: Becker et al. (2007a): 63-73

Becker, Thomas/Dammer, Ingo/Howaldt, Jürgen (Hrsg.) (2005): Netzwerkmanagement. Mit Kooperation zum Unternehmenserfolg. Berlin: Springer Verlag

Becker, Thomas/Dammer, Ingo/Howaldt, Jürgen/Killich, Stephan/Loose, Achim (Hrsg.) (2007a): Netzwerkmanagement. Mit Kooperation zum Unternehmenserfolg. 2. Auflage. Berlin, Heidelberg, New York: Springer Verlag

Becker, Thomas/Dammer, Ingo/Howaldt, Jürgen/Killich, Stephan/Loose, Achim (2007b): Netzwerke – praktikabel und zukunftsfähig. In: Becker et al. (2007a): 3-11

Becker, Thomas/Ellerkmann, Frank (2007): Geschäftsprozesse in Kooperationen optimieren. In: Becker et al. (2007a): 75-89

Beckmann, Holger (1998): Auf dem Weg zur Netzwerkorganisation. Gestaltungsregeln für verteilte Fabrikstrukturen. In: Kuhn (1998): 1-42

Behr-Heintze, Andrea/Lipski, Jens (2005): Schulkooperationen. Stand und Perspektiven der Zusammenarbeit zwischen Schulen und ihren Partner. Ein Forschungsbericht des DJI. Schwalbach: Wochenschau Verlag

Benz, Arthur (Hrsg.) (2004): Governance – Regieren in komplexen Regelsystemen. Eine Einführung. Wiesbaden: VS Verlag für Sozialwissenschaften

Berthel, Jürgen/Becker, Fred G. (2003): Personalmanagement. 7. Auflage. Stuttgart: Schäffer-Poeschel

Bertram, Anthony D./Pascal, Christine/Bokhari, Sophia/Gasper, Mike/Holtermann, Sally (Hrsg.) (2002): Early Excellence Centre pilot Programme Second Evaluation Report 2000 – 2001. Research Report 361, Department for Children, Schools and Families, London, URL http://www.dfes.gov.uk/research/data/uploadfiles/RR361.pdf (31.01.2008)

Bitzan, Maria/ Klöck, Tilo (Hrsg) (1994): Jahrbuch Gemeinwesenarbeit 5. Politikstrategien – Wendungen und Perspektiven. München: AG SPAK

Bogumil, Jörg (2004): Bürgerkommunen als Perspektive der Demokratieförderung und Beteiligungsstärkung. In: Kessl/Otto (2004): 113–123

Bolman, Lee G./Deal, Terrence E. (1997): Reframing Organizations. Artistry, Choice, and Leadership, 2. Auflage. San Francisco: Jossey Bass Wiley

Bolte, Annegret/Neumer, Judith/Porschen, Stephanie (2007): Die alltägliche Last der Kooperation. Berlin: edition sigma

Boskamp, Peter (1998): Das Konzept des sozialen Netzwerks. Anwendungsmöglichkeiten im Kontext von Führen und Leiten in Organisationen. In: Boskamp/Knapp (1998): 161-192

Boskamp, Peter/Knapp, Rudolf (Hrsg.) (1998): Führung und Leitung in sozialen Organisationen. Handlungsorientierte Ansätze für neue Managementkompetenz. Neuwied, Kriftel: Luchterhand

Bourdieu, Pierre (1983): Ökonomisches Kapital, kulturelles Kapital, soziales Kapital. In: Kreckel (1983): 183-198

Brackhahn, Bernhard/Brockmeyer, Rainer (2004): Unterstützungssysteme & Netzwerke. München: Luchterhand

Brandt, Arno/Franz, Ulf-Birger/Klodt, Thomas/Schubert, Herbert/Spieckermann, Holger/Steincke, Manfred (2002): Perspektiven der Mobilitätswirtschaft in der Region Hannover. Gutachten über die Vernetzung der Mobilitätswirtschaft. Beiträge zur regionalen Entwicklung, Nr. 97. Region Hannover: Eigenverlag

Braun, Günther E./Güsswo, Jan (2005): Integrierte Versorgungsstrukturen und Gesundheitsnetzwerke als innovative Ansätze im deutschen Gesundheitswesen. In: Braun/ Schulz-Nieswandt (2005): 65-92

Braun, Günther E./Schulz-Nieswandt, Frank (2005): Liberalisierung im Gesundheitswesen – Einrichtungen des Gesundheitswesens zwischen Wettbewerb und Regulierung. Baden Baden: Nomos Verlag

Brenner, Gerd/Nörber, Martin (Hrsg.) (1992): Jugendarbeit und Schule. Kooperation statt Rivalität um die Freizeit. Weinheim: Juventa

Broda-Kaschube, Beatrix (2007): Evaluation von Netzwerkentwicklungen in einer lernenden Region – ein Praxisbericht. In: Gruppendynamik und Organisationsberatung 36. Jg. Heft 1: 33-44

Bullinger, Hermann/Nowak, Jürgen (1998): Soziale Netzwerkarbeit. Eine Einführung. Freiburg im Breisgau: Lambertus

Burt, Ronald S. (1992): Structural Holes. The Social Structure of Competition. Harvard University Press: Cambridge Mass.

Byrne, John A./Brandt, Richard/Port, Otis (1993): The Virtual Corporation. In: Business Week (vom 8.2.1993): 36-41

Castells, Manuel (2001): Die Netzwerkgesellschaft. Das Informationszeitalter I. Opladen: Leske + Budrich

Coleman, James S. (1991): Grundlagen der Sozialtheorie. Band 1: Handlungen und Handlungssysteme. München: Oldenbourg

Corsten, Hans (2000a): Ansatzpunkte für die Koordination in heterarchischen und hierarchischen Unternehmungsnetzwerken. In: Corsten (2000b): 2-53

Corsten, Hans (2000b): Schriften zum Produktionsmanagement 37. Kaiserslautern: Eigenverlag

Corsten, Hans/Schneider, Herfried (Hrsg.) (1999): Wettbewerbsfaktor Dienstleistung. Produktion von Dienstleistungen - Produktion als Dienstleistung. 1. Auflage. München: Vahlen

Dahme, Heinz-Jürgen (2000): Kooperation und Vernetzung im sozialen Dienstleistungssektor. Soziale Dienste im Spannungsfeld „diskursiver Koordination" und „systemischer Rationalisierung". In: Dahme/Wohlfahrt (2000): 47-67

Dahme, Heinz-Jürgen/Wohlfahrt, Norbert (Hrsg.) (2000): Netzwerkökonomie im Wohlfahrtsstaat. Wettbewerb und Kooperation im Sozial- und Gesundheitssektor. Berlin: edition sigma

Deinet, Ulrich (2003): Ganztagsangebote durch Kooperation und Jugendhilfe. In: Appel et al. (2003): 141-163

Deinet, Ulrich/Icking, Maria (Hrsg.) (2006): Jugendhilfe und Schule. Analysen und Konzepte für die kommunale Kooperation. Opladen: Verlag Barbara Budrich

Dickerhof, Markus/Gengenbach, Ulrich (2006): Kooperationen flexibel und einfach gestalten. Checklisten-Tipps-Vorlagen. München: Hanser Verlag

DJI (2005): Eltern-Kind-Zentren. Die neue Generation kinder- und familienfördernder Institutionen. URL: www.cgi.dji.de/bibs/411_Grundlagenbericht%20Eltern-Kind-Zentren.pdf (25.06.2006)

Dresselhaus, Günter (2006): Netzwerkarbeit und neue Lernkultur. Theoretische Grundlagen und praktische Hinweise für eine zukunftsfähige Bildungsregion. Münster: Waxmann

DV (Hrsg.) (2006): Handbuch Kommunale Familienpolitik. Ein Praxishandbuch für mehr Familienfreundlichkeit in Kommunen. Berlin: Eigenverlag DV

Dybe, Georg/Kujath, Hans-J. (2000): Hoffnungsträger Wirtschaftscluster. Unternehmensnetzwerke und regionale Innovationssysteme: Das Beispiel der deutschen Schienenfahrzeugindustrie. Berlin: edition sigma

Flocken, Peter/Hellmann-Flocken, Sabine/Howaldt, Jürgen/Kopp, Ralf/Martens, Helmut (2001): Erfolgreich im Verbund. Die Praxis des Netzwerkmanagements. Eschborn: RKW-Verlag

Freeman, R. Edward (1984): Strategic Management. A Stakeholder Approach. Boston: Pitman

Froböse, Michael/Kaapke, Andreas/Schneck, Ottmar (Hrsg.) (2000): Betriebswirtschaft und Management. Bd. 7. Marketing: Eine praxisorientierte Einführung mit Fallbeispielen. Frankfurt/Main: Campus

Froessler, Rolf/Lang, Markus/Selle, Klaus/Staubach, Reiner (Hrsg.) (1994): Lokale Partnerschaften. Die Erneuerung benachteiligter Quartiere in europäischen Städten. Basel: Birkhäuser

Fuchs, Max (Hrsg.) (1994): Schulische und außerschulische Pädagogik. Gemeinsamkeiten und Unterschiede. Remscheid: Akademie Remscheid

Fürst, Dietrich/Schubert, Herbert (1998): Regionale Akteursnetzwerke. Zur Rolle von Netzwerken in regionalen Umstrukturierungsprozessen. In: Raumforschung und Raumordnung 56. Jg. Heft 5/6: 352-361

Fürst, Dietrich/Schubert, Herbert (2001): Regionale Akteursnetzwerke zwischen Bindungen und Optionen. Über die informelle Infrastruktur des Handlungssystems bei der Selbstorganisation von Regionen. In: Geographische Zeitschrift 89. Jg. Heft 1: 32-51

Fürst, Dietrich/Zimmermann, Karsten (2005): Governance – Ein tragfähiges Analysekonzept für Prozesse regionaler oder lokaler Selbststeuerung? Endbericht des DFG Projektes FU 101/22-1 2005. Typoskript. Hannover: Leibniz Universität Hannover

Gaitanides, Michael (1983): Prozessorganisation, Entwicklung, Ansätze und Programme prozessorientierter Organisationsgestaltung. München: Vahlen

Galbraith, Jay R. (1995): Designing Organizations: An Executive Briefing on Strategy, Structure, and Process. San Francisco: Jossey Bass Wiley

Gehlen, Arnold (1961): Anthropologische Forschung. Zur Selbstbegegnung und Selbstentdeckung des Menschen. Reinbek bei Hamburg: Rowohlt

Gehlen, Arnold (1977): Urmensch und Spätkultur. Philosophische Ergebnisse und Aussagen. 4. Auflage. Frankfurt/Main: Athenaion

Glasersfeld, Ernst von (1997): Radikaler Konstruktivismus. Ideen, Ergebnisse, Probleme. Frankfurt: Suhrkamp

Glasl, Friedrich (2000): Wie geht Organisationsentwicklung mit Macht in Organisationen um? In: Trebesch (2000): 90-116

Gleich, Ronald (2001): Das System des Performance Measurement. Theoretisches Grundkonzept, Entwicklungs- und Anwendungsstand. München: Vahlen

Goldammer, Eberhard v. (2003): Heterarchie und Hierarchie – Zwei komplementäre Beschreibungskategorien. URL: http://www.vordenker.de/heterarchy/a_heterarchie.pdf (31.01.2008)

Gotzen, Gabriele (2003): Ärztenetzwerke als Reformansatz für den ambulanten Sektor – eine institutionenökonomische Analyse verschiedener Netzwerkarrangements. Dissertation. Universität Trier

Grande, Edgar/Prätorius, Rainer (Hrsg.) (2003): Politische Steuerung und neue Staatlichkeit (Staatslehre und politische Verwaltung Band 8). Baden-Baden: Nomos Verlag

Granovetter, Mark (1973): The strength of weak ties. In: American Journal of Sociology, 78. 6: 1360-1380

Greiling, Michael/Berger, Katrin (2004): Pfade durch das Klinische Prozessmanagement – Methodik und aktuelle Diskussion. Stuttgart: Kohlhammer

Groß, Dirk (2006): Determinanten erfolgreicher Netzwerkarbeit. In: Univation Institut für Evaluation (2006): 57-65

Groß, Dirk/Holz, Gerda/Boeckh, Jürgen (2005): Qualitätsentwicklung für lokale Netzwerkarbeit. Ein Evaluationskonzept und Analyseraster zur Netzwerkentwicklung. Frankfurt/Main: Institut für Sozialarbeit und Sozialpädagogik

Gukenbiehl, Hermann L. (1995): Institution und Organisation. In: Korte/Schäfers (1995): 95-110

Habermas, Jürgen (1981a): Theorie des kommunikativen Handelns. Band 1: Handlungsrationalität und gesellschaftliche Rationalisierung. Frankfurt/Main: Suhrkamp

Habermas, Jürgen (1981b): Theorie des kommunikativen Handelns. Band 2: Zur Kritik der funktionalistischen Vernunft. Frankfurt/Main: Suhrkamp

Hagemann, Gisela (2003): Methodenhandbuch Unternehmensentwicklung. Ist-Situation analysieren, Strategie entwickeln, Marke positionieren. Wiesbaden: Gabler

Hagenhoff, Svenja/Schumann, Matthias (Hrsg.) (2004): Kooperationsformen. Grundtypen und spezielle Ausprägungen. typogr. Arbeitsbericht 4 des Instituts für Wirtschaftsinformatik: Georg-August-Universität Göttingen

Hakansson, Hakan (1989): Industrial technological development: a network approach. London: Routledge

Hammer, Michael/Champy, James (2001): Reengineering the Corporation. A Manifesto for Business Revolution. 2. Auflage. New York: Harper

Hans, René (2006): Netzwerk-Controlling – Systemtheoretisch-kybernetische Lenkung in der TIME-Branche. Berlin: Logos

Hebenstreit-Müller, Sabine/Kühnel, Barbara (Hrsg.) (2004): Kinderbeobachtung in Kitas. Erfahrungen und Methoden im ersten Early-Excellence Centre in Berlin. Berlin: Dohrmann

Heidling, Eckhard (2000): Strategische Netzwerke: Koordination und Kooperation in asymmetrisch strukturierten Unternehmensnetzwerken. In: Weyer (2000): 63-85

Heilpern, Jeffrey D./Nadler, David A. (1992): Implementing Total Quality Management: A Process of Cultural Change. In: Nadler et al. (1992): 137-154

Heinrich, Martin (2007): Regionale Schulentwicklung und Bildungsnetzwerke. In: PÄDAGOGIK 59. Jg. Heft 1. 50-53

Heinze, Rolf G. (2000): Inszenierter Korporatismus im sozialen Sektor. Politische Steuerung durch Vernetzung. In: Dahme/Wohlfahrt (2000): 31-46

Hellmann, Wolfgang (2001): Management von Gesundheitsnetzen. Stuttgart: Kohlhammer

Hess, Thomas (2002): Netzwerkcontrolling. Instrumente und ihre Werkzeugunterstützung. Wiesbaden: Deutscher Universitäts-Verlag

Hinte, Wolfgang (1994): Intermediäre Instanzen in der Gemeinwesenarbeit: Die mit den Wölfen tanzen. In: Bitzan/Klöck (1994): 77-89

Hinterhuber, Hans H./Matzler, Kurt (Hrsg.) (2000): Kundenorientierte Unternehmensführung. Kundenorientierung - Kundenzufriedenheit - Kundenbindung. 2. Auflage. Wiesbaden: Gabler

Hippe, Hendrik (2003): Fusion oder Kooperation? Eine transaktionskostentheoretische Analyse. Dissertation an der Universität Bielefeld, Herzogenrath: Shaker Verlag

Hirschmann, Petra (1998): Kooperative Gestaltung unternehmensübergreifender Geschäftsprozesse. Wiesbaden: Gabler

Hock, Beate/Holz, Gerda/Simmedinger, Renate/Wüstendörfer, Werner (2000): Gute Kindheit – Schlechte Kindheit? Armut und Zukunftschancen von Kindern und Jugendlichen in Deutschland. Frankfurt/Main: Institut für Sozialarbeit und Sozialpädagogik

Hoffmann, Friedrich (1980): Führungsorganisation. Bd. I: Stand der Forschung und Konzeption. Tübingen: Verlag Mohr

Holtappels, Heinz Günter (2003): Analyse beispielhafter Schulkonzepte von Schulen in Ganztagsform. Dortmund: Institut für Schulentwicklungsforschung

Holtappels, Heinz Günter (Hrsg.) (1995): Ganztagserziehung in der der Schule. Opladen: Leske + Budrich

Holz, Gerda/Schlevogt, Vanessa/Kunz, Thomas /Klein, Evelin (2005): Armutsprävention vor Ort – „Mo.Ki - Monheim für Kinder". Evaluationsergebnisse zum Modellprojekt von Arbeiterwohlfahrt Niederrhein und Stadt Monheim. Frankfurt/Main: Institut für Sozialarbeit und Sozialpädagogik

Hornstein, Walter (1992): Aufweichung der Grenzen zwischen Schule und Jugendarbeit. In: Brenner/Nörber (1992): 117

Hörrmann, Gerold/Tiby, Claus (1991): Projektmanagement richtig gemacht. In: Little (1991): 73-91

Horváth, Péter (1994): Controlling. 5. Auflage. München: Vahlen

Horváth, Péter (2004): Zukunftsperspektiven der koordinationsorientierten Controllingkonzeption. In: Scherm/Pietsch (2004): 367-386

Howaldt, Jürgen/Kopp, Ralf/Flocken, Peter (Hrsg.) (2001): Kooperationsverbünde und regionale Modernisierung. Theorie und Praxis der Netzwerkarbeit. Wiesbaden: Gabler

Howaldt, Jürgen/Kopp, Ralf (2007): Wissensbasierte Dienstleistungen. In: Becker et al. (2007): 171-180

Howaldt, Jürgen/Ellerkmann, Frank (2007): Entwicklungsphasen von Netzwerken und Unternehmenskooperationen. In: Becker et al. (2007a): 35-48

Jähn, Karl/Nagel, Eckhard (2004): e-Health. Berlin: Springer-Verlag
Jansen, Dorothea (2000): Netzwerke und soziales Kapital. Methoden zur Analyse struktureller Einbettung. In: Weyer (2000): 35-62
Jansen, Dorothea (2002): Einführung in die Netzwerkanalyse. Grundlagen, Methoden, Anwendungen. 2. Auflage, Opladen: Leske + Budrich
Jansen, Stephan A. (2001): Mergers and acquisitions. Unternehmensakquisitionen und -kooperationen. Eine strategische, organisatorische und kapitalmarkttheoretische Einführung. 4. Auflage. Wiesbaden: Gabler
Jones, Candace/Hesterly William S./Borgatti, Stephen P. (1997): A General Theory of Network Governance. Exchange Conditions and Social Mechanisms. In: Academy of Management Review, 22. Jg. Heft 4: 911-945
Jordan, Erwin/Hansbauer, Peter/Merchel, Joachim/Schone, Reinhold (2001): Sozialraumorientierte Planung. Begründungen, Konzepte, Beispiele. Expertise des Instituts für soziale Arbeit e.V. im Auftrag der Regiestelle E&C der Stiftung SPI, Münster, URL http://www.liste.eundc.de/pdf/00800.pdf#search='isa' (30.01.2008)
Kaplan, Robert S./Norton, David P. (2001): Die strategiefokussierte Organisation. Führen mit der Balanced Scorecard. Stuttgart: Schäffer-Poeschel
Kaplan, Robert S./Norton, David P. (2004): Strategy Maps. Der Weg von immateriellen Werten zum materiellen Erfolg. Stuttgart: Schäffer-Poeschel
Kemmner, Götz-Andreas/Gillesen, Andreas (2000): Virtuelle Unternehmen. Ein Leitfaden zum Aufbau und zur Organisation einer mittelständischen Unternehmenskooperation. Heidelberg: Physica-Verlag
Kessl, Fabian/Otto, Hans-Uwe (Hrsg.) (2004): Soziale Arbeit und soziales Kapital – Zur Kritik lokaler Gemeinschaftlichkeit. Wiesbaden: VS Verlag für Sozialwissenschaften
Keupp, Heiner (1987): Soziale Netzwerke. Eine Metapher des gesellschaftlichen Umbruchs? In: Keupp/Röhrle (1987): 11-53
Keupp, Heiner/Röhrle, Bernd (Hrsg.) (1987): Soziale Netzwerke. Frankfurt/Main, New York: Campus
Kieser, Alfred/Kubicek, Herbert (1992): Organisation. 3. Auflage, Berlin, New York: de Gruyter
Killich, Stephan (2007): Formen der Unternehmenskooperation. In: Becker et al. (2007a): 13-22
Kleinbauer, Mira/Thurow, Melanie (2006): Projektabschlussbericht FASA III – Werkzeuge für kooperatives Angebotsmanagement. Ms., Magdeburg
Kleinbauer, Mira/Thurow, Melanie/Urbansky, Andrea (2006): Klassifikation von Projekten für den verfahrenstechnischen Anlagenbau. In: (Schenk 2006b): 73-120
Kleinbauer, Mira/Thurow, Melanie/Wahl, Manuela/Urbansky, Andrea (2006a): Morphologischer Kasten „Kooperation, Netzwerk und virtuelles Unternehmen". In: Schenk (2006a): 121–133
Kleinbauer, Mira (2004): Dienstleistungskonnektor für kooperatives Angebotsmanagement im Anlagenbau. In: Schenk 2004b: 43-45
Knauf, Tassilo (1995): Kooperation von Lehrkräften und sozialpädagogischer Fachkräfte im Rahmen ganztägiger Gestaltung des Schullebens in der Grundschule. In: Holtappels (1995): 145-157

Knauf, Tassilo (2004a) Eine Stadt setzt auf die Offene Ganztagsschule. In: Appel et al. (2004): 48-60

Knauf, Tassilo (2004b): Offene Ganztagsschule in Herford. In: Die Ganztagsschule, Heft 1: 38-41, URL: http://www.ganztagsschulverband.de/DownloadLandesverbaende/Rahmenkonz_offGTSHerford.pdf

Knauf, Tassilo (2004c): Schulentwicklung und Offene Ganztagsgrundschule. Das Beispiel Herford. In: Schulverwaltung Heft 12

Knauf, Tassilo et al. (1996): Integration schul- und sozialpädagogischer Handlungskonzepte im Rahmen ganztägiger Gestaltung des Schullebens in der Grundschule. Abschlussbericht des BLK-Modellversuchs. Essen: Universität Essen

Koalitionsvertrag NRW (2005): Koalitionsvertrag von CDU und FDP zur Bildung einer neuen Landesregierung in Nordrhein-Westfalen. Düsseldorf: Selbstverlag

Königswieser, Roswita/Exner, Alexander (2006): Systemische Intervention. Architekturen und Designs für Berater und Veränderungsmanager. 9. Auflage. Stuttgart: Klett-Cotta

Konradt, Udo/Hertel, Guido (2002): Management virtueller Teams. Von der Telearbeit zum virtuellem Unternehmen. Weinheim: Beltz

Konradt, Udo/Hertel, Guido (2002): Management virtueller Teams: Von der Telearbeit zum virtuellen Unternehmen. Weinheim, Basel: Beltz

Korte, Hermann/Schäfers, Bernhard (Hrsg.) (1995): Einführung in Hauptbegriffe der Soziologie. 3. Auflage. Opladen: Leske + Budrich

Kraege, Rüdiger (1997): Controlling strategischer Unternehmenskooperationen. Aufgaben, Instrumente und Gestaltungsempfehlungen. Schriften zum Management. Band 9. München, Mering: Rainer Hampp Verlag

Kreckel, Reinhard (Hrsg.) (1983): Soziale Ungleichheiten. Soziale Welt, Sonderband 2, Göttingen: Schwartz

Kreikebaum, Hartmut (1997): Strategische Unternehmensplanung. 6. Aufl., Kohlhammer: Stuttgart, Berlin, Köln

Kuhn, Axel (Hrsg.) (1998): Wege zur innovativen Fabrikorganisation. Bd. 1. Dortmund: Praxiswissen

Lindenthal, Jörg/Sohn, Stefan/Schöffski, Oliver (2004): Praxisnetze der nächsten Generation. Ziele, Mittelverteilung und Steuerungsmechanismen. Burgdorf: Books on Demand

Little, Arthur D. (Hrsg.) (1991): Management der Hochleistungsorganisation. Wiesbaden: Gabler

Luhmann, Niklas (1973): Zweckbegriff und Systemrationalität. Über die Funktion von Zwecken in sozialen Systemen. Frankfurt/Main: Suhrkamp

Luhmann, Niklas (1978): Handlungstheorie und Systemtheorie. In: Kölner Zeitschrift für Soziologie und Sozialpsychologie, Jg. 30. 1978: 211-227

Luhmann, Niklas (1998): Die Gesellschaft der Gesellschaft. 2 Bände. Frankfurt/Main: Suhrkamp

Luhmann, Niklas (2004): Einführung in die Systemtheorie. 2. Auflage, Heidelberg: Carl Auer

Maleh, Carole (2000): Open Space: Effektiv arbeiten mit großen Gruppen. Ein Handbuch für Anwender, Entscheider und Berater. Weinheim und Basel: Beltz

Maillat, Denis (1995): Territorial Dynamics, Innovative Milieus and Regional Policy. In: Entrepreneurship & Regional Development 7. Jg.: 157-165

Mendius, Gerhard/Wendeling-Schröder, Ulrike (1991): Zulieferer im Netz – zwischen Anhängigkeit und Partnerschaft. Köln: Bund Verlag

Meyer, John W. (2005): Weltkultur. Wie die westlichen Prinzipien die Welt durchdringen. Frankfurt/Main: Suhrkamp

Ministerium für Generationen, Familie, Frauen und Integration des Landes Nordrhein-Westfalen (Hrsg.) (2007): Das Gütesiegel Familienzentrum NRW. Zertifizierung der Piloteinrichtungen. Düsseldorf: Eigenverlag

Ministerium für Schule, Jugend und Kinder des Landes NRW (2004): Offene Ganztagsschule im Primarbereich. Runderlass vom 02.02.2004. MS. Düsseldorf: Eigenverlag

Mintzberg, Henry/Ahlstrand, Bruce/Lampel, Joseph (1999): Strategy Safari. Eine Reise durch die Wildnis des strategischen Managements. Wien: Ueberreuter

Mizruchi, Mark/Galaskiewicz, Joseph (1993): Networks of interorganizational relations. In: Sociological methods and research, 22. 1: 46-70

Möhringer, Stefan (1998): Integrierte rechnergestützte Angebotsbearbeitung im kundenspezifischen Maschinen- und Anlagenbau. VDI Reihe 16 Nr.102, Düsseldorf : VDI Verlag

Mosler, Karl/Schmid, Friedrich (2004): Beschreibende Statistik und Wirtschaftsstatistik. 2. Auflage. Berlin: Springer Verlag

Mühlbacher, Axel (2002): Integrierte Versorgung. Management und Organisation. Bern: Hans Huber-Verlag

Mühlbacher, Axel/Berhanu, Samuel (2003): Die elektronische Patientenakte. Ein internetbasiertes Konzept für das Management von Patientenbeziehungen. URL http://www.ww.tu-berlin.de/diskussionspapiere/dp08-2003.pdf (14.06.2006)

Müller-Jentsch, Walther (2003): Organisationssoziologie. Frankfurt/Main, New York: Campus

Nadler, David A./Gerstein, Marc S./Shaw, Robert B. (Hrsg.) (1992): Organizational Architecture: Designs for Changing Organizations, San Francisco: Jossey-Bass

Nalebuff, Barry/Brandenburger, Adam (1995): Coopetition – Kooperativ konkurrieren. Mit der Spieltheorie zum Unternehmenserfolg. Frankfurt/Main, New York: Campus

Netzwerkschulen Luzern (2005): Ziel und Organisation. URL: http://www.schulen-luzern.ch/netzwer/pages/projekt_ziel.html (23.04.2007)

Nieschlag, Robert/Dichtl, Erwin/Hörschgen, Hans (2002): Marketing. 19. Auflage, Duncker & Humblot: Berlin

o.V. (2003): Die Auswirkungen der EU-Erweiterung auf europäische KMU/KPMG Special Services und EIM Business & Policy Research. Niederlande, Forschungsbericht

Oberweis, Andreas/Weinhardt, Christof/Gimpel, Henner et al. (2007): eOrganisation. Service-, Prozess-, Market-Engineering. Band 1. Karlsruhe: Universitätsverlag Karlsruhe

Österle, Hubert (1995): Business Engineering. Prozess- und Systementwicklung. Band1: Entwurfstechniken. 2. Auflage. Berlin: Springer-Verlag

Pädagogisches Institut für die deutsche Sprachgruppe Bozen (2005): Schulen entwickeln Südtirol. Schulverbund Pustertal. http://84.18.137.213/blikk/angebote/schulgestalten/schulverbund/ses.10.700.htm (23.04.2007)

Pappi, Franz Urban (1998): Soziale Netzwerke. In: Schäfers /Zapf (1998): 584-596

Pappi, Franz Urban (Hrsg.) (1987): Methoden der Netzwerkanalyse. Band 1: Techniken der empirischen Sozialforschung. München, Wien: Oldenbourg

Perkmann, Markus (1998): Die Welt der Netzwerke. In: Politische Vierteljahresschrift 26. Band 4: 870-883

Pfeifer, Stefan/Korflür, Inger/Tschey, Alexander/Giertz, Jan (2000): Multimedia im Maschinenbau. Forschungsbericht, ISA Consult GmbH: Bochum,

Picot, Arnold/Reichwald, Ralf/Wigand, Rolf T. (2003): Die grenzenlose Unternehmung. 5. Auflage. Wiesbaden: Gabler

Podolny, Joel M./Page, Karen L. (1998): Network forms of organization. In: Annual Review of Sociology, 24: 57-76

Porter, Michael E. (2000): Wettbewerbsvorteile (Competitive Advantage). Spitzenleistungen erreichen und behaupten. 6. Auflage. Frankfurt/Main: Campus Fachbuch

Powell, Walter W./DiMaggio, Paul J. (Hrsg.) (1991): The New Institutionalism in Organizational Analysis. Chicago, London: University of Chicago Press

Putnam, Robert D. (2001): Gesellschaft und Gemeinsinn. Sozialkapital im internationalen Vergleich. Gütersloh: Bertelsmann

Reichel, Norbert (2007): Qualitätsentwicklung in der offenen Ganztagsschule. Vortrag, Fachtagung „Ganztagsschule – Haus des Lernens und Lebens – Haus für Kinder". Ms.: Aachen

Ressinger, Paul Josef (2004): Schulentwicklung in der Region. Marburg: Tectum

Riege, Marlo/Schubert, Herbert (2005a): Zur Analyse sozialer Räume – Ein interdisziplinärer Integrationsversuch. In: Riege/Schubert (2005b): 7-68

Riege, Marlo/Schubert, Herbert (Hrsg.) (2005b): Sozialraumanalyse – Grundlagen, Methoden, Praxis. Wiesbaden: VS Verlag für Sozialwissenschaften

Ries, Andreas (2001): Controlling in virtuellen Netzwerken. Managementunterstützung in dynamischen Kooperationen. Wiesbaden: DUV

Röhrle, Bernd/Sommer, Gert/Nestmann, Frank (Hrsg.) (1998): Netzwerkintervention. Fortschritte der Gemeindepsychologie und Gesundheitsförderung. Band 2. Tübingen: dgvt-Verlag

Rößl, Dietmar (1994): Gestaltung komplexer Austauschbeziehungen. Analyse zwischenbetrieblicher Kooperation. Wiesbaden: Gabler

Rößl, Dietmar (1996): Selbstverpflichtung als alternative Koordinationsform von komplexen Austauschbeziehungen. In: Zeitschrift für betriebswirtschaftliche Forschung, 48. 4: 311-334

Rößl, Dietmar (2006): Relationship-Management. Wien: WUV

Sabel, Charles/Kern, Horst/Herrigel, Gary (1991): Kooperative Produktion. Neue Formen der Zusammenarbeit zwischen Endfertigern und Zulieferern in der Automobilindustrie und die Neuordnung der Firma. In: Mendius/Wendeling-Schröder (1991): 203-227

Schäfers, Bernhard/Zapf, Wolfgang (Hrsg.) (1998): Handwörterbuch zur Gesellschaft Deutschlands. Opladen: Leske + Budrich

Schenk, Michael (Hrsg.) (2004a): Industriearbeitskreis „Kooperation im Anlagenbau". 1. Arbeitsbericht, Stuttgart: IRB-Verlag

Schenk, Michael (Hrsg.) (2004b): Tagung „Anlagenbau der Zukunft – Collaborative Business": Trends, Strategien, Zukunftsszenarien und Erfahrungsberichte im Anlagenbau. Magdeburg: IRB Verlag

Schenk, Michael (Hrsg.) (2006a): Industriearbeitskreis „Kooperation im Anlagenbau". 3. und 4. Arbeitsbericht, Stuttgart: IRB-Verlag

Schenk, Michael (Hrsg.) (2006b): Industriearbeitskreis „Kooperation im Anlagenbau". 5. Arbeitsbericht, Stuttgart: IRB-Verlag

Scherm, Ewald/Pietsch, Gotthard (Hrsg.) (2004): Controlling – Theorien und Konzeptionen. München: Vahlen

Schicker, Günter/Bodendorf, Freimut/Kohlbauer, Oliver (2006): Praxisnetz-Studie 2006 – Status Quo, Trends & Herausforderungen, Management – Prozesse – IT. Arbeitspapier 01/2006 des Lehrstuhls Wirtschaftsinformatik II, Universität Erlangen-Nürnberg: Nürnberg

Schicker, Günter/Purucker, Jörg/Bodendorf, Freimut (2007): Process-based Performance Measurement in Healthcare Networks. In: Oberweis et al. (2007): 917-934

Schlevogt, Vanessa (2007): Mo.Ki – Monheim für Kinder. Das Familienzentrum der fünf Kindertagesstätten im Berliner Viertel. Ms., Monheim

Schlicht, Gerhard (2001): Angewandtes Netzmanagement. In: Hellmann (2001): 252-270

Schnee, Renate/Kern, Gottfried/Stoik, Christoph (2001): Guten Tag, was können Sie für sich tun?" In: See You, Heft 5, Klett Verlag

Scholz, Christian (1994): Die virtuelle Organisation als Strukturkonzept der Zukunft? Forschungsbericht, Lehrstuhl für Betriebswirtschaftslehre der Universität des Saarlandes: Saarbrücken

Schreyögg, Georg (2003) Organisation. Grundlagen moderner Organisationsgestaltung. 4. Auflage. Wiesbaden: Gabler

Schreyögg, Georg/Sydow, Jörg (Hrsg.) (1999): Managementforschung, Band 9: Führung neu gesehen. Berlin New York: de Gruyter

Schridde, Henning (2003): Networked Governance und neue Wohlfahrtsstaatlichkeit – am Beispiel der Bekämpfung der Jugendarbeitslosigkeit in Deutschland und Großbritannien. In: Grande/Prätorius (2003): 131–154

Schubert, Herbert (2000): Von der Agenda 21 zur sozialen Stadt – Integrierte Perspektiven für die soziale Arbeit beim Stadtteilmanagement. In: Neue Praxis 30. Jg. Heft 3: 286-296

Schubert, Herbert (2005a): Sozialer Raum und Aktivierung. In: SOZIALEXTRA – Zeitschrift für soziale Arbeit und Sozialpolitik 29. Jg. Heft 7/8: 32-39

Schubert, Herbert (2005b): Netzwerkmanagement. In: Schubert (2005e): 187-210

Schubert, Herbert (2005c): Das Management von Akteursnetzwerken im Sozialraum. In: Bauer/Otto (2005): 73-104

Schubert, Herbert (2005e): Zur Logik des modernen Managementbegriffs. In: Schubert (2005e): 63-86

Schubert, Herbert (Hrsg.) (2005e): Sozialmanagement: Zwischen Wirtschaftlichkeit und fachlichen Zielen. 2. Auflage. Wiesbaden: VS Verlag für Sozialwissenschaften

Schubert, Herbert/Fürst, Dietrich/Rudolph Ansgar/Spieckermann, Holger (2001): Regionale Akteursnetzwerke. Analysen zur Bedeutung der Vernetzung am Beispiel der Region Hannover. Opladen: Leske + Budrich

Schubert, Herbert/Spieckermann, Holger (2002): Aufbau von Netzwerken als Kernaufgabe des Quartiermanagements. In: Walther (2002): 147-162

Schubert, Herbert/Spieckermann, Holger (2004a): Standards des Quartiermanagements. Handlungsgrundlagen für die Steuerung einer integrierten Stadtteilentwicklung. Köln: Verlag Sozial Raum Management

Schubert, Herbert/Spieckermann, Holger (2004): Zwischenevaluation der Lernenden Region in Köln – Ermittlung nachhaltiger Wirkungen und Strukturen der „Lernenden Region – Netzwerk Köln e.V.", SRM-Arbeitspapier 12, Fachhochschule Köln (unveröffentlichter Projektbericht)

Schubert, Herbert/Spieckermann, Holger (2006): Evaluation der Lernenden Region Netzwerk Köln e.V.. Untersuchung zur Ermittlung nachhaltiger Konzepte, Strategien und Möglichkeiten der Integration der Organisation in die Kölner Bildungslandschaft, SRM-Arbeitspapier 23, Fachhochschule Köln (unveröffentlichter Projektbericht)

Schulz-Schaeffer, Ingo (2000): Akteur-Netzwerk-Theorie. Zur Koevolution von Gesellschaft, Natur und Technik. In: Weyer (2000): 187-209

Schütte, Volker/Anker, Fred van d./Bamberg, Eva/Nühse, Karola/Sarodnick, Florian/Strasse, Christiane (Hrsg.) (2006): Arbeit in virtuellen Unternehmen. Anforderungsanalyse und Entwicklung von Gestaltungsvorschlägen für Kleinunternehmen und Freelancer in Netzwerken. Göttingen: Cuvillier Verlag

Schwarz, Peter/Purtschert, Robert/Giroud, Charles/Schauer, Reinbert (2002): Das Freiburger Management-Modell für Nonprofit-Organisationen. 4. Auflage. Bern, Stuttgart, Wien: Verlag Haupt

Scott, W. Richard (2003): Organizations: Rational, Natural, and Open Systems. 5. Auflage. Upper Saddle River: Prentice Hall

Selle, Klaus (1994): Lokale Partnerschaften. Organisationsformen und Arbeitsweisen für kooperative Problembearbeitung vor Ort. In: Froessler et al. (1994): 36-66

Senge, Peter (2006): Die Fünfte Disziplin. Kunst und Praxis der lernenden Organisation. 10. Auflage. Stuttgart: Klett-Cotta

Sennett, Richard (1998): Der flexible Mensch. Die Kultur des neuen Kapitalismus. Berlin: Berlin Verlag

Siebert, Holger (1999): Ökonomische Analyse von Unternehmensnetzwerken. In: Sydow (1999): 7-28

Sjurts, Insa (2000): Kollektive Unternehmensstrategie – Grundfragen einer Theorie kollektiven strategischen Handelns. Wiesbaden: Gabler

Solzbacher, Claudia/Minderop, Dorothea (Hrsg.) (2007): Bildungsnetzwerke und regionale Bildungslandschaften. Ziele und Konzepte, Aufgaben und Prozesse. München: Link Luchterhand

Spieckermann, Holger (2005a): Konstruktion sozialer Räume durch Netzwerke. In: Riege/Schubert (2005b): 213-326

Spieckermann, Holger (2005b): Zur Evaluation von Netzwerken und Kooperationsmanagement. In: Bauer/Otto (2005): 181-200

Spieckermann, Holger (2006): Kooperationsmanagement von Netzwerken im Übergang Schule – Beruf. In: Deinet/Icking (2006): 193-208

Stadt Köln (2005): Rahmenkonzept „Sozialraumorientierte Hilfsangebote". Ratsbeschluss vom 15.12.2005, Ratsdrucksache, Köln

Straus, Florian (1990): Netzwerkarbeit. Die Netzwerkperspektive in der Praxis. In: Textor (1990): 496-520

Straus, Florian (2004): Soziale Netzwerke und Sozialraumorientierung. IPP-Arbeitspapiere Nr. 1, Universität München

Straus, Florian/ Höfer, Renate (1998): Die Netzwerkperspektive in der Praxis. In: Röhrle et al. (1998): 77-95

Stüllenberg, Frank (2005): Konzeption eines modularen Kooperationscontrolling. Herne, Berlin: Verlag Neue Wirtschaftsbriefe

Süß, Gerda/ Eschlbeck, Dieter (2002): Der Projektmanagement-Kompass. So steuern Sie Projekte kompetent und erfolgreich. Vieweg: Braunschweig, Wiesbaden

Sydow, Jörg (1992): Strategische Netzwerke. Wiesbaden: Gabler

Sydow, Jörg (1999a): Führung in Netzwerkorganisationen – Fragen an die Führungsforschung. In: Schreyögg/Sydow (1999): 279-292

Sydow, Jörg (1999b): Management von Netzwerkorganisationen – Beiträge aus der „Managementforschung". Wiesbaden: Gabler

Sydow, Jörg (2002): Strategische Netzwerke. Evolution und Organisation. Wiesbaden: Gabler

Textor, Martin R. (Hrsg.) (1990): Hilfen für Familien. Ein Handbuch für psychosoziale Berufe. Frankfurt/Main: Fischer

Thaler, Jan (2003): Virtuelle Unternehmen? Rechtliche Analyse einer mittelständischen Kooperationsform. Hamburg, Rechtswissenschaftliche Fakultät der Universität Hamburg, Dissertation. URL http://www.sub.uni-hamburg.de/opus/volltexte/2004/2195/pdf/Dissertation.pdf (28.07.2007)

Theuvsen, Ludwig (2001): Stakeholder-Management – Möglichkeiten des Umgangs mit Anspruchsgruppen. URL http://www.aktive-buergerschaft.de/ vab/resourcen/ diskussionspapiere/wp-band16.pdf (30.06.2007)

Tiemeyer, Ernst (2002): Stakeholderanalyse und Stakeholdermanagement in Bildungsnetzwerken. ANUBA/Aufbau und Nutzung von Bildungsnetzwerken zur Entwicklung und Erprobung von Ausbildungsmodulen in IT- und Medienberufen. Soest: Landesinstitut für Schule. URL http://www.anuba-online.de/extdoc/Materialien_ der_BNW_Fortbildung/BNW_initiieren/BNW_init_1_1_4.pdf (30.11.2005)

Thurow, Melanie/Kleinbauer, Mira/Urbansky, Andrea (2006): Der Kooperationslebenszyklus im Anlagenbau. In: (Schenk 2006a): 121-133

Tjaden, Gregor (2003): Erfolgsfaktoren virtueller Unternehmen. Eine theoretische und empirische Untersuchung. Wiesbaden: DUV

Trebesch, Karsten (Hrsg.) (2000): Organisationsentwicklung. Konzepte, Strategien, Fallstudien. Stuttgart: Klett-Cotta

Todeva, Emanuela/Knoke, David (2002): Strategische Allianzen und das Sozialkapital von Unternehmen. In: Allmendinger/Hinz (2002): 345-380

Univation Institut für Evaluation (Hrsg.) (2006): Evaluation von Netzwerkprogrammen - Entwicklungsperspektiven einer Evaluationskultur. Ms., Köln

Vahs, Dietmar (2003): Organisation: Einführung in die Organisationstheorie und -praxis. 4. Auflage. Stuttgart: Schäffer-Poeschel

VDMA (2004): Trends in der Verfahrenstechnik 2004-2008. Forschungsbericht des Fachverbands Verfahrenstechnische Maschinen und Apparate. Frankfurt

Vornhusen, Klaus (1994): Die Organisation von Unternehmenskooperationen. Joint Ventures und strategische Allianzen in Chemie- und Elekroindustrie. Frankfurt/Main: Peter Lang

Wahl, Manuela/Kleinbauer, Mira/Thurow, Melanie (2004): Kritische Betrachtung des Begriffes Kooperation. In: (Schenk 2004a): 97-106

Walther, Uwe-Jens (Hrsg.) (2002): Die soziale Stadt. Eine Zwischenbilanz. Opladen: Leske + Budrich

Wambach, Veit/Lindenthal, Jörg/Frommelt, Monika (2005): Integrierte Versorgung – Zukunftssicherung für niedergelassene Ärzte. Landsberg: Verlag Ecomed Medizin

Wasserbauer, Konrad (2004): Logistikkooperationen im Maschinen- und Anlagenbau. Eine Trendanalyse. Diplomarbeit an der FH Oberösterreich

Wassermann, Stanley/Faust, Katherine (1994): Social Network Analysis. Methods and Applications. Cambridge u.a.: Cambridge University Press

Weber, Max (1972): Wirtschaft und Gesellschaft. 5. Auflage. Tübingen: Mohr

Weber, Susanne (2002): Vernetzung als Prozess entwerfen mit Großgruppenverfahren. In: Organisationsentwicklung Heft 2. 2002. 60-73

Weisbord, Marvin R. (2000): Der Kontrakt in der Organisationsentwicklung. In: Trebesch (2000): 267-279

Welter, Friederike (Hrsg.) (2005): Dynamik im Unternehmenssektor. Theorie, Empirie und Politik. Berlin: Duncker & Humblot

Wenninger-Zeman, Katrin (2003): Controlling in Unternehmensnetzwerken. Eine organisationstheoretische Betrachtung. Wiesbaden: Deutscher Universitäts-Verlag

Westebbe, Peter W. (1999): Ärzte im Netz. Ein Bericht über vernetzte Praxen und Praxisnetze in Deutschland. Eine qualitative Untersuchung über die Entwicklung neuer Kooperations- und Organisationsformen in der ambulanten Medizin in Deutschland. Neuss: Eigenverlag

Wetzel, Ralf/Aderhold, Jens/Baitsch, Christoph (2001): Netzwerksteuerung zwischen Management und Moderation: Zur Bedeutung und Handhabung von Moderationskonzepten bei der Steuerung von Unternehmensnetzwerken. In: Gruppendynamik 32. Jg. Heft 1: 21-36

Weyer, Johannes (1993): System und Akteur. Zum Nutzen zweier soziologischer Paradigmen bei der Erklärung erfolgreichen Scheiterns. In: Kölner Zeitschrift für Soziologie und Sozialpsychologie 45. Jg. Heft 1: 1-22

Weyer, Johannes (Hrsg.) (2000): Soziale Netzwerke. Konzepte und Methoden der sozialwissenschaftlichen Netzwerkforschung. München: Oldenbourg

Weyer, Johannes (2000a): Einleitung. Zum Stand der Netzwerkforschung in den Sozialwissenschaften. In: Weyer (2000): 1-34

Weyer, Johannes (2000b): Soziale Netzwerke als Mikro-Makro-Scharnier. Fragen an die soziologische Theorie. In: Weyer (2000): 237-254

Willke, Helmut (1978): Zum Problem der Integration komplexer Sozialsysteme. Ein theoretisches Konzept. In: Kölner Zeitschrift für Soziologie und Sozialpsychologie Jg. 30. 1978: 228-252

Windeler, Arnold (2001): Unternehmungsnetzwerke. Konstitution und Strukturation. Wiesbaden: Westdeutscher Verlag

Zacharias, Wolfgang (1994): Kinder- und Jugend (kultur)arbeit im soziokulturellen Netz der Lebenswelten. In: Fuchs (1994): 123-146

Zachow, Ernst (2005): Kooperationen zwischen Schulen und außerschulischen Partnern- Kooperationsmuster, Tipps, Checklisten. Eine Handreichung. Baltmannsweiler: Schneider Hohengehren